≫ 建筑结构 ✚ BIM实战 ✚ 日照分析 ✚ 在线教学 ✚ 免费资源 ✚ 互动答疑 ≪

中文版 Revit 2018
建筑设计从入门到精通

Hongwa 红瓦科技
首席架构师/BIM大赛专家评委

罗 玮
邱灿盛

等编著

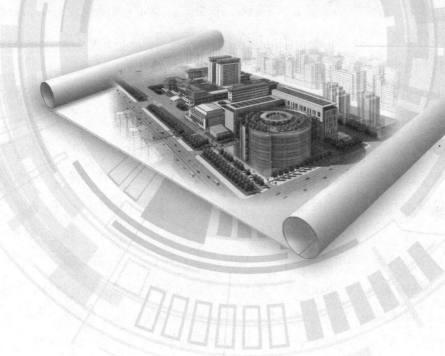

机械工业出版社
CHINA MACHINE PRESS

序

很多年前的一次机缘巧合，我开始学习 Revit 软件。很快就碰到了不少难题，比如绘制的构件在平面视图看不到、画坡屋面老是提示错误、管道和设备怎么也连不上等。总之折腾了挺长一段时间。

后来我买了一本教程，由于时间太过久远，已忘记书名，印象中对于当时的我来说，那是一本非常专业又深入浅出的书，看完一遍，心中的大部分疑问基本都已解决，之后再用 Revit，就轻松了很多，感觉能够驾驭了。多年后，和很多做 BIM（建筑信息化管理或建筑信息化模型）的朋友聊，发现他们最初几乎都通过阅读教程进行学习，在 BIM 学习资源匮乏的那些年，相关图书简直就是国人 BIM 教育的启蒙老师。

一转眼，Revit 也更新到了 2018 版本。让人尴尬的是，优秀的 BIM 学习教程依然匮乏，我们仍在看多年前的那些书籍。教育出版的速度远远没有跟上软件更新。所以，当这本《中文版 Revit 2018 建筑设计从入门到精通》出现在我眼前时，突然有了多年前看书自学的那种感觉。没错，这就是我想要的最新的 BIM 建筑设计专业教材，填补了当前市面上的空白。作者十多年的设计和软件使用经验保证了本书的质量，值得所有想从事 BIM 行业的朋友拿来一读。

这些年，Revit 飞快地在国内扎根、生长，基于 Revit 软件平台二次开发的国产软件也越来越多，功能更是越来越强大，不仅弥补了 Revit 软件本身的一些缺陷，还让软件的使用效率得到大幅提升，围绕 Revit 平台的二次开发已经形成了一个强有力的生态体系。就像 Auto-CAD 平台在国内的发展一样，天正、鸿业、鲁班等国产软件已经几乎和 CAD 融为一体了。我们在谈建筑设计时，不能只说是用 CAD 设计，而要说明是用天正或鸿业等软件进行的设计。这种状况也同样发生在 Revit 平台。这也许就是作者为什么要在本书花这么多篇幅介绍 Revit 平台插件的原因吧。

　　还有一点值得一提，本书不是从建筑设计师的角度，而是从产品结构层面对 Revit 软件进行剖析，以软件的视角去理解各种功能的应用。对于一个常年从事建筑设计工作的我来说，非常喜欢本书的这种讲解方式。因为当初我在拿到 Revit 软件后，也是先对软件的各项功能进行分解、归类、研究，以便更深层次地理解软件。这样一来，在遇到一些软件不支持的问题时，对于灵活地运用软件找到解决方法会有非常大的作用。

　　从 2010 年到 2018 年，中国 BIM 技术的发展已从一个襁褓中的婴儿成长为一个生机勃勃的少年，在建筑设计领域展现出风起云涌、不可阻挡的趋势。可以预见在不远的将来，建筑工程项目使用 BIM 技术，就像今天我们使用 CAD 一样，成为一件再平常不过的事情了。

　　当然，以上憧憬的这一切少不了教育出版工作者们，一点一滴辛勤努力地付出。

上海红瓦信息科技有限公司总经理：

前　言

　　Autodesk 公司的 Revit 是一款三维参数化建筑设计软件，是有效创建建筑模型信息化（Building Information Modeling，BIM）的设计工具。Revit 打破了传统二维设计中平立剖视图各自独立互不相关的协作模式，以三维设计为基础理念，直接采用建筑师熟悉的墙体、门窗、楼板、楼梯、屋顶等构件作为命令对象，快速创建出项目的三维虚拟 BIM 建筑模型，而且在创建三维建筑模型的同时自动生成所有平面、立面、剖面和明细表等视图，节省了大量绘制与处理图纸的时间，让建筑师的精力能真正放在设计上而不是绘图上。

　　Revit 2018 软件在之前版本的基础上，添加了全新的功能，并对部分工具的功能进行了改动和完善，使该版软件可以帮助设计者更加方便快捷地完成设计任务。

● 本书内容

　　本书对 Revit 2018 的造型功能与应用进行了全面详细的讲解，由浅到深、循序渐进地介绍了该软件的基本操作及命令的使用，并配合大量的制作实例，使用户能更好地巩固所学知识。全书共 10 章，主要内容如下。

　　第 1 章：本章主要介绍建筑信息化模型（BIM）主体软件 Revit 的入门基础知识。

　　第 2 章：本章主要介绍 Revit 族的用途、种类、三维族的创建以及概念体量模型的创建与应用等内容。

　　第 3 章：本章主要介绍项目总体规划设计的相关知识，是建筑设计的第一阶段。项目总体规划设计的内容包括确定项目位置、绘制标高和轴网、绘制基点和测量点、绘制建筑红线及地形表面、创建概念体量、园林景观设计等。

　　第 4 章：本章主要利用 Autodesk Revit Structure（结构设计）模块进行建筑混凝土结构设计。建筑结构设计包括钢筋混凝土结构设计、钢结构和木结构设计，本章着重介绍使用红瓦 – 建模大师（建筑）软件和 Revit Extensions 速博插件进行钢筋混凝土结构设计及钢筋设计的全流程。

　　第 5 章：建筑墙、建筑柱及门窗是建筑楼层中"墙体"的重要组成要素，本章全面介绍这些墙体组成要素的设计过程和技巧。

　　第 6 章：建筑楼地层与屋顶同属于建筑平面的构件设计。建筑的基本主体结构设计完成后，可以为建筑中各个房间添加房间标记、房间分割、房间面积计算等操作。本章详细介绍楼地层、屋顶、洞口及房间面积的设计过程。

　　第 7 章：楼梯、坡道及雨篷是建筑物中不可或缺的重要组成单元，因使用功能不同，其设计细则也不同，本章将学习如何利用 Revit 软件合理地设计楼梯、坡道及雨篷等建筑构件。

　　第 8 章：本章重点介绍在 Revit 中进行场景设置、日光研究、材质及相机视图创建，以及最终场景渲染设置与渲染效果输出等操作。

　　第 9 章：Revit 设计施工图包括建筑施工图和结构施工图两种，结构施工图的设计过程与建筑施工图完全相同，本章主要介绍建筑施工图的设计过程。建筑施工图图纸包括总平面图、建筑平面图、建筑剖面图、建筑立面图、建筑详图和大样图等。

第 10 章：本章将充分利用红瓦 – 建模大师（建筑）、族库大师，以及 Revit 的建筑和结构设计功能，完成某阳光海岸花园别墅项目的设计。让读者完全掌握 Revit 和相关设计插件软件的高级建模方法，从而快速提升软件使用技能。

● 本书特色

本书是指导读者学习 Revit 2018 中文版绘图软件教程。书中详细地介绍了 Revit 2018 强大的绘图功能及应用技巧，使读者能够利用该软件方便快捷地绘制工程图样。本书主要特色如下：采用由浅入深的内容展示流程，先从软件界面进行介绍，再到软件的基本操作、模块操作及行业应用；侧重于实战，全部内容对应线上的视频课堂和线下的机构培训，与读者"面对面""手把手"地进行教学辅导；内容涵盖机械设计、模具设计、数控加工和产品设计等设计与制造领域；以实战案例解析草图曲线绘制、建模、渲染、装配、制图等难点；60 余个典型实用案例、全程案例演讲视频极速助力读者技能提升；众多技巧点拨、温馨提示、知识性节点及论坛求助帖，快速提升读者软件操作技能；资料包中包含所有实训和论坛精华帖的模型文件，并附赠海量的设计学习资料。

本书不仅可以作为高校、职业技术院校建筑和土木等专业的初中级培训教程，还可以作为广大从事 Revit 工作的工程技术人员的参考手册。

● 作者信息

本书在编写过程中，得到了设计之门数字教育机构和上海红瓦信息科技有限公司的大力帮助。由上海红瓦信息科技有限公司的罗玮、邱灿盛联合编著，参与编写的人员还包括张红霞、孙占臣、罗凯、刘金刚、王俊新、董文洋、张学颖、鞠成伟、杨春兰、刘永玉、金玮、陈旭、黄晓瑜、王全景、田婧、戚彬、马萌、赵光、张庆余、王岩、刘纪宝、任军、郝庆波、李勇、秦琳晶、吕英波、王晓丹、张雨滋等，他们为完成本书付出了的辛勤的汗水并提供了大量的帮助。

感谢您选择了本书，希望我们的努力对您的工作和学习有所帮助，也希望您把对本书的意见和建议告诉我们。

目　　录

第3章　建筑规划设计 ……………………………………………………… 118

第4章　钢筋混凝土结构设计 ……………………………………………… 168

第10章 民用建筑设计项目实战 …………………………………………… 455

第1章

Revit 2018 建筑设计入门

　　Autodesk Revit 2018 是一款三维建筑信息模型建模软件，适用于建筑设计、MEP 工程、结构工程和施工领域。初学 Revit 课程的读者，也许会被一些 BIM 宣传资料所误导，以为 Revit 就是 BIM，BIM 就是 Revit，本章我们将详细介绍 BIM 和 Revit 的关系以及 Revit 2018 软件的入门与基础操作知识。

案例展现
ANLIZHANXIAN

案 例 图	描 述
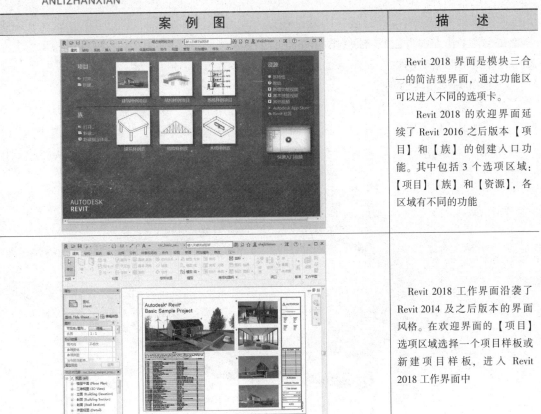	Revit 2018 界面是模块三合一的简洁型界面，通过功能区可以进入不同的选项卡。 　　Revit 2018 的欢迎界面延续了 Revit 2016 之后版本【项目】和【族】的创建入口功能。其中包括 3 个选项区域：【项目】【族】和【资源】，各区域有不同的功能
	Revit 2018 工作界面沿袭了 Revit 2014 及之后版本的界面风格。在欢迎界面的【项目】选项区域选择一个项目样板或新建项目样板，进入 Revit 2018 工作界面中

1.1 建筑 BIM 与 Revit 的关系

很多读者不清楚 BIM 与 Revit 之间的关联关系，这里首先介绍 BIM 与项目生命周期。

1. 项目类型及 BIM 实施

从广义上讲，建筑环境产业可以分为两大类项目：房地产项目和基础设施项目。

有些业内人士将这两个项目分别称为"建筑项目"和"非建筑项目"。在目前可查阅到的大量文献及指南文件中显示的 BIM 信息记录在今天已经取得了极大的进步，与基础设施产业相比，在建筑产业或者房地产业得到了更好地理解和应用。BIM 在基础设施或者非建设产业的应用水平滞后了几年，但这些项目也非常适合模型驱动的 BIM 过程。McGraw Hill 公司的一份题为【BIM 对基础设施的商业价值——利用协作和技术解决美国的基础设施问题】的报告中，将建筑项目中应用的 BIM 称为【立式 BIM】，将基础设施项目中应用的 BIM 称为【水平 BIM】和【土木工程 BIM】（CIM）或者【重型 BIM】。

许多组织可能既从事建筑项目也从事非建筑项目，关键是要理解项目层面的 BIM 实施在这两种情况中的微妙差异。例如，在基础设施项目的初始阶段需要收集和理解的信息范围，可能在很大程度上都与房地产开发项目相似。并且，基础设施项目的现有条件、邻近资产的限制、地形，以及监管要求等也可能与建筑项目极其相似。因此，在一个基础设施项目的初始阶段，地理信息系统（GIS）资料以及 BIM 的应用可能更加重要。

建筑项目与非建筑项目的项目团队结构以及生命周期各阶段可能也存在差异（在命名习惯和相关工作布置方面），项目层面的 BIM 实施始终与【以模型为中心】的核心主题及信息、合作及团队整合的重要性保持一致。

2. BIM 与项目生命周期

实际经验已经充分表明，仅在项目的早期阶段应用 BIM，将会限制其发挥效力，而不会产生企业寻求的投资回报。图 1-1 显示的是 BIM 在一个建筑项目的整个生命周期中的应用。重要的是，项目团队中负责交付各种类别、各种规模项目的专业人士应理解【从摇篮到摇

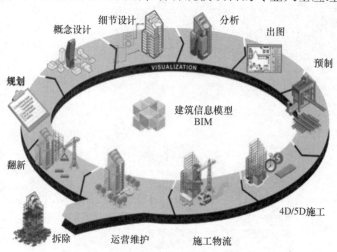

图 1-1 项目生命周期各阶段与 BIM 的应用

篮】的项目周期各阶段的 BIM 过程。同时，理解 BIM 在【新建不动产或者保留的不动产】之间的交叉应用也非常重要。

3. 在 BIM 项目生命周期中何处使用 Revit

从图 1-1 中我们可以看出，整个项目生命周期的每个阶段差不多都需要某种软件手段辅助设施。

Revit 软件主要用来进行模型设计、结构设计、系统设备设计及工程出图，包含了上图中从规划、概念设计、细节设计、分析到出图阶段。

可以说，BIM 是一个项目完整设计与实施的理念，而 Revit 是其中应用最为广泛的一种辅助工具。

Revit 具有以下 5 大特点。

● 使用 Revit 可以导出各建筑部件的三维设计尺寸和体积数据，为预算提供资料，资料的准确程度同建模的精确成正比；

● 在精确建模的基础上，用 Revit 建模生成的平立图完全对得起来，图面质量受人的因素影响很小，对建筑和 CAD 绘图理解不深的设计师，在画平立图时可能有很多地方不交接；

● 其他软件解决一个专业的问题，而 Revit 能解决多专业的问题。Revit 不仅可以进行建筑、结构、设备设计，还有协同、远程协同、带材质输入到 3ds Max 的渲染、云渲染、碰撞分析以及绿色建筑分析等功能；

● 强大的联动功能，平、立、剖面、明细表双向关联，一处修改，处处更新，自动避免低级错误；

● Revit 设计会节省成本，节省设计变更，加快工程周期。

1.2　Revit 2018 简介

 ### 1.2.1　Revit 的基本概念

Revit 中用来标识对象的大多数术语都是业界通用的标准术语，多数工程师都很熟悉。但还有些术语在 Revit 中讲唯一的，了解这些基本概念对了解软件非常重要。

1. 项目

在 Revit 中，项目是单个设计信息数据库—建筑信息模型。项目文件包含了建筑的所有设计信息（从几何图形到构造数据），这些信息包括用于设计模型的构件、项目视图和设计图纸。通过使用单个项目文件，Revit 不仅可以轻松地修改设计，还可以使修改反映在所有关联区域（平面视图、立面视图、剖面视图、明细表等），在项目管理时仅需跟踪一个文件即可。

2. 标高

标高是无限的水平平面，用作屋顶、楼板和天花板等以层为主体的图元参照。标高大多用于定义建筑内的垂直高度或楼层，用户可以为每个已知楼层或建筑的其他必需参照（如第二层、墙顶或基础底端）创建标高。要放置标高，必须处于剖面或立面视图中，如图 1-2 所示为某别墅建筑的北立面图。

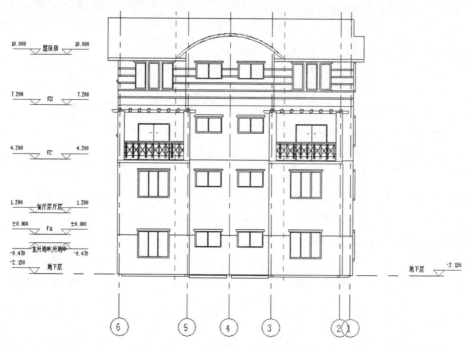

图 1-2 某别墅建筑的北立面图

3. 图元

在创建项目时，可以在设计中添加 Revit 参数化建筑图元。Revit 按照类别、族和类型对图元进行分类，如图 1-3 所示。

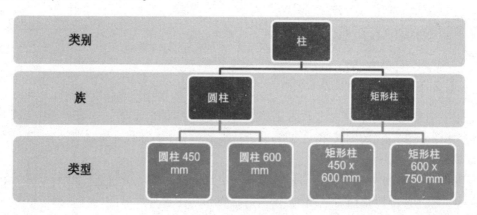

图 1-3 图元的分类

4. 类别

类别是一组用于对建筑设计进行建模或记录的图元。例如，模型图元类别包括墙和梁，注释图元类别包括标记和文字注释。

5. 族

族是某一类别中图元的类，是根据参数（属性）集的共用、使用上的相同和图形表示的相似来对图元进行分组。一个族中不同图元的部分或全部属性可能有不同的值，但是属性的设置（其名称与含义）是相同的。例如，用户可以将桁架视为一个族，虽然构成该族的腹杆支座可能会有不同的尺寸和材质。

下面介绍了种族的含义。

● 可载入族：可以载入到项目中，且根据族样板创建可载入族。可以确定族的属性设置和族的图形化表示方法。

● 系统族：包括楼板、尺寸标注、屋顶和标高，不能作为单个文件载入或创建。Revit Structure 预定义了系统族的属性设置及图形表示，可以在项目内使用预定义类型生成属于此族的新类型。例如，墙的行为在系统中已经被预定义，但是也可使用不同组合创建其他类型的墙。系统族可以在项目之间传递。

● 内建族：用于定义在项目的上下文中创建的自定义图元。如果创建的项目不希望重用独特的几何图形，或者需要的几何图形必须与其他项目几何图形保持众多关系，可创建内建图元。

技巧点拨	由于内建图元在项目中的使用受到限制，因此每个内建族都只包含一种类型。用户可以在项目中创建多个内建族，并且可以将同一内建图元的多个副本放置在项目中。与系统和标准构件族不同，用户不能通过复制内建族类型来创建多种类型。

6. 类型

每一个族都可以拥有多个类型。类型可以是族的特定尺寸，也可以是样式，例如尺寸标注的默认对齐样式或默认角度样式。

7. 实例

实例是放置在项目中的实际项（单个图元），在建筑（模型实例）或图纸（注释实例）中都有特定的位置。

 1.2.2 参数化建模系统中的图元行为

在项目中，Revit 使用 3 种类型的图元，如图 1-4 所示。

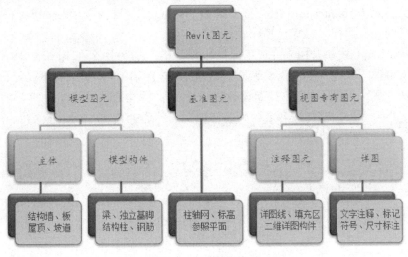

图 1-4 3 种图元类型

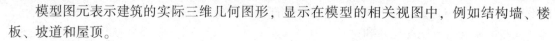

模型图元表示建筑的实际三维几何图形，显示在模型的相关视图中，例如结构墙、楼板、坡道和屋顶。

基准图元可帮助用户定义项目上下文，例如轴网、标高和参照平面。

视图专有图元只显示在放置这些图元的视图中，可帮助用户对模型进行描述或归档，例如尺寸标注、标记和二维详图构件。

模型图元包括主体和模型构件两种类型：

● 主体（或主体图元）通常用于构造场地的在位构建，例如结构墙和屋顶。

● 模型构件是建筑模型中其他所有类型的图元，例如梁、结构柱和三维钢筋。

视图专有图元包括注释图元和详图两种类型：

● 注释图元是对模型进行归档并在图纸上保持比例的二维构件，例如尺寸标注、标记和注释记号。

● 详图是在特定视图中提供有关建筑模型详细信息的二维项，例如详图线、填充区域和二维详图构件。

Revit 图元设计可以由用户直接创建和修改，不用进行编程。在 Revit 中绘图时，可以定义新的参数化图元。

在 Revit 中，图元通常根据其在建筑中的上下文来确定自己的行为。上下文是由构件的绘制方式，以及该构件与其他构件之间建立的约束关系确定的。通常，要建立这些关系，无需执行任何操作，因为执行设计操作和绘制方式时已经隐含了这些关系。用户也可以根据需要显示控制这些关系，例如锁定尺寸标注或对齐两面墙。

 ### 1.2.3　Revit 2018 的三个模组

当一幢大楼完成打桩基础（包含钢筋）、立柱（包含钢筋）、架梁（包含钢筋）、倒水泥板（包含钢筋）和结构楼梯浇注等框架结构建造后（此阶段称为结构设计），接下来就是砌砖、抹灰浆、贴外墙内墙瓷砖、铺地砖、吊顶、建造楼梯（非框架结构楼梯）、室内软装布置和室外场地布置等施工建造作业（此阶段称为建筑设计），最后阶段是进行强电安装、排气系统、供暖设备、供水系统等设备的安装与调试，完成整个建筑地产项目的建造。

Revit 是由 Revit Architecture（建筑）、Revit Structure（结构）、Revit MEP（设备）三款软件组合而成的一个操作平台综合建模软件。

Revit Architecture 模块是用来完成第二阶段设计的。那为什么在 Revit 2018 软件功能区中排列在第一个选项卡呢（如图 1-5 所示）？其原因在于国内的建筑结构不仅仅是框架结构，还有其他结构形式（后续介绍）。建筑设计的内容主要是准确地表达出建筑物的总体布局、外形轮廓、大小尺寸、内部构造和室内外装修情况。然后通过 Revit Architecture 出建筑施工图和效果图。

图 1-5　【建筑】选项卡

Revit Structure 模块用于完成建筑项目第一阶段结构的设计，如图1-6所示为某建筑项目的结构表达。建筑结构主要表达房屋的骨架构造的类型、尺寸、使用材料要求和承重构件的布置与详细构造。Revit Structure 可以展出结构施工图图纸和相关明细表。Revit Structure 和 Revit Architecture 在各自建模过程中是可以相互使用的，例如在结构中添加建筑元素，或者在建筑设计中添加结构楼板、结构楼梯等结构构件。

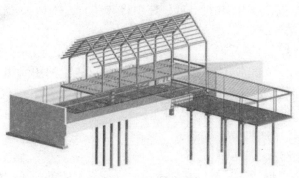

图1-6　某建筑结构

Revit MEP 模块是完成建筑项目第三阶段的系统设计、设备安装与调试。只要弄清楚这3个模组的各自用途和建模的先后顺序，就不会在建模时产生逻辑混乱、不知从何着手的感觉。

1.3　Revit 2018 的界面

Revit 2018 界面是模块三合一的简洁型界面，是通过功能区进入不同的选项卡，然后进行设计工作的。本节将对 Revit 2018 的欢迎界面和工作界面进行详细介绍。

1.3.1　Revit 2018 欢迎界面

Revit 2018 的欢迎界面延续了 Revit 2016 及其之后版本的【项目】和【族】的创建入口功能，启动 Revit 2018 应用程序会打开如图1-7所示的欢迎界面。

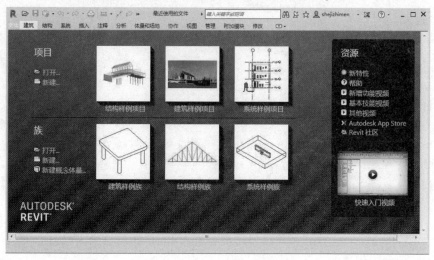

图1-7　Revit 2018 欢迎界面

欢迎界面包括【项目】【族】和【资源】3 个选项区域，各区域有不同的使用功能，下面将介绍这 3 个选项区域的基本功能。

1.【项目】选项区域

项目即建筑工程项目，要建立完整的建筑工程项目，需要开启新的项目文件或打开已有的项目文件进行编辑。

【项目】选项区域包含了 Revit 打开或创建项目文件、选择 Revit 提供的样板文件并打开进入工作界面的入口工具。

2.【族】选项区域

族是一个包含通用属性（称作参数）集和相关图形表示的图元组，常见的有家具、电器产品、预制板、预制梁等。

在【族】选项区域中包括【打开】【新建】和【新建概念体量】3 个引导功能。下面将通过操作来演示如何使用这些引导功能。

3.【资源】选项区域

Revit 2018 的中文帮助功能，可以帮助用户在官网在线查看，可以利用系统提供的资源辅助学习与技术交流。当然也可以从 Revit 2018 的标题栏上选择资源进行学习和交流，如图 1-8 所示。

图 1-8　在线查看中文帮助

1.3.2　Revit 2018 工作界面

Revit 2018 工作界面沿袭了 Revit 2014 及之后版本的界面风格，在欢迎界面的【项目】选项区域中选择一个项目样板或新建项目样板，进入 Revit 2018 工作界面中。图 1-9 为打开一个建筑项目后的工作界面。

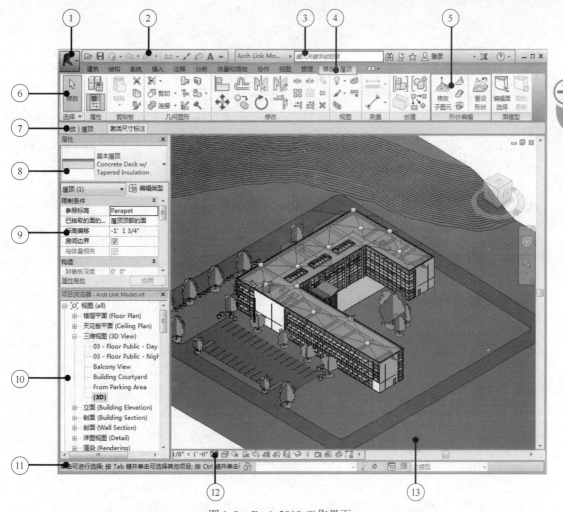

图 1-9　Revit 2018 工作界面

①应用程序菜单；②快速访问工具栏；③信息中心；④上下文选项卡；⑤面板；⑥功能区；⑦选项栏；
⑧类型选择器；⑨【属性】面板；⑩项目浏览器；⑪状态栏；⑫视图控制栏；⑬绘图区

1.4　Revit 工作平面

要想在三维空间中创建建筑模型，就必须先了解什么是工作平面。对于使用过三维建模软件的读者不难理解。本节将详细介绍有关工作平面在建模过程中的作用及设置方法。

1.4.1　工作平面的定义

工作平面是在三维空间中建模时用来绘制起始图元的二维虚拟平面，如图 1-10 所示。工作平面也可以作为视图平面，如图 1-11 所示。

用户可以在【建筑】或【结构】选项卡的【工作平面】面板中创建或设置工作平面，如图 1-12 所示。

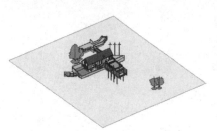

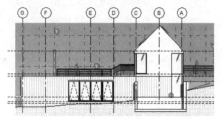

图 1-10 绘制起始图元的工作平面　　图 1-11 用作视图平面的工作平面　　图 1-12 【工作平面】面板

1.4.2　设置工作平面

Revit 中的每个视图都与工作平面相关联。例如平面视图与标高相关联，标高为水平工作平面，如图 1-13 所示。

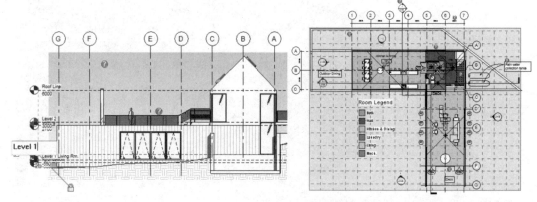

图 1-13　平面视图与标高相关联

在平面视图、三维视图、绘图视图以及族编辑器的视图中，工作平面是自动设置的。在立面视图、剖面视图中，则必须手动设置工作平面。

在【工作平面】面板中单击【设置】按钮，打开【工作平面】对话框，如图 1-14 所示。

【工作平面】对话框的顶部信息显示区域会显示当前的工作平面基本信息。用户还可以通过【指定新的工作平面】选项区域中的 3 个单选按钮来定义新的工作平面。

● 【名称】单选按钮：可以从右侧的列表中选择已有的名称作为新工作平面的名称。通常，此列表中将包含标高名称、网格名称和参照平面名称。

图 1-14　【工作平面】对话框

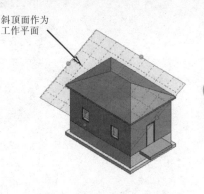

斜顶面作为
工作平面

用"工作平面"对话框中，即使未选择"名称"单选按钮，该下拉列表也处于活动状态。如果从列表中选择名称，Revit 会自动选择"名称"单选按钮。

● 【拾取一个平面】单选按钮：选择此单选按钮，可以选择建筑模型中的墙面、标高、拉伸、网格和已命名的参照平面作为要定义的新工作平面。图 1-15 所示为选择屋顶的一个斜平面作为新工作平面。

图 1-15 选择斜顶屋面作为工作平面

如果选择的平面垂直于当前视图，会打开"转到视图"对话框，用户可以根据实际需要确定要打开的视图。例如，选择北向的墙，则允许在对话框上面的列表框中选择平行视图（东立面或西立面视图），或在下面的列表框中选择三维视图，如图 1-16 所示。

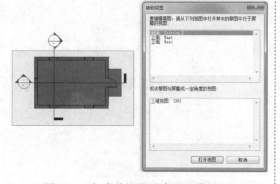

图 1-16 与当前视图垂直的工作平面

● 【拾取线并使用绘制该线的工作平面】单选按钮：选择该单选按钮，可以选取与线共面的工作平面作为当前工作平面。例如，选取如图 1-17 所示的模型线，则模型线是在标高 1 层面上进行绘制的，所以标高 1 层面将作为当前工作平面。

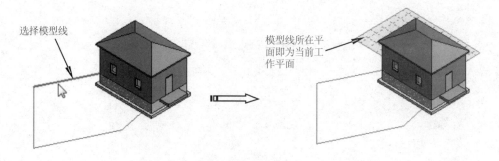

选择模型线

模型线所在平面即为当前工作平面

图 1-17 拾取线并使用绘制该线的工作平面

 1.4.3 显示、编辑与查看工作平面

工作平面在视图中显示为网格，如图 1-18 所示。

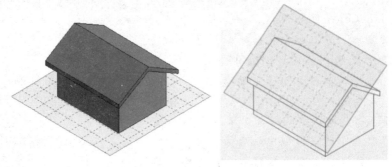

图 1-18　中性面模型分析过程

1. 显示工作平面

要显示工作平面，则在功能区的【建筑】选项卡、【结构】选项卡或【系统】选项卡的【工作平面】面板中单击【显示】按钮，即可。

2. 编辑工作平面

工作平面是可以编辑的，用户可以根据需要修改工作平面的边界大小或网格大小等。

上机操作——通过工作平面查看器修改模型

01　打开本练习的源文件【办公桌.rfa】族文件，如图 1-19 所示。

02　双击桌面图元，显示桌面的截面曲线，如图 1-20 所示。

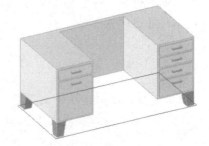

图 1-19　打开族文件　　　　　　　图 1-20　显示桌面截面曲线

03　单击【查看器】按钮，弹出图 1-21 所示的工作平面查看器活动窗口。

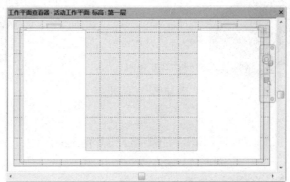

图 1-21　打开工作平面查看器窗口

04　选中左侧边界曲线，然后拖曳控制柄改变其大小，如图 1-22 所示。

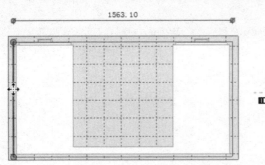
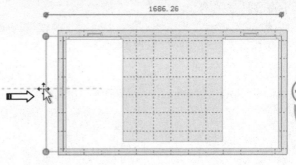

图1-22　拖动左边界曲线改变大小

05 同理，拖曳右侧的边界曲线改变其大小，拖曳的距离大致和左侧相等即可，如图1-23所示。

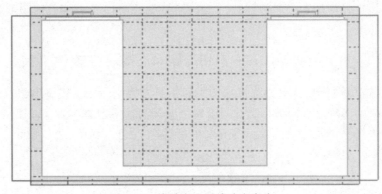

图1-23　拖动右边界线改变大小

06 关闭查看器窗口，桌面的轮廓曲线已经发生了改变，如图1-24所示。

07 最后单击【修改 | 编辑拉伸】上下文选项卡中的【完成编辑模式】按钮☑退出编辑模式，完成图元的修改，如图1-25所示。

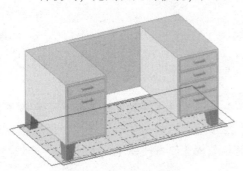

图1-24　桌面轮廓曲线　　　　　　图1-25　修改完成的桌面

1.5　图元的修改与编辑

　　Revit提供了类似于AutoCAD的图元变换操作与编辑工具。这些变换操作与编辑工具可以修改和操纵绘图区域中的图元，以实现建筑模型所需的设计。这些模型修改与编辑工具在

【修改】选项卡中，如图 1-26 所示。

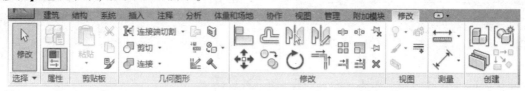

图 1-26　【修改】选项卡

1.5.1　编辑与操作几何图形

【修改】选项卡【几何图形】面板中的工具用于连接和修剪几何图形，这里的【几何图形】其实是指三维视图中的模型图元。下面详详细介绍面板中各工具的使用方法。

1. 切割与剪切工具

修剪工具包括【应用连接端切割】、【删除连接端切割】、【剪切几何图形】和【取消剪切几何图形】工具。

✿ 上机操作——应用与删除连接端切割 ✿

【应用连接端切割】与【删除连接端切割】工具主要用于创建或删除建筑结构设计中梁和柱的连接端口的切割。下面将举例说明这两个工具的基本用法与注意事项。

01 打开本例源文件【源文件 \ Ch01 \ 钢梁结构 . rvt】，如图 1-27 所示。

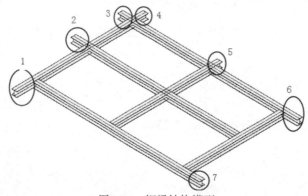

图 1-27　钢梁结构模型

> **技巧点拨**　　从打开的钢梁结构看，纵横交错的多条钢梁连接端是相互交叉的，需要用工具切割。尤其值得注意的是，用户必须先拖曳结构框架构件端点或造型操纵柄控制点来修改钢梁的长度，以便能完全切割与之相交的另一钢梁。

02 在 1 号位置上选中钢梁结构件，将显示结构框架构件端点和造型操纵柄，如图 1-28 所示。

03 拖曳构件端点或者造型操纵柄控制点拉长钢梁构件，如图 1-29 所示。

04 拖曳时不要将钢梁构件拉伸得过长，以免影响切割效果。其原因是：拖曳过长，得到的相交处被切断，切断处以外的钢梁构件均保留，如图 1-30 所示。此处我们需要的结果是两条钢梁构件相互切割，多余部分将切割掉不保留。

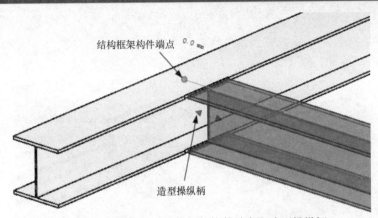

图1-28　钢梁构件的结构框架构件端点和造型操纵柄

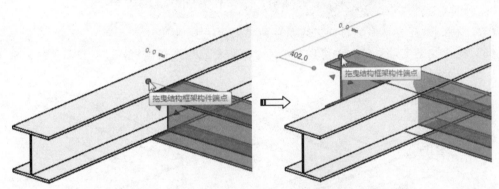

图1-29　拖曳结构框架构件端点改变钢梁构件长度

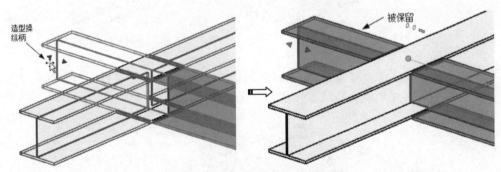

图1-30　拖曳造型操纵柄的切割结构

05　同理，拖曳相交的另一钢梁构件（很明显太长了）端点，缩短其长度，如图1-31所示。

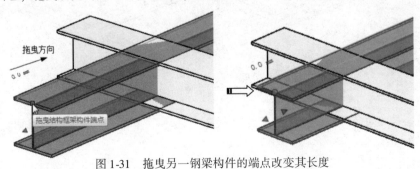

图1-31　拖曳另一钢梁构件的端点改变其长度

06 经过上述操作修改钢梁构件长度后，在【修改】选项卡【几何图形】面板中单击【连接端切割】按钮，首先选择被切割的钢梁构件，再选择作为切割工具的另一钢梁构件，如图1-32所示。

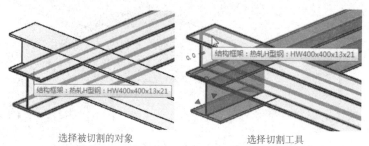

选择被切割的对象　　　　　　　　选择切割工具

图1-32 选择连接端切割的切割对象和切割工具

07 随后Revit自动完成切割，切割后的效果如图1-33所示。

08 同理，交换切割对象和切割工具，对未切割的另一钢梁构件进行切割，切割结果如图1-34所示。

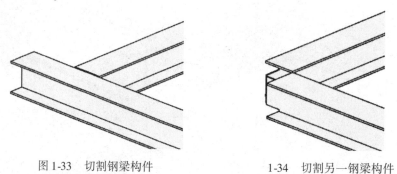

图1-33　切割钢梁构件　　　　　　1-34　切割另一钢梁构件

09 按照相同的方法，对编号2、3、4、5、6位置处的相交钢梁构件进行连接端切割，切割完成的效果如图1-35所示。

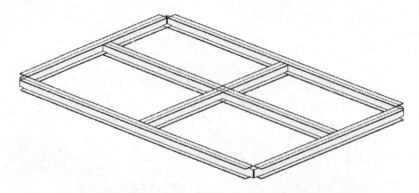

图1-35　切割其他位置的钢梁构件

10 最后切割中间形成十字交叉的两根钢梁构件，仅仅切割其中一根即可，效果如图1-36所示。

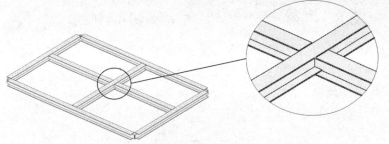

图 1-36 切割中间十字交叉的钢梁构件

技巧
点拨

作为被切割对象的钢梁，判断其是否过长，不妨先进行切割，若是切割效果不是很理想，用户可以拖动构件端点或造型操纵柄控制点修改其长度，Revit 会自动完成切割操作，如图 1-37 所示。

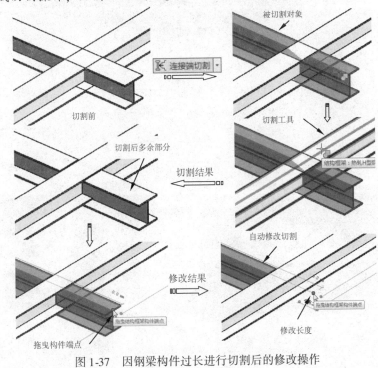

图 1-37 因钢梁构件过长进行切割后的修改操作

11 切割完成后须仔细检查结果，如果切割效果不理想需要重新切割，用户可以单击【删除连接端切割】按钮，然后依次选择被切割对象与切割工具，删除连接端切割，如图 1-38 所示。

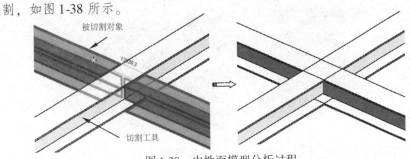

图 1-38 中性面模型分析过程

上机操作——剪切与取消剪切几何图形

使用【剪切】工具可以从实心模型中剪切出空心的形状。剪切后的模型可以是空心，也可以是实心。此工具和【取消剪切几何图形】工具可用于族。下面介绍使用【剪切】工具剪切墙体的操作方法。

01 打开本例源文件【墙体-1.rvt】，如图1-39所示。

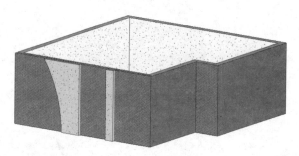

图1-39 墙体模型

02 在【修改】选项卡【几何图形】面板中单击【剪切】按钮 ⬚剪切▾，按信息提示首先拾取被剪切的对象（墙体），如图1-40所示。

03 接着再拾取剪切工具，如图1-41所示。

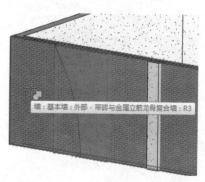

图1-40 拾取被剪切对象（主墙体）

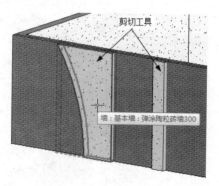

图1-41 拾取剪切工具

04 随后自动完成剪切操作，将剪切工具隐藏，效果如图1-42所示。

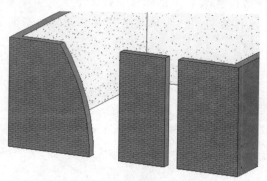

图1-42 查看剪切效果

05 单击【取消剪切几何图形】按钮🔧，依次选择主墙体（被剪切对象）和重叠墙体（剪切工具），可取消剪切。

2. 连接工具

连接工具主要用于两个或多个图元之间连接部分的清理，实际上是布尔求和或求差运算，包括【连接几何图形】、【取消连接几何图形】和【切换连接顺序】等工具。

上机操作——编辑柱子和地板间的连接

01 打开本例源文件"花架.rvt"，如图1-43所示。

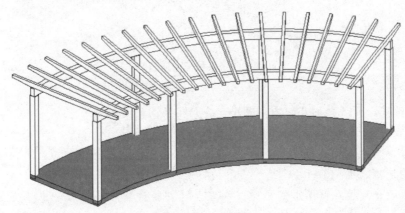

图 1-43　花架模型

02 单击【连接】按钮🔧，首先拾取要连接的实心几何图形—地板，如图1-44所示。

03 接着再拾取要连接到所选地板的实心几何图形—柱子（其中一根），如图1-45所示。

04 随后Revit自动完成柱子与地板的连接，连接的前后对比效果如图1-46所示。

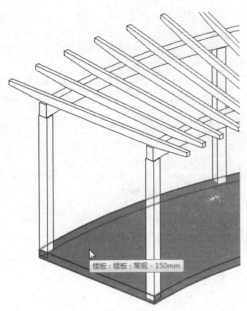

图 1-44　拾取要连接的对象

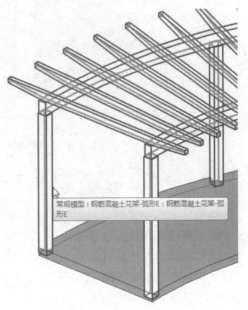

图 1-45　拾取要连接到的对象

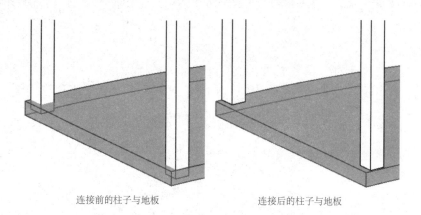

连接前的柱子与地板　　　　　　　　连接后的柱子与地板

图 1-46　完成一根柱子与地板的连接

> **技巧**
> **点拨**　改变一下连接的几何图形顺序，会产生不同的连接效果。

05　如果单击【取消连接几何图形】按钮🔲，随意拾取柱子或地板，即可取消两者之间的连接。

06　如果改变连接几何图形的顺序，可单击【切换连接顺序】按钮🔲，任意选择柱子或地板，得到另一种连接效果。图 1-47 所示的前者为先拾取地板再拾取柱子的连接效果，后者则是单击【切换连接顺序】按钮后的连接效果（也叫嵌入），即选拾取柱子再拾取地板。

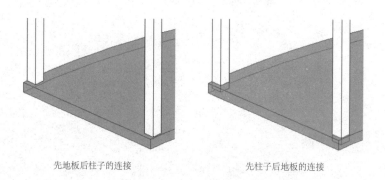

先地板后柱子的连接　　　　　　　　先柱子后地板的连接

图 1-47　切换连接顺序

🌺 上机操作——连接屋顶 🌺

连接屋顶工具主要用于屋顶与屋顶的连接，以及屋顶与墙的连接，常见范例如图 1-48 所示。此工具仅在创建了建筑屋顶后才变为可用。

01　打开本例源文件【小房子.rvt】，如图 1-49 所示。

02　在【修改】选项卡【几何图形】面板中单击【连接/取消连接屋顶】按钮，然后选择小房子中大门上方屋顶的一条边作为要连接的对象，如图 1-50 所示。

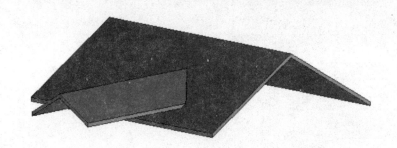

图1-48 连接的屋顶

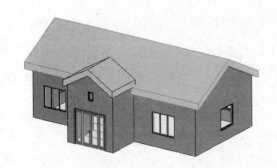

图1-49 打开小房子文件

图1-50 选择要连接的一条屋顶边

03 按信息提示再选择另一个屋顶上要进行连接的屋顶面，如图1-51所示。

04 随后Revit自动完成两个屋顶的连接，效果如图1-52所示。

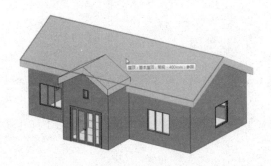

图1-51 选择要进行连接的屋顶面

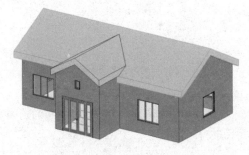

图1-52 连接两个屋顶的效果

🌿 **上机操作——钢梁连接** 🌿

【梁/柱连接】工具可以调整梁和柱端点的缩进方式，图1-53显示了4种缩进方式。下面介绍使用【梁/柱连接】工具修改缩进方式的操作方法，具体步骤如下。

01 打开本例源文件【简易钢梁.rvt】。

02 单击【梁/柱连接】按钮，梁与梁的端点连接处显示缩进箭头控制柄，如图1-54所示。

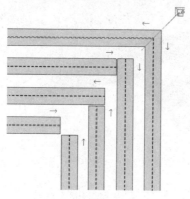

图1-53 4种梁和柱的缩进方式

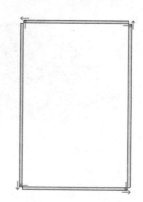

图1-54 显示缩进箭头控制柄

03 单击缩进箭头控制柄，改变缩进方向，使钢梁之间进行斜接，如图1-55所示。

04 同理，改变其余3个端点连接位置的缩进方向，最终钢梁连接效果如图1-56所示。

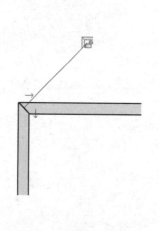

图1-55 改变缩进方向

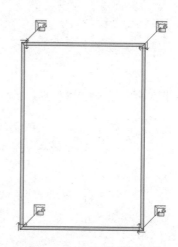

图1-56 最终梁连接效果

> **技巧点拨** 梁与柱之间的连接是自动的，建筑混凝土形式的梁与梁连接、柱与梁连接也是自动的。

【墙连接】工具用于修改墙的连接方式，如斜接、平接和方接。当墙与墙相交时，Revit通过控制墙端点处【允许连接】方式控制连接点处墙连接的情况，该选项适用于叠层墙、基本墙和幕墙等各种墙图元实例。

绘制两段相交的墙体后，在【修改】选项卡【几何图形】面板中单击【墙连接】按钮，拾取墙体连接端点，选项栏显示了墙连接选项，如图1-57所示。

配置 上一个 下一个 ◉平接 ○斜接 ○方接 显示 使用视图设置 ▼ ◉允许连接 ○不允许连接

图1-57 墙连接选项栏

墙连接选项栏中各选项含义如下。

● 上一个/下一个：当墙连接方式设为【平接】或【方接】时，单击【上一个】或【下一个】按钮循环浏览连接顺序，如图1-58所示。

上一个 连接顺序   下一个 连接顺序

图1-58 循环浏览

● 平接/斜接/方接：这3个单选按钮是3种墙体连接的基本类型，如图1-59所示。

平接   斜接   方接

图1-59 墙体的3种连接方式

> **技巧点拨**　同类墙体的连接方式是3种，不同墙体的连接方式仅包括【平接】和【斜街】两种方式。

● 显示：当允许墙连接时，【显示】选项列表中有3个选项，包括【清理连接】、【不清理连接】和【使用视图设置】。

　➢ 允许连接：选择此单选按钮，允许墙进行连接。

　➢ 不允许连接：选择此单选按钮，不允许墙进行连接，如图1-60所示。

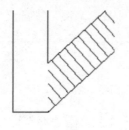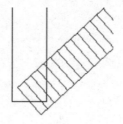

允许连接   不允许连接

图1-60 允许和不允许连接墙体效果

1.5.2 变换操作——移动、对齐、旋转与缩放

【修改】选项卡【修改】面板中的修改工具，可以对模型图元进行变换操作，如移动、旋转、缩放、复制、镜像、阵列、对齐、修剪与延伸等等，下面将【移动】、【对齐】和【旋转】工具的使用方法进行介绍。

1. 移动

使用【移动】工具可将图元移动到指定的新位置。

选中要移动的图元，单击【修改】面板中的【移动】按钮 ✣，选项栏显示移动选项，如图1-61所示。

图 1-61 移动选项

- 约束：勾选此复选框，可限制图元沿着与其垂直或共线的矢量方向移动。
- 分开：勾选此复选框，可在移动前中断所选图元和其他图元之间的关联，在移动连接到其他墙的墙时，该复选框很有用。用户也可以勾选【分开】复选框将依赖于主体的图元从当前主体移动到新的主体上。

🌸 上机操作——移动图元 🌸

01 打开本例源文件【加油站服务区.rvt】文件，在项目浏览器中双击【楼层平面】｜【二层平面图】节点项目，切换至二层平面图视图，如图1-62所示。

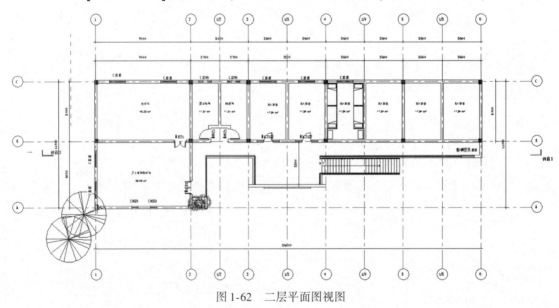

图 1-62 二层平面图视图

02 单击【视图】选项卡【窗口】面板中的【关闭隐藏对象】按钮 🗔，关闭其他视图窗口。

03 在项目浏览器中双击，打开【剖面（建筑剖面）】｜【剖面3】节点视图。然后选择【视图】选项卡【窗口】面板中的【平铺】工具，Revit将左右并列显示二层平

面图和剖面 3 视图窗口，如图 1-63 所示。

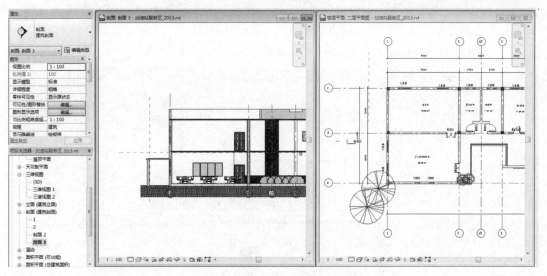

图 1-63 打开两个视图并平铺视图窗口

04 单击其中一个视图窗口，激活该视图窗口。滚动鼠标滚轮，放大显示二层平面视图中的会议室房间以及剖面 3 视图中 1～2 轴线间对应的位置，如图 1-64 所示。

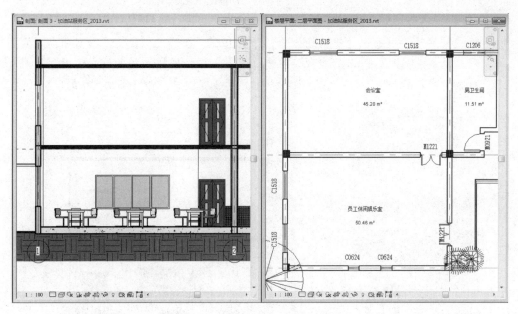

图 1-64 放大显示视图

05 激活二层平面图视图，选择会议室 B 轴线墙上编号为 M1221 的门图元（注意不要选择门编号 M1221），Revit 将自动切换至与门图元相关的【修改 | 门】上下文选项卡。

技巧
点拨

在【修改丨门】上下文选项卡下，"属性"面板将自动切换为与所选择门相关的图元实例属性，如图1-65所示，在类型选择器中，显示了当前所选择的门图元的族名称为"门 – 双扇平开"，其类型名称为M1221。

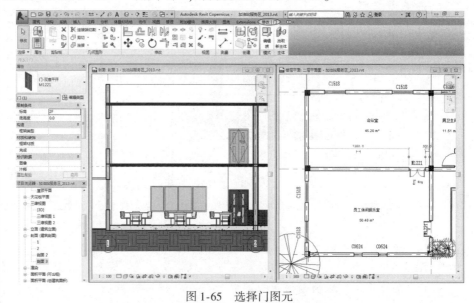

图1-65　选择门图元

06 单击【属性】面板的【类型选择器】下拉按钮，在列表中显示了项目中所有可用的门族及族类型。图1-66为在列表中选择【塑钢推拉门】类型的门，该类型属于【型材推拉门】族。Revit在二层平面视图和剖面3视图中，将门修改为新的门样式。

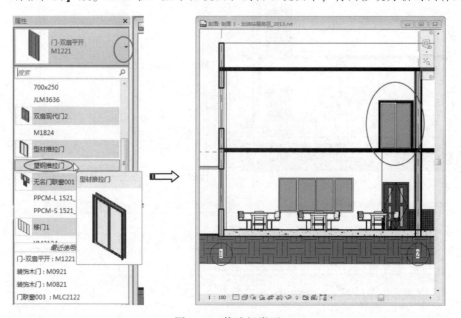

图1-66　修改门类型

07 激活剖面3视图窗口并选中门图元，然后在【修改 | 门】上下文选项卡下的【修改】面板中单击【移动】按钮⊕，随后在选项栏中仅勾选【约束】复选框，如图1-67所示。

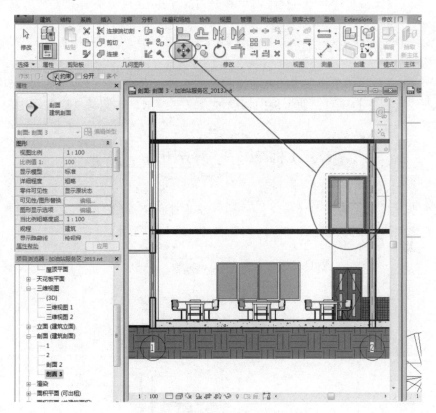

图1-67　使用并设置【移动】选项

<table>
<tr><td>技巧
点拨</td><td>如果先单击【移动】按钮再选中要移动的图元，需要按 Enter 键确认。</td></tr>
</table>

08 在剖面3视图中，拾取门右上角的点作为移动起点，向左移动门图元，在移动过程中直接通过键盘输入数值100，按下 Enter 键完成移动操作，如图1-68所示。

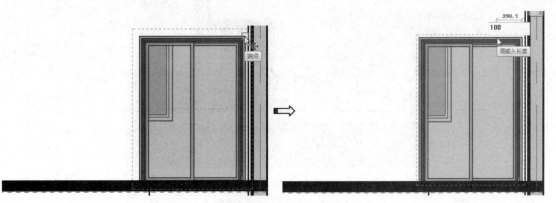

图1-68　拾取移动起点和终点来移动门图元

技巧 点拨	由于勾选了选项栏中的【约束】复选框，Revit 仅允许在水平或垂直方向移动光标，将门向左移动 100 的距离。由于 Revit 中各视图都基于三维模型实时剖切生成，因此在【剖面 3】视图中移动门时，Revit 同时会自动更新二层平面视图中门的位置。

2. 对齐

【对齐】工具可将单个或多个图元与指定的图元进行对齐，对齐也是一种移动操作。下面将介绍使用【对齐】工具，使上例中移动的会议室门洞口右侧与一层餐厅中门洞口右侧精确对齐。

上机操作——对齐图元

01 接着上一案例进行图元对齐操作。

02 单击【修改】选项卡【编辑】面板中的【对齐】按钮，进入对齐编辑模式，取消勾选选项栏中的【多重对齐】复选框，如图 1-69 所示。

图 1-69　取消【多重对齐】复选框的勾选

03 移动光标至一层餐厅门右侧洞口边缘，Revit 将捕捉门洞口边并亮显，单击即可在该位置显示蓝色参照平面，如图 1-70 所示。

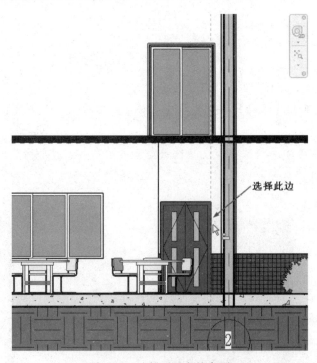

图 1-70　选择要对齐的参照

04 移动光标至二层会议门洞口右侧，Revit 会自动捕捉门边参考位置并亮显，如图 1-71 所示。

05 Revit 将会议室门向右移动至参照位置，与一层餐厅门洞对齐，结果如图 1-72 所示。按两次 Esc 键退出对齐操作模式。

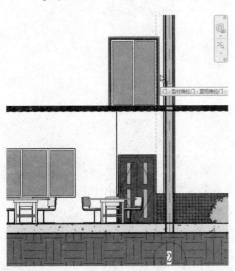
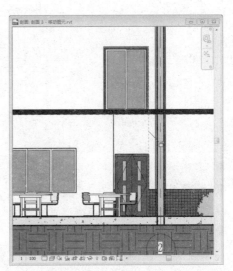

图 1-71 选择要对齐的实体（门边）　　　图 1-72 自动对齐门

> **技巧点拨**　　使用【对齐】工具将图元对齐至指定位置后，Revit 会在参照位置处显示锁定标记，单击该标记，Revit 将在图元间建立对齐参数关系。当修改具有对齐关系的图元时，Revit 会自动修改与之对齐的其他图元。

3. 旋转

【旋转】工具用于绕轴旋转选定的图元。某些图元只能在特定的视图中才能旋转，例如墙不能在立面视图中旋转，窗不能在没有墙的情况下旋转。

选中要旋转的图元，单击【旋转】按钮 ○，选项栏将显示旋转选项，如图 1-73 所示。

图 1-73 旋转选项

● 分开：勾选【分开】复选框，可在旋转之前中断选择图元与其他图元之间的连接。在需要旋转连接到其他墙的墙时，该复选框非常有用。

● 复制：勾选【复制】复选框可旋转所选图元的副本，而在原来位置将保留原始对象。

● 角度：指定旋转的角度，然后按 Enter 键，Revit 会以指定的角度执行旋转，跳过剩余的步骤。

● 旋转中心：默认的旋转中心是图元的中心，如果想要自定义旋转中心，可以单击【地点】按钮 地点，捕捉新点作为旋转中心。

4. 缩放

【缩放】工具适用于线、墙、图像、DWG 和 DXF 导入、参照平面以及尺寸标注的位置，以图形或数值方式按比例缩放图元，如图 1-74 所示。

| 选择要缩放的图元 | 指定缩放起点和终点 | 完成图元的缩放 |

图 1-74　缩放模型文字

调整图元大小时，请注意以下事项。

● 调整图元大小时，需要定义一个原点，图元将相对于该固定点同等改变大小。

● 所有图元都必须位于平行平面中，选择集中的所有墙必须具有相同的底部标高。

● 调整墙的大小时，插入对象与墙的中点保持固定距离。

● 调整大小会改变尺寸标注的位置，但不改变尺寸标注的值。如果被调整图元是尺寸标注的参照图元，则尺寸标注值会随之改变。

● 导入符号具有名为"实例比例"的只读实例参数。它表明实例大小与基准符号的差异程度，可以通过调整导入符号的大小来修改该参数。

 ### 1.5.3　变换操作——复制、镜像与阵列

【复制】【镜像】和【阵列】工具都属于复制类型的工具，也包括使用 Windows 剪贴板的复制与粘贴功能。

1．复制

【修改】面板中的【复制】工具是拷贝所选图元到新位置的工具，仅在相同视图中使用，而【剪贴板】面板中的【复制到粘贴板】工具可以在相同或不同的视图中使用，得到图元的副本。

【复制】工具的选项栏，如图 1-75 所示。

图 1-75　【复制】工具选项栏

上机操作——复制图元

01　打开本例的源文件【加油站服务区 – 2. rvt】，如图 1-76 所示。

02　按 Ctrl 键选中场地布置图右下角的 4 部油罐车模型，然后单击【修改】面板中的【复制】按钮，保持选项栏中各选项不被勾选，并拾取复制的基点，如图 1-77 所示。

03　拾取基点后，再拾取一个车位上的一个点作为放置副本的参考点，如图 1-78 所示。

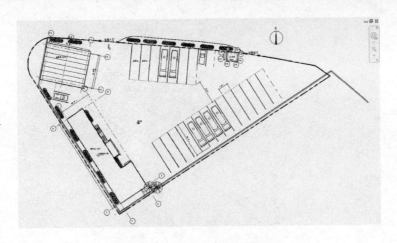

图 1-76 打开的建筑项目源文件

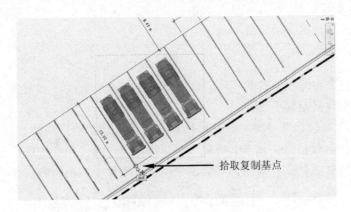

图 1-77 拾取复制的基点

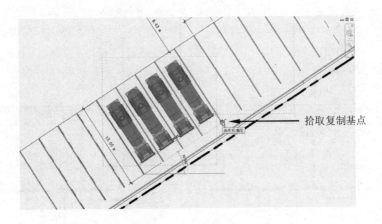

图 1-78 拾取复制的基点

04 拾取放置参考点后，Revit 自动创建副本，如图 1-79 所示。

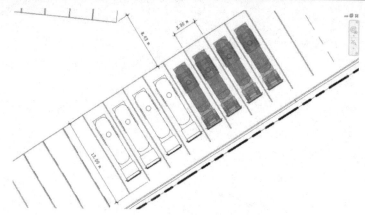

图 1-79　完成油罐车模型的复制

<table>
<tr><td rowspan="2">技巧
点拨</td><td>　　【剪贴板】面板中【复制到剪贴板】工具，可以用组合键替代，即按下 Ctrl
+C（复制）和 Ctrl + V（粘贴）快捷键。如果不需要保留原图元，可以使用
Ctrl + X 快捷键剪切原图元。</td></tr>
</table>

2. 镜像

镜像工具也是类型复制工具的一种，是通过指定镜像中心线（或叫镜像轴）、绘制镜像中心线后，进行对称复制的工具。

Revit 中镜像工具包括【镜像 – 拾取轴】和【镜像 – 绘制轴】两种。

● 【镜像 – 拾取轴】 ：该工具的镜像中心线是通过指定现有的线或者图元边确定的。

● 【镜像 – 绘制轴】 ：该工具的镜像中心线是通过手工绘制的。

🌸 上机操作——镜像图元 🌸

01　打开本例的建筑项目文件【农家小院 . rvt】，如图 **1-80** 所示。

02　在所显示的楼层中，主卧和次卧是没有门的，如图 **1-81** 所示。

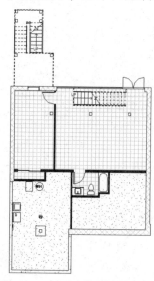

图 1-80　打开建筑项目源文件

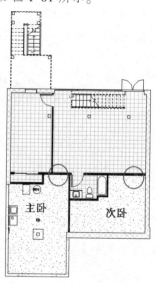

图 1-81　主卧与次卧没有门

03 要添加门，则先选中卫生间的门图元，单击【镜像-拾取轴】按钮，拾取主卧
与次卧隔离墙体的中心线作为镜像中心线，如图1-82所示。

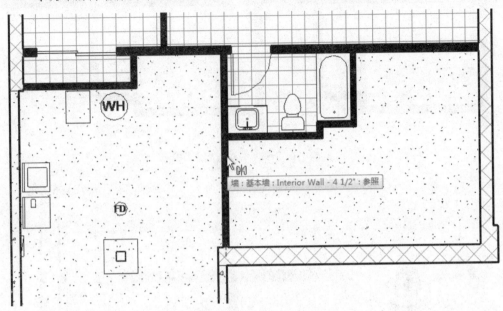

图1-82 拾取镜像中心线

04 随后Revit自动完成镜像操作并创建副本图元，如图1-83所示。然后在空白处单
击，退出当前操作。

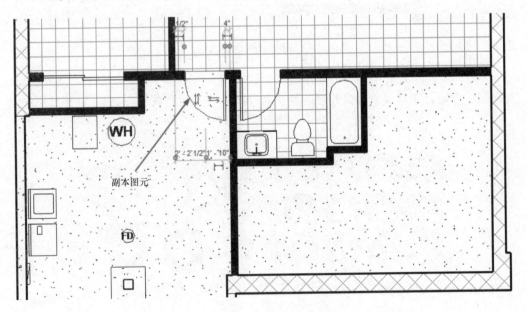

图1-83 完成镜像

05 选中卫生间的门图元，然后单击【镜像-绘制轴】按钮，捕捉卫生间浴缸一侧墙
体的中心线，确定镜像中心线的起点和终点，如图1-84所示。

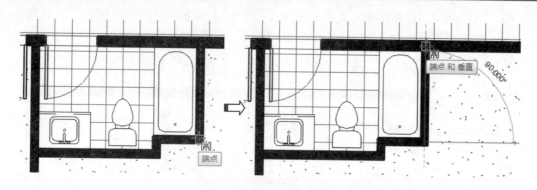

图1-84　指定镜像中心线起点和终点

06　随后 Revit 自动完成镜像并创建副本图元，即次卧的门，如图 1-85 所示。

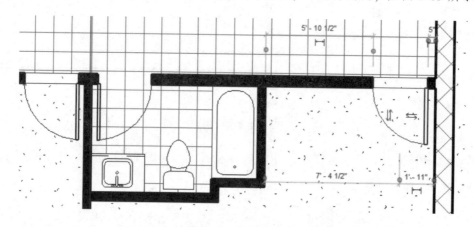

图1-85　完成镜像创建次卧门

3. 阵列

利用【阵列】工具可以创建线性阵列或者径向阵列（也称圆周阵列），如图1-86所示。

线性阵列　　　　　　　　　　径向阵列

图1-86　图元的阵列

选中需要阵列的图元并单击【阵列】按钮🔳，选项栏默认显示线性阵列的选项设置，如图 1-87 所示。

图1-87　线性阵列选项栏

如果单击【径向】按钮 ，选项栏将显示径向阵列的选项设置，如图1-88所示。

图1-88　径向阵列选项栏

- 【线性】按钮 ：单击此按钮，将创建线性阵列。
- 【径向】按钮 ：单击此按钮，将创建径向阵列。
- 【激活尺寸标注】按钮：仅在【线性】阵列时才显示此按钮，单击可以显示并激活要阵列图元的定位尺寸，图1-89为激活尺寸标注前和激活尺寸标注后的效果。

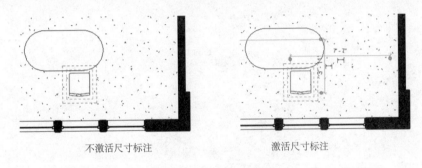

不激活尺寸标注　　　　　　激活尺寸标注

图1-89　激活尺寸标注

- 【成组并关联】复选框：此复选框用于控制各阵列成员之间是否存关联关系，勾选该复选框即产生关联，反之非关联。
- 【项目数】数值框：此数值框用于键入阵列成员的项目数。
- 【移动到】：用于选择成员之间间距的控制方法。
  - ➢【第二个】：选中此单选按钮，将指定第一个图元和第二个图元之间的间距为成员间的阵列间距，所有后续图元将使用相同的间距，如图1-90所示。

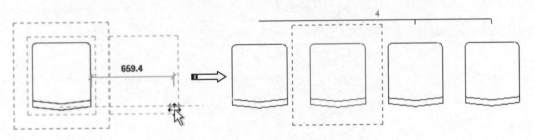

图1-90　【第二个】阵列间距设定方式

  - ➢【最后一个】：指定第一个图元和最后一个图元之间的间距，所有剩余的图元将在两个图元之间以相等间隔分布，如图1-91所示。

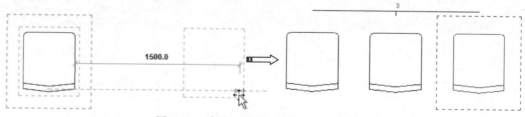

图 1-91 【最后一个】阵列间距设定方式

● 【约束】：勾选此复选框，可限制图元沿着与其垂直或共线的矢量方向移动。

● 【角度】数值框：用于键入总的径向阵列角度，最大为 360 度圆周，图 1-92 为总阵列旋转角度为 360、成员数为 6 的径向阵列。

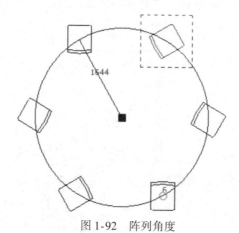

图 1-92 阵列角度

● 【旋转中心】：设定径向阵列的旋转中心点。默认的旋转中心点为图元自身的中心，单击【地点】按钮，可以指定旋转中心。

上机操作——径向阵列餐椅

01 打开本例建筑项目源文件【两层别墅.rvt】，如图 1-93 所示。

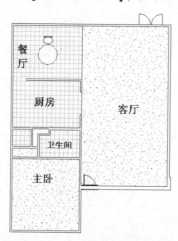

图 1-93 打开的建筑项目源文件

02　选中餐厅中的餐椅图元后，单击【阵列】按钮 ，在选项栏中单击【径向】按钮 ，接着单击【地点】按钮 地点 ，设定径向阵列的旋转中心点为圆桌的中心点，如图 1-94 所示。

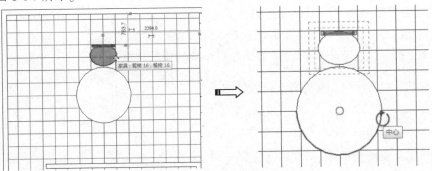

图 1-94　选择阵列对象与拾取阵列中心点

技巧
点拨　　在拾取圆桌圆心时，要确保【捕捉】对话框中的【中心】复选框被勾选，如图 1-95 所示。在捕捉时，仅拾取圆桌边即可自动捕捉到圆心。

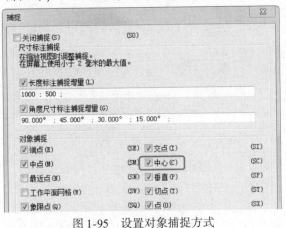

图 1-95　设置对象捕捉方式

03　捕捉到阵列旋转中心点后，在选项栏设置【项目数】为 6，【角度】为 360，按下 Enter 键，即可自动创建径向阵列，如图 1-96 所示。

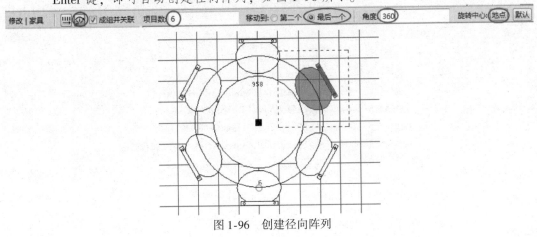

图 1-96　创建径向阵列

1.6 项目视图

Revit 模型视图是建立模型和设计图纸的重要参考，用户可以借助不同的视图（工作平面）建立模型，也能借助不同视图来创建结构施工图、建筑施工图、水电气布线图或设备管路设计施工图等。进入不同的模组，就会有不同的模型视图。

1.6.1 项目样板与项目视图

在建筑模型中，所有的图纸、二维视图、三维视图以及明细表都是同一个基本建筑模型数据库的信息表现形式。

不同的项目视图则由不同的项目样板来决定。在欢迎界面的【项目】选项区域选择【构造样板】【建筑样板】【结构样板】或【机械样板】选项，实际上是选择样板文件来创建项目，也就是图 1-97 所示的选项设置。

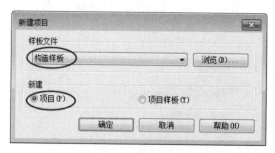

图 1-97　选择样板文件

> **温馨提示**　第一次安装 Revit 2018 是没有任何项目样板文件的，需在官网下载（本章随书资料中会提供），下载后将 China 文件夹粘贴到 "C：\ ProgramData \ Autodesk \ RVT 2018 \ Templates" 路径下替换原文件夹。

项目样板为新项目提供了起点，包括视图样板、已载入的族、已定义的设置（如单位、填充样式、线样式、线宽、视图比例等）和几何图形（如果需要）。

软件安装完成后，Revit 提供了若干样板用于不同的规程和建筑项目类型，如图 1-98 所示。

建筑样板 ——— Construction-DefaultCHSCHS.rte
构造样板 ——— DefaultCHSCHS.rte
电气样板 ——— Electrical-DefaultCHSCHS.rte
机械样板 ——— Mechanical-DefaultCHSCHS.rte
给排水样板 ——— Plumbing-DefaultCHSCHS.rte
结构样板 ——— Structural Analysis-DefaultCHNCHS.rte
系统默认样板 ——— Systems-DefaultCHSCHS.rte

图 1-98　Revit 项目样板

项目样板之间的差别,其实是设计行业需求不同决定的,同时还体现在【项目浏览器】中视图内容的不同。建筑样板和构造样板的视图内容是一样的,这两种项目样板都可以进行建筑模型设计,出图的种类也是最多的,图1-99为建筑样板与构造(构造设计包括零件设计和部件设计)样板的视图内容。

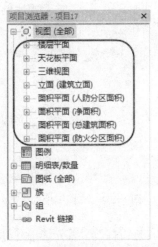 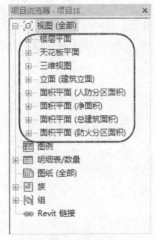

建筑样板的视图内容　　　　　　　构造样板的视图内容

图1-99　建筑样板与构造样板的项目视图比较

**技巧
点拨**　　在Revit中进行建筑模型设计,其实只能做一些造型较简单的建筑框架、室内建筑构件、外幕墙等模型,复杂外形的建筑模型只能通过第三方软件,如Rhino、SketchUp、3ds Max等进行造型设计,然后通过转换格式导入或链接到Revit中。

电气样板、机械样板、给排水样板、结构样板等的项目视图如图1-100所示。

电气样板　　　　　　机械样板　　　　　　给排水样板　　　　　结构样板

图1-100　其他样板的项目视图

1.6.2 项目视图的基本应用

1. 楼层平面视图

在项目视图中,【楼层平面】视图节点下默认仅仅包括【场地】、【标高1】和【标高2】3个楼层平面,如图1-101所示。【场地】楼层平面用于包容属于场地的所有构建要素,包括绿地、院落植物、围墙、地坪等。一般场地标高比第一层低,以避免往室内渗水。【标高1】楼层就是建筑的地上第一层,和立面图中的【标高1】标高是一一对应的,如图1-102所示。

图1-101　楼层平面视图

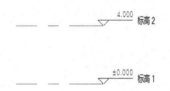

图1-102　立面图中的标高

用户可以根据需要对平面视图中的【标高1】名称进行修改,首先选中【标高1】视图并右击,在弹出的快捷菜单中选择【重命名】命令,即可重新命名视图的名称,如图1-103所示。

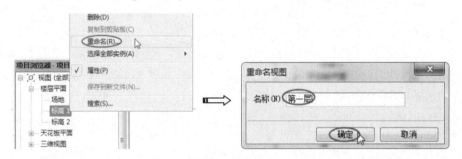

图1-103　重命名视图

重命名平面视图名称后,系统会弹出是否希望重命名相应的标高和视图,如果单击【是】按钮,将关联其他视图,反之,只修改平面视图名称,其他视图中的名称不受影响。

2. 立面视图

【立面】视图包括东、南、西、北4个建筑立面视图,与之对应的是楼层平面视图中的4个立面标记,如图1-104所示。在平面视图中双击立面图标记箭头,即可转入该标记指示的立面视图中。

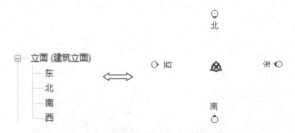

图1-104　立面视图与平面视图中的立面标记

1.6.3　视图范围的控制

视图范围是控制对象在视图中的可见性和外观的水平平面集。

每个平面图都具有视图范围属性，该属性也称为可见范围。定义视图范围的水平平面为【俯视图】、【剖切面】和【仰视图】。顶剪裁平面和底剪裁平面表示视图范围的最顶部和最底部的部分。剖切面是一个平面，用于确定特定图元在视图中显示为剖面时的高度。这三个平面可以定义视图的主要范围。

视图深度是主要范围之外的附加平面，更改视图深度，可以显示底裁剪平面下的图元。默认情况下，视图深度与底剪裁平面重合。

图1-105所示的立面视图中，显示平面视图的视图范围⑦：顶部①、剖切面②、底部③、偏移（从底部）④、主要范围⑤和视图深度⑥，右侧平面视图显示了此视图范围的结果。

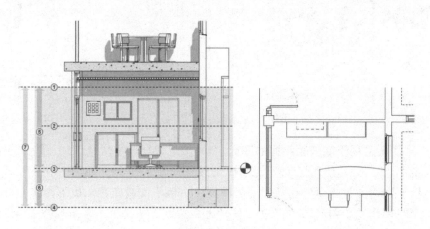

图1-105　视图范围

当创建了多层建筑后，用户可以通过设置视图范围，让当前楼层以下或以上的楼层隐藏不显示，便于观察。

除了上图正常情况的剖切显示（剖切面的剖切位置）外，Revit中还有以下几种情况的视图范围显示控制方法。

1. 与剖切平面相交的图元

在平面视图中，Revit使用以下规则显示与剖切平面相交的图元。

● 这些图元使用其图元类别的剖面线宽绘制；

● 当图元类别没有剖面线宽时，该类别不可剖切。此图元可以使用投影线宽绘制。

与剖切面相交图元显示的例外情况包括以下内容。

● 高度小于6英尺（或2米）的墙不会被截断，即使它们与剖切面相交。

> **技巧点拨**　从边界框的顶部到主视图范围的底部测量的结果为6英尺（或2米）。例如，当创建的墙顶部比底部剪裁平面高6英尺，则在剖切平面上剪切墙；当墙顶部不足6英尺时，整个墙显示为投影，即使是与剖切面相交的区域也是如此。将墙的【墙顶定位标高】属性指定为【未连接】时，始终会出现此行为。

● 对于某些类别，各个族被定义为可剖切或不可剖切。如果族被定义为不可剖切，则其图元与剖切面相交时，使用投影线宽绘制。

图 1-106 所示的蓝色高亮显示指示与剖切平面相交的图元，右侧平面视图显示以下内容：

● ① 为使用剖面线宽绘制的图元（墙、门和窗）；
● ② 为使用投影线宽绘制的图元，因为它们不可剖切（橱柜）。

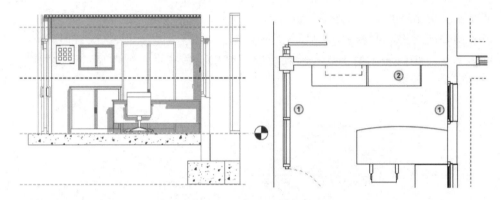

图 1-106　与剖切平面相交的图元显示

2. 低于剖切面且高于底剪裁平面的图元

在平面视图中，Revit 使用图元类别的投影线宽绘制的图元，如图 1-107 所示。蓝色高亮显示指示低于剖切面且高于底剪裁平面的图元，右侧平面视图显示以下内容：

①为使用投影线宽绘制的图元，它们与剖切面不相交（橱柜、桌子和椅子）。

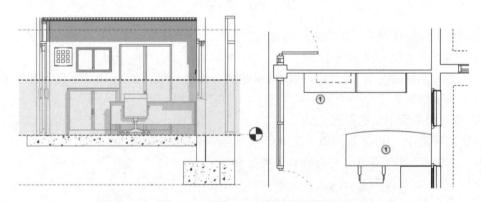

图 1-107　低于剖切面且高于底剪裁平面的图元显示

3. 低于底剪裁平面且在视图深度内的图元

视图深度内的图元使用【超出】线样式绘制，与图元类别无关。

例外情况：位于视图范围之外的楼板、结构楼板、楼梯和坡道使用一个调整后的范围，比主要范围的底部低 4 英尺（约 1.22 米）。在该调整范围内，使用该类别的投影线宽绘制图元。如果它们存在于此调整范围之外但在视图深度内，则使用【超出】线样式绘制这些图元。

例如，在图 1-108 所示的图中，蓝色高亮显示指示低于底剪裁平面且在视图深度内的图元，右侧平面视图显示以下内容：

● ① 为使用【超出】线样式绘制的视图深度内的图元（基础）；
● ② 为使用投影线宽为其类别绘制的图元，因为它满足例外条件。

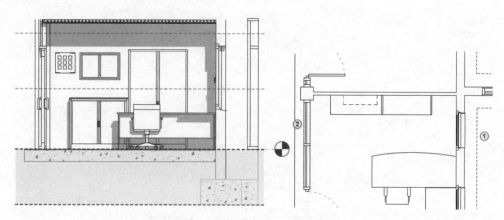

图 1-108　低于底剪裁平面且在视图深度内的图元显示

4. 高于剖切面且低于顶剪裁平面的图元

这些图元不会显示在平面视图中，除非其类别是窗、橱柜或常规模型。这三个类别的图元从上方查看时使用投影线宽绘制。

例如，在图 1-109 中，蓝色高亮显示指示视图范围顶部和剖切平面之间出现的图元。

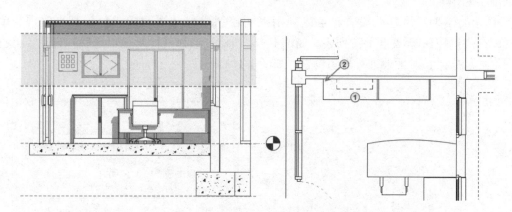

图 1-109　高于剖切面且低于顶剪裁平面的图元显示

右侧平面视图显示以下内容：

● ① 未使用投影线宽绘制的壁装橱柜。在这种情况下，在橱柜族中定义投影线的虚线样式。
● ② 未在平面中绘制的壁灯（照明类别），因为其类别不是窗、橱柜或常规模型。

在【属性】面板中的【范围】选项组下单击【编辑】按钮，可打开【视图范围】对话框来设置视图范围，如图 1-110 所示。

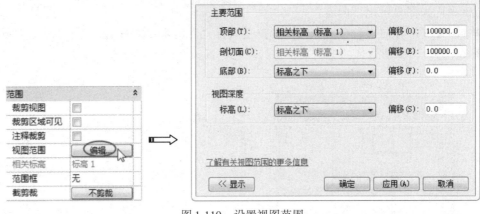

图 1-110 设置视图范围

 ### 1.6.4 视图控制栏的视图显示工具

绘图区下方视图控制栏中的视图工具可以快速操作视图,本小节将介绍视图控制栏中视图显示工具的应用。

视图控制栏中的视图工具如图 1-111 所示,下面简单介绍这些工具的基本用法。

图 1-111 视图控制栏

1. 视图样式

图形的模型显示样式设置,可以利用视图控制栏中【视图样式】工具来实现。单击【视图样式】按钮□展开下拉列表,如图 1-112 所示。选择【图形显示选项】选项,可打开【图形显示选项】对话框进行视图设置,如图 1-113 所示。

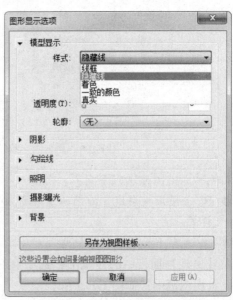

图 1-112 【视图样式】列表   图 1-113 【图形显示选项】对话框

2. 日光设置

当渲染场景为白天时，可以对日光进行设置（我们将在【建筑外观与室内表现】一章中详细讲解）。在视图控制栏中单击【日光设置】按钮，在下拉列表中包含 3 个选项，如图 1-114 所示。

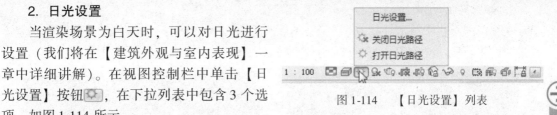

图 1-114　【日光设置】列表

日光路径是指阳光一天中在地球上照射的时间和地理路径，并以运动轨迹可视化表现，如图 1-115 所示。

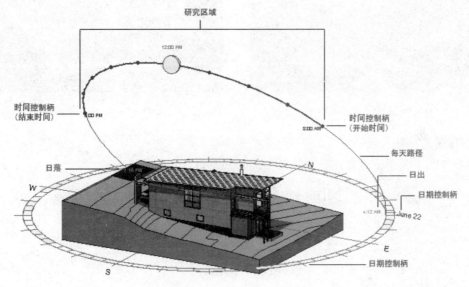

图 1-115　一天中的日光路径

选择【日光设置】选项，在打开的【日光设置】对话框中进行日光研究和设置，如图 1-116所示。

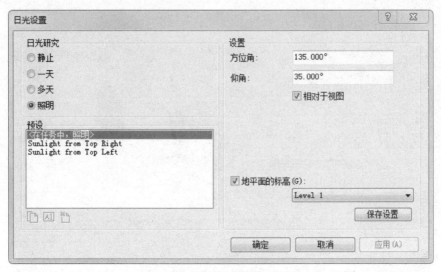

图 1-116　【日光设置】对话框

3. 阴影开关

在视图控制栏中单击【打开阴影】按钮 或者【关闭阴影】按钮 ，控制真实渲染场景中的阴影显示或关闭。图 1-117 为打开阴影的场景，图 1-118 为关闭阴影的场景。

图 1-117　打开阴影状态　　　　　　　　图 1-118　关闭阴影状态

4. 视图的剪裁

剪裁视图主要用于查看三维建筑模型剖面裁剪前后的视图状态。

上机操作——查看视图剪裁前后的状态

01 从欢迎界面中打开【建筑样例项目】文件（Revit 自带练习文件）。

02 进入 Revit 建筑项目设计工作界面后，在项目浏览器中双击【视图】|【立面】| East 视图，如图 1-119 所示。

图 1-119　打开 East 立面图

03 此视图实际上是一个剪裁视图。单击视图控制栏中【不剪裁视图】按钮 ，可以查看被裁剪之前的整个建筑剖面图，如图 1-120 所示。

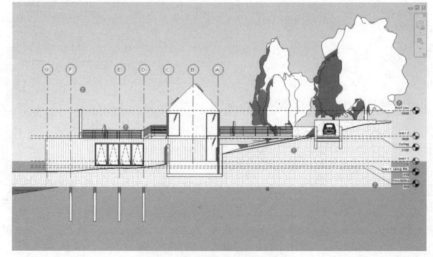

图 1-120　不裁剪视图的状态

04 此时没有显示视图裁剪边界，单击【显示裁剪区域】按钮，即可显示裁剪的视图边界，如图1-121所示。

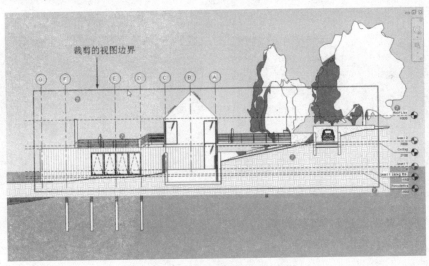

图1-121　显示裁剪的视图边界

05 若需要返回正常的立面图视图状态，则单击【剪裁视图】按钮和【隐藏裁剪区域】按钮，如图1-122所示。

图1-122　恢复立面图的两个按钮

1.7 Revit知识点及论坛帖精解

学习（Revit）软件知识是有技巧的，而且要不断地加以练习。在此过程中，初学者会出现这样那样的问题，偶尔也会在各大BIM建筑论坛发帖求助，为此我们专门搜集了广大求助者的各种学习问题，并针对性地进行解答。此外，我们还把自身总结的以及网络搜集到的众多网友的独到见解，常用或不常用的相关Revit知识点也一一列举出来，希望对大家有所帮助。

1.7.1 Revit知识点

知识点1：在Revit中快速执行复制操作

通常情况下，用户可以在【修改】选项卡中单击【复制】按钮，或使用快捷键CO来进行图元的复制操作，如图1-123所示。

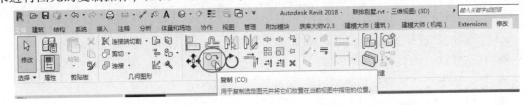

图1-123　单击【复制】按钮

在 Revit 中最快速的复制方法是使用快捷键，首先选中要复制的图元，按下 Ctrl + C 组合键执行复制操作，然后再按下 Ctrl + V 组合键执行粘贴操作，即可快速完成图元的复制与粘贴，如图 1-124 所示。

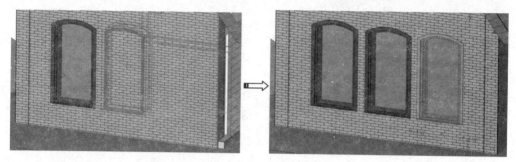

图 1-124　快速复制与粘贴图元

知识点 2：Revit 2018 的新增功能

Revit 2018 版本新增了不少实用功能，下面列举部分实用性较强的功能并进行介绍。

（1）创建 多层楼梯，如图 1-125 所示。

● 通过选择标高从楼梯创建多层楼梯；
● 楼梯依据楼层高度自动成组；
● 修改标高多层楼梯自动调整高度；
● 在多层楼梯中添加或删除标高楼梯；
● 通过中间平台位置或梯段起点对齐每个标高上的楼梯。

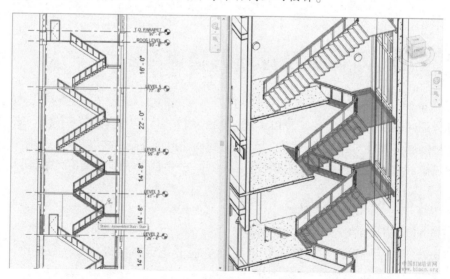

图 1-125　多层楼梯的创建

（2）增强的栏杆扶手功能，如图 1-126 所示。

● 扶手可识别地形表面；
● 栏杆扶手自动识别楼梯主体坡度；
● 多楼层楼梯一键添加栏杆扶手；

- 栏杆扶手和多层楼梯按照层高编组,并作为组进行编辑;
- 直接从栏杆扶手的"类型属性"对话框中访问顶部扶栏和扶手(连续扶栏)的类型属性;
- 更加便捷地栏杆生成方式,无论是通过草图绘制还是通过拾取主体,栏杆功能比以往的版本更加强大、便捷。

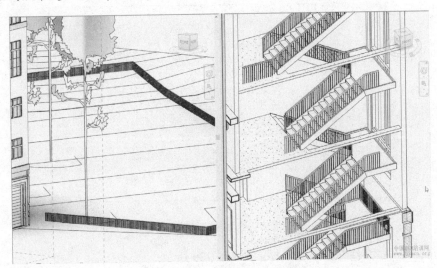

图 1-126 栏杆扶手功能增强

(3)创建模型组和 RVT 链接明细表,将参数添加到模型组、RVT 链接和明细表,如图 1-127 所示。

- 创建详细的清单;
- 增加用户自定义参数;
- 统计模型组和 RVT 链接的量;
- 自添加参数也能被明细表统计了。

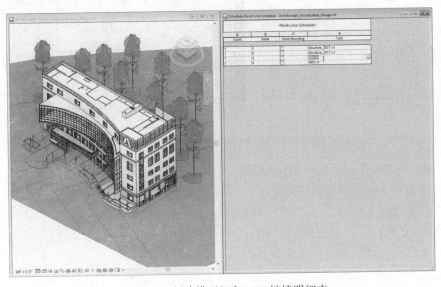

图 1-127 创建模型组和 RVT 链接明细表

（4）增强的全局参数功能，如图 1-128 所示。

● 使用同一材质的多种族修改全局参数中的材质选项；

● 全局参数可用于半径和直径尺寸标注；

● 全局参数可用于控制草图绘制的图元；

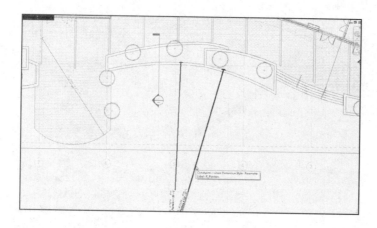

图 1-128　增强的全局参数功能

（5）链接 DWG 文件并获取其坐标，如图 1-129 所示。

● 坐标系统适用于其他链接模型；

● 由土木工程师提供包含 GIS 坐标的 Civil 的 DWG。

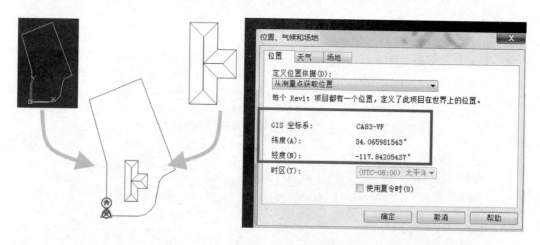

图 1-129　链接 DWG 文件并获取其坐标

（6）新增钢结构连接，如图 1-130 所示。

● 新增 100 多种钢结构连接类型；

● 两种新增的类别；

● 檩条/冷轧构件；

● 其他形式（用于扶手，楼梯等）；

● 达到 LOD350 的深度。

知识点3：Revit 中链接 CAD 和导入 CAD 的区别

在 Revit 中使用 CAD 图纸进行建模时，一般有两种方式：链接 CAD 和导入 CAD，下面对两者的区别进行介绍？

链接 CAD 文件类似于 AutoCAD 软件里的外部参照功能，若需要链接操作，一定要有 CAD 原文件，也就是当拷出文件的时候，CAD 原文件要一起附带过去，否则，Revit 中的文件就会丢失。通俗说就是，链接 CAD 相当于借用 CAD 文件，如果将原 CAD 文件移动位置或者删除，Revit 中的 CAD 文件也会随之消失。

图 1-130　新增钢构连接

导入 CAD 文件相当于直接把 CAD 文件变为 Revit 本身的文件，而不是借用，不管原 CAD 文件如何变化都不会对 Revit 中的 CAD 文件产生影响，因为它已经成为 Revit 项目的一部分，跟原 CAD 文件不存在联系。基于以上解释，建议大家在应用 CAD 建模时尽量使用导入 CAD 功能（注：如使用建模大师进行建模时，则需选用链接 CAD 文件的方式）。

知识点4：Revit 图元不可见的原因

（1）视图范围造成图元不可见。

在 Revit 中，默认视图顶高度为 2300，剖切面为 1200，底高度为 0。如果图元未在该区间范围内，会提醒图元在该楼层平面中不可见。此时需要检查活动视图及范围。

（2）图元与规程不统一。

当图元与规程不统一时，视图具有自由过滤的功能。例如，管道构件不会显示在规程为建筑的视图中。

（3）设置可见性

对于每个构件，均可以单击前面对勾的方式控制其在视图中的显示情况。一些样板文件在设置时，若没有打开某些构件的可见性，则在视图中不会出现构件。

（4）设置详细程度

对于某些族来说，在某种详细程度下，是不显示该物体存在的。例如，柱族在粗略状态下，平面视图中不会出现。

（5）过滤器设置

在 Revit 2018 中，过滤器除了可以为特定物体添加投影表面的填充图案、线条和透明度的颜色方案，也可以控制图元物体的可见性。

（6）永久性隐藏设置

当不小心把图元永久性隐藏后，在正常的平面视图中是看不见图元的。当激活"小灯泡"按钮后，切换到【显示隐藏图元】窗口，然后找到被隐藏的图元，被隐藏图元显示为红色边框，未被隐藏的图元为灰色边框。选中被隐藏图元，单击【取消隐藏图元】按钮和【切换显示隐藏图元模式】按钮，即可释放永久性隐藏的图元。

（7）视图裁剪

正常状态下，视图中可正常显示所有物体，当选择裁剪视图操作后，会出现裁剪边框，用户可控制裁剪边框中出现的视图范围，设置图元的显示。当取消裁剪操作后，裁剪边框不可见，但裁剪视图依然对视图图元起作用。

1.7.2 论坛求助帖解惑

求助帖1 为什么打开 Revit 2014 软件后，不显示最近打开的文件？

问题描述：

这个问题虽然针对的不是 Revit 2018 版本，但对所有版本都是适合的。该网友只框选【族】选项区的图形预览，说明问题在此。

问题解决：

用户必须单独打开相关的族以后，才会在此列表中显示。如果用户常打开项目文件，那么会在【项目】选项区的预览列表中显示打开过的项目，如图 1-131 所示。

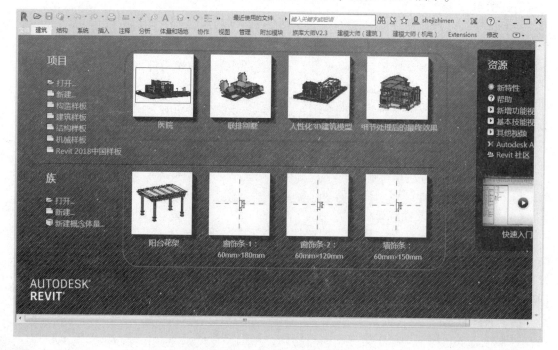

图 1-131　在【项目】选项区域预览打开过的项目列表

求助帖2 新手求助，为什么 Revit 中没有建筑样板文件？

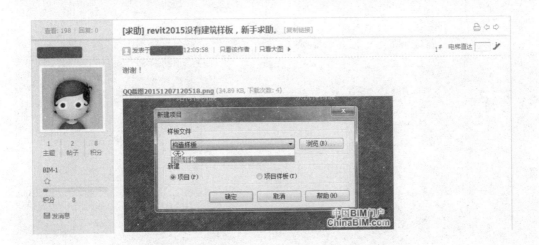

问题描述：

此网友求助的是：【Revit 中为什么没有建筑样板文件】，这也是很多新旧版本 Revit 软件的问题，图 1-132 所示为不带任何样板文件的欢迎界面。

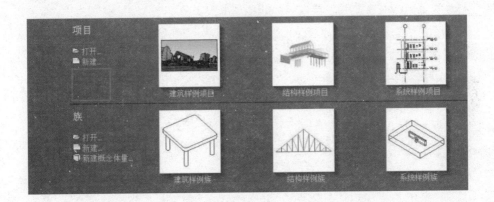

图 1-132　不带任何样板的欢迎界面

问题解决：

很多初学者安装软件后都会遇到这样的问题，这是因为网友在欧特克官网中下载的软件是试用版本。没有购买正式版本的软件时，在欢迎页面是不带任何项目样板、族样板以及族库文件的。

下载并安装官网的试用版软件后，大家可以通过搜索引擎来下载其他正版软件所带的所有样板文件。在本书第 2 章的【源文件 \ Ch02】文件夹中提供了正版软件所带的样板文件和详细的使用方法。图 1-133 为安装所有样板文件后的界面。

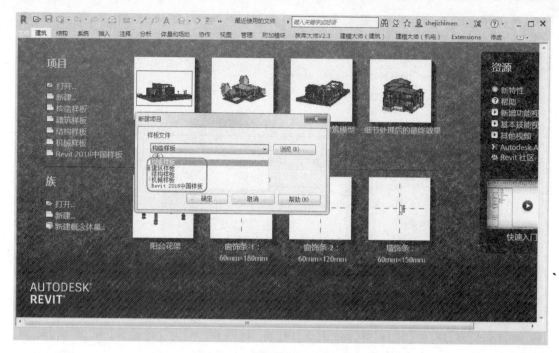

图 1-133　安装样板文件的界面

在 Revit 项目中，怎么添加和编辑线样式？

问题描述：在 Revit 项目中添加和编辑线样式。

问题解决：这个求助帖源自于网友对 Revit 功能的不了解，当然新人都会遇到这样那样的问题。在【管理】选项卡【设置】面板中单击【其他设置】|【线样式】按钮，打开【线样式】对话框。通过此对话框可以设置 Revit 当前项目中所有已知线样式，包括线宽号的选择等、线颜色的设置及线图案的选择等，如图 1-134 所示。

在【线样式】对话框中只能选择线宽编号及图案类型，不能设置线宽和线型图案，用户可以单击【其他设置】|【线宽】按钮，打开【线宽】对话框，如图 1-135 所示。

图 1-134　线样式设置

图 1-135　【线宽】对话框

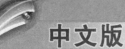

　　用户要设置的一般是模型线宽，对话框最左列是线宽编号，然后根据 GB 国标制图规范，来设置相应的线宽。要设置线型图案，请单击【其他设置】|【线型图案】按钮，在打开的【线型图案】对话框中进行设置，如图 1-136 所示。对有接触过 AutoCAD 软件的初学者，相信设置线样式、线宽及线型图案的操作是很容易的。

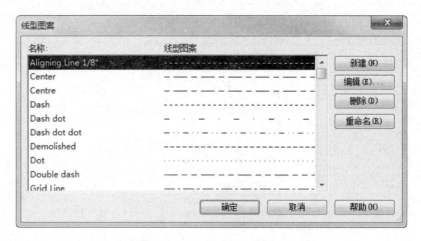

图 1-136　　【线型图案】

第2章

Revit 族的应用

 本章导读

　　Revit 中的所有图元都是基于族的应用。无论建筑设计、结构设计还是系统设备设计，都是将各类族插入到 Revit 环境中进行布局、放置、属性修改，从而得到所需的设计效果。族不仅仅是一个模型，还包含了参数集和相关图形表示的图元组合。

 案例展现
ANLIZHANXIAN

案 例 图	描 述	案 例 图	描 述
	【融合】工具用于在两个平行平面上的形状（此形状也是端面）进行融合建模		【放样融合】工具可以创建具有两个不同轮廓截面的融合模型，可以创建沿指定路径进行放样的放样融合
	不管是什么类型的窗，其族的制作方法都是一样的，都是载入【公制窗.rft】族样板文件进行三维建模		在族编辑器模式中载入其他族，并组合使用。这种将多个简单的族嵌套在一起组合成的族称为嵌套族
	当绘制的截面曲线为单个工作平面上的闭合轮廓时，Revit 将自动识别轮廓并创建拉伸模型		使用表面分割工具，将体量表面或曲面划分为多个均匀的小方格，即以平面方格的形式替代原曲面对象

2.1 族概念

族是一个包含通用属性（也称作参数）集和相关图形表示的图元组。属于一个族不同图元的部分或全部参数可能有不同的值，但是参数的集合却是相同的，族中的这些变体称作【族类型】或【类型】。

例如，门类型所包括的族及族类型可以用来创建不同的门（防盗门、推拉门、玻璃门、防火门等），尽管它们具有不同的用途及材质，但在 Revit 中的使用方法是一致的。

2.1.1 族的种类

在 Revit 2018 中，族包括系统族、可载入族（标准构件族）和内建族 3 种形式。

1. 系统族

系统族已在 Revit 中预定义且保存在样板和项目中，用于创建项目的基本图元，如墙、楼板、天花板、楼梯以及其他要在施工场地装配的图元等，如图 2-1 所示。

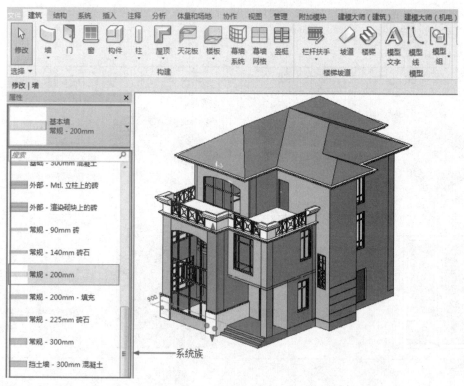

图 2-1 创建系统族

系统族还包含项目和系统设置，这些设置会影响项目环境，如标高、轴网、图纸和视图等。在 Revit 中用户不可以创建、复制、修改或删除系统族，但可以复制和修改系统族中的类型，以便创建自定义系统族类型。

相比 SketchUp 软件，Revit 建模极其方便，因为它包含了一类构件必要的信息。由于系统族是预定义的，因此是 3 种族中自定义内容最少的，但与其他标准构件族和内建族相比，却包含更多的智能行为。在项目中创建的墙会自动调整大小，来容纳放置在其中的窗和门。在放置窗和门之前，不用在墙上剪切洞口。

2. 可载入族

可载入族是用户自定义创建的独立保存为 .rfa 格式的族文件。例如，当需要为场地插入园林景观树的族时，默认系统族能提供的类型比较少，需要通过单击【载入族】按钮，到 Revit 自带的族库中载入可用的植物族，如图 2-2、图 2-3 所示。

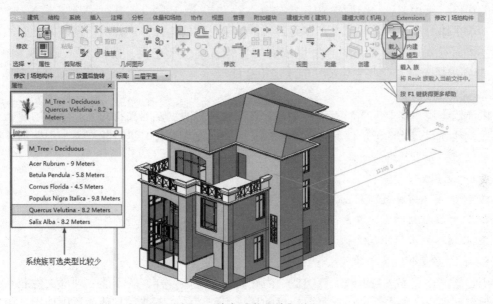

图 2-2　单击【载入族】按钮

图 2-3　载入植物族

由于可载入族具有高度灵活的自定义特性，因此也是使用 Revit 进行设计时最常创建和修改的族。Revit 提供的族编辑器，允许用户自定义任何类别、任何形式的可载入族。

可载入族分为3种类别：体量族、模型类别族和注释类别族。

● 体量族用于建筑概念设计阶段；

● 模型类别族用于生成项目的模型图元、详图构件等；

● 注释类别族用于提取模型图元的参数信息，例如，在综合楼项目中使用【门标记】
  族提取门【族类型】参数。

Revit 的模型类别族分为独立个体和基于主体的族两种。独立个体族是指不依赖于任何主体的构件，例如家具、结构柱等。

基于主体的族是指不能独立存在而必须依赖于主体的构件，例如门、窗等图元必须以墙体为主体而存在。基于主体的族可以依附的主体有墙、天花板、楼板、屋顶、线和面等，Revit 分别提供了基于这些主体图元的族样板文件。

3. 内建族

内建族是用户需要创建当前项目专有的独特构件时所创建的独特图元。创建内建族，便于参照其他项目几何图形，使其在所参照的几何图形发生变化时进行相应大小地调整。内建族的示例包括以下几种。

● 斜面墙或锥形墙；

● 特殊或不常见的几何图形，例如非标准屋顶；

● 不打算重用的自定义构件；

● 必须参照项目中的其他几何图形的几何图形；

● 不需要多个族类型的族。

内建族的创建方法与可载入族类似。内建族与系统族一样，既不能从外部文件载入，也不能保存到外部文件中，因而在当前项目的环境中创建的，不能在其他项目中使用。内建族可以是二维或三维对象，通过选择在其中创建它们的类别，可以将其包含在明细表中，图2-4为内建的咨询台族。内建族必须通过参照项目中其他几何图形进行创建。

2.1.2 族样板

要创建族，就必须要选择合适的族样板，Revit附带大量的族样板。在新建族时，根据用户选择的样板，新族有特定的默认内容，如参照平面和子类别。Revit 因模型族样板、注释族样板和标题栏样板的不同而不同。

当需要创建自定义的可载入族时，用户可以在 Revit 欢迎界面的【族】选项区域中单击【新建】按钮，打开【新族 – 选择样板文件】对话框，从系统默认的族样板文件存储路径下选择族样板文件，单击【打开】按钮即可，如图 2-5 所示。

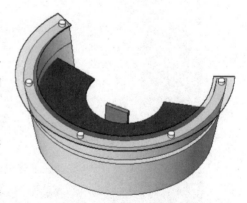

图 2-4　内建族 – 咨询台

如果已经进入了建筑设计环境，可以在菜单栏中执行【文件】│【新建】│【族】命令，同样可以打开【新族 – 选择样板文件】对话框。

图2-5　选择族样板文件

　默认安装 Revit 2018 后，族样板文件和建筑样板文件都是缺少的，需要官方提供的样板文件库。我们将在本章的源文件夹中提供相关的族样板和建筑样板，具体使用方法请参见各自的 .txt 文档。

 2.1.3　族的创建与编辑环境

不同类型的族有不一样的族设计环境（也叫【族编辑器】模式）。族编辑器是 Revit 中的一种图形编辑模式，使用户能够创建和修改在项目中使用的族。族编辑器与 Revit 建筑项目环境的外观相似，但应用工具不同。

在【新族－选择样板文件】对话框中选择一种族样板后（选择【公制橱柜.rft】），单击【打开】按钮，进入族编辑器模式。默认显示的是【参照标高】楼层平面视图，如图2-6所示。

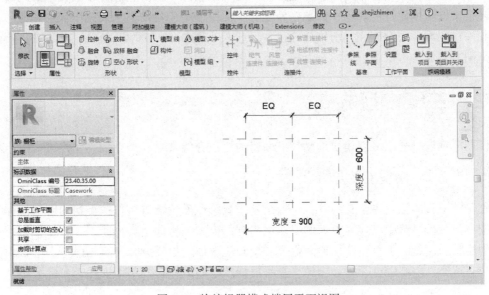

图2-6　族编辑器模式楼层平面视图

若需要编辑可载入族或者自定义的族，用户可以在欢迎界面【族】选项区域中单击【打开】按钮，从【打开】对话框中选择一种族类型（建筑/橱柜/家用厨房/底柜－4个抽屉），即可进入族编辑器模式。默认显示的是族三维视图，如图2-7所示。

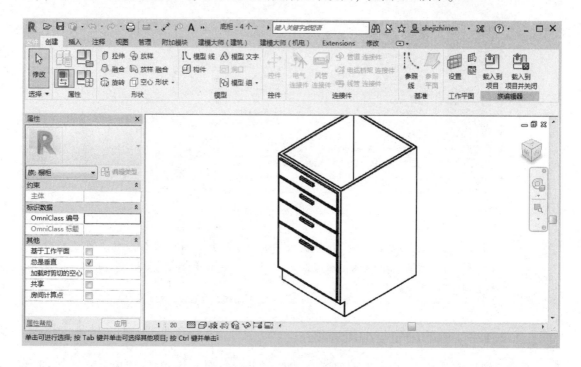

图2-7　族编辑器模式三维视图

从族的几何体定义来划分，Revit 族可分为二维族和三维族。二维族和三维族同属模型类别族。二维模型族可以单独使用，也可以作为嵌套族载入到三维模型族中使用。

二维模型族包括注释类型族、标题栏族、轮廓族、详图构件族等，不同类型的族由不同的族样板文件来创建。注释族和标题栏族是在平面视图中创建的，主要用作辅助建模、平面图例和注释图元。轮廓族和详图构件族仅在【楼层平面】|【标高1】或【标高2】视图的工作平面上创建。本章重点介绍三维模型族的创建与编辑。

2.2　三维模型族

模型工具最终是用来创建模型族，下面将为用户介绍常见模型族的制作方法。

2.2.1　模型工具介绍

创建模型族的工具主要有两种：一种是基于二维截面轮廓进行扫掠得到的模型，称为实心模型；另一种是基于已建立模型的剪切而得到的模型，称为空心形状。

创建实心模型的工具包括拉伸、融合、旋转、放样、放样融合等。创建空心形状的工具包括空心拉伸、空心融合、空心旋转、空心放样、空心放样融合等，如图2-8所示。

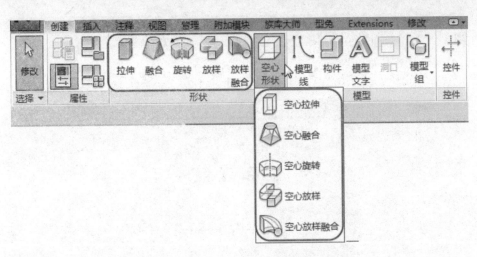

图 2-8　创建实心模型和空心形状的工具

要创建模型族，须在欢迎界面【族】选项区域中单击【新建】按钮，在打开的【新族－选择样板文件】对话框中选择一个模型族样板文件，然后进入族编辑器模式中。

1. 拉伸

【拉伸】工具是通过绘制一个封闭截面沿垂直于截面工作平面方向进行拉伸，精确控制拉伸深度后而得到拉伸模型。

在【创建】选项卡【形状】面板中单击【拉伸】按钮，将切换到【修改 | 创建拉伸】上下文选项卡，如图 2-9 所示。

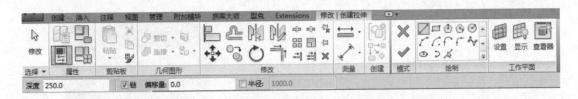

图 2-9　【修改 | 创建拉伸】上下文选项卡

上机操作——创建拉伸模型

01 启动 Revit 软件，在欢迎界面中单击【新建】按钮，弹出【新族－选择族样板】对话框，选择【公制常规模型 .rft】作为族样板，单击【打开】按钮进入族编辑器模式。

02 在【创建】选项卡的【形状】面板中单击【拉伸】按钮，自动切换至【修改 | 创建拉伸】上下文选项卡。

03 利用【绘制】面板中的【内接多边形】工具绘制图 2-10 所示的正六边形形状。

04 在选项栏设置深度值为 500，单击【模式】面板中的【完成编辑模式】按钮，得到结果如图 2-11 所示。

05 在项目浏览器中切换至三维视图，显示三维模型的效果，如图 2-12 所示。

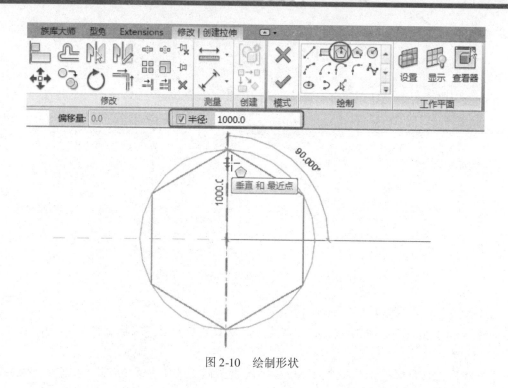

图 2-10　绘制形状

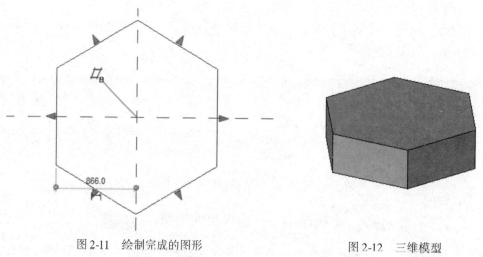

图 2-11　绘制完成的图形　　　　　　图 2-12　三维模型

2. 融合

【融合】工具用于对两个平行平面
上的形状（此形状也是端面）进行融
合建模。图 2-13 为常见的融合建模模
型。融合与拉伸的不同之处在于，拉伸
的端面是相同的，而且不会扭转，融合
的端面可以是不同的，因此在创建融合
时需要绘制两个截面图形。

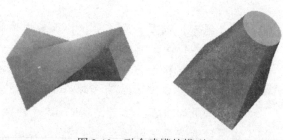

图 2-13　融合建模的模型

上机操作——创建融合模型

01 启动 Revit 软件，在欢迎界面中单击【新建】按钮，弹出【新族–选择族样板】对话框，选择【公制常规模型.rft】作为族样板，单击【打开】按钮进入族编辑器模式。

02 在【创建】选项卡的【形状】面板中单击【融合】按钮 ，自动切换至【修改 | 创建融合底部边界】上下文选项卡。

03 利用【绘制】面板中的【矩形】工具绘制图2-14所示的形状。

04 在【模式】面板中单击【编辑顶部】按钮 ，切换到绘制顶部的平面上，再利用【圆形】工具绘制图2-15所示的圆。

05 在选项栏上设置深度为600，最后单击【完成编辑模式】按钮 ，完成融合模型的创建，如图2-16所示。

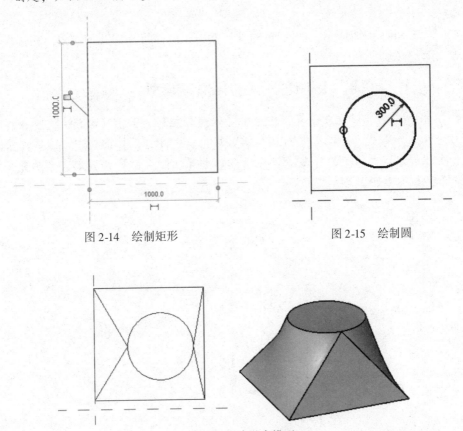

图2-14 绘制矩形　　　　　　　　　　　图2-15 绘制圆

图2-16 创建融合模型

06 从结果可以看出，矩形的4个角点两两与圆上两点融合，没有得到扭曲的效果，需要重新编辑圆形截面。默认的圆上有两个断点，接下来需要再添加两个新点与矩形一一对应。

07 双击融合模型，切换到【修改 | 创建融合底部边界】上下文选项卡，单击【编辑顶部】按钮 ，切换到顶部平面。单击【修改】面板上的【拆分图元】 按钮，

然后在圆上放置4个拆分点，即可将圆拆分成4部分，如图2-17所示。

08 单击【完成编辑模式】按钮☑，完成融合模型的创建，如图2-18所示。

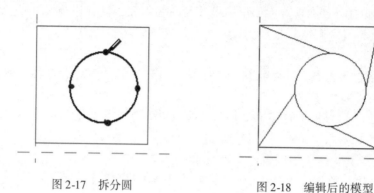

图2-17 拆分圆　　　　　　　　　图2-18 编辑后的模型

3. 旋转

【旋转】工具可用来创建由一根旋转轴旋转截面图形而得到的几何图形。截面图形必须是封闭的，而且必须绘制旋转轴。

上机操作——创建旋转模型

01 启动Revit软件，在欢迎界面中单击【新建】按钮，弹出【新族-选择族样板】对话框，选择［公制常规模型.rft］族样板，单击【打开】按钮进入族编辑器模式。

02 在【创建】选项卡的【基准】面板中单击【参照平面】按钮✏，创建新的参照平面，如图2-19所示。

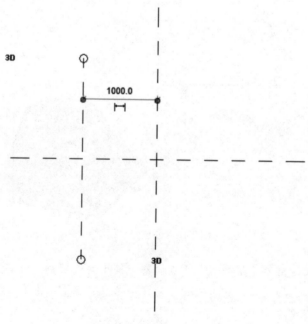

图2-19 创建参照平面

03 在【创建】选项卡的【形状】面板中单击【旋转】按钮🔄，自动切换至【修改|创建旋转】上下文选项卡。

04 利用【绘制】面板中的【圆】工具绘制图2-20所示的形状。再利用【绘制】面板上的【轴线】工具，绘制旋转轴，如图2-21所示。

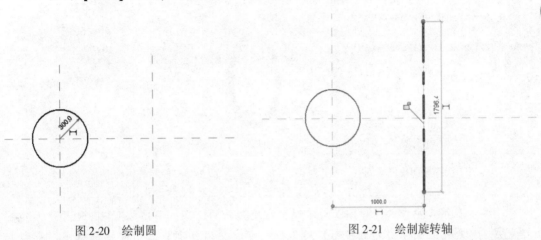

图2-20 绘制圆   图2-21 绘制旋转轴

05 单击【完成编辑模式】按钮✔️，完成旋转模型的创建，如图2-22所示。

4. 放样

【放样】工具用于创建需要绘制或应用轮廓并沿路径拉伸此轮廓的族的一种建模方式。要创建放样模型，就要绘制路径和轮廓。路径可以是不封闭的，但轮廓必须是封闭的。

图2-22 创建旋转模型

🌿 上机操作——创建放样模型 🌿

01 启动Revit软件，在欢迎界面中单击【新建】按钮，弹出【新族–选择族样板】对话框，选择【公制常规模型.rft】作为族样板，单击【打开】按钮进入族编辑器模式。

02 在【创建】选项卡的【形状】面板中单击【放样】按钮🔄，自动切换至【修改|放样】上下文选项卡。

03 单击【放样】面板中的【绘制路径】按钮🖊️绘制路径，绘制如图2-23所示的路径。然后单击【完成编辑模式】按钮✔️，退出路径编辑模式。

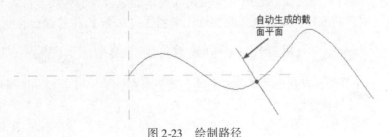

自动生成的截面平面

图2-23 绘制路径

04 单击【编辑轮廓】按钮，在弹出的【转到视图】对话框中选择【立面：前】视图来绘制截面轮廓，如图 2-24 所示。

05 然后利用绘制工具绘制截面轮廓，如图 2-25 所示。

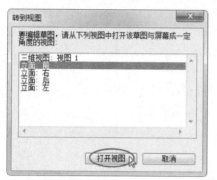

图 2-24 选择截面视图平面

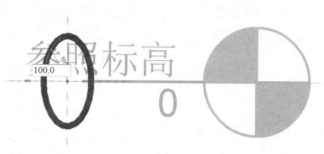

图 2-25 绘制截面轮廓

技巧点拨

　　在第 4 步中选择视图是为了观察绘制截面的情况，用户也可以不选择平面视图来观察。关闭【转到视图】对话框，可以在项目浏览器中选择三维视图来绘制截面轮廓，如图2-26所示。

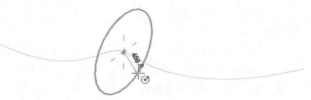

图 2-26 在三维视图中绘制

---

06 最后退出编辑模式，完成放样模型的创建，如图 2-27 所示。

图 2-27 放样模型

5. 放样融合

【放样融合】工具可以创建具有两个不同轮廓截面的融合模型，用户可以根据需要创建沿指定路径进行放样的放样模型。该工具实际上兼备了【放样】和【融合】工具的特性。

🌸 **上机操作——创建放样融合模型** 🌸

01 启动 Revit 软件，在欢迎界面中单击【新建】按钮，弹出【新族 – 选择族样板】对话框，选择【公制常规模型.rft】作为族样板，单击【打开】按钮进入族编辑器模式。

02 在【创建】选项卡的【形状】面板中单击【放样融合】按钮，自动切换至【修改 | 放样融合】上下文选项卡。

03 单击【放样融合】面板中的【绘制路径】按钮 ，绘制图2-28所示的路径。然后单击【完成编辑模式】按钮 ✓，退出路径编辑模式。

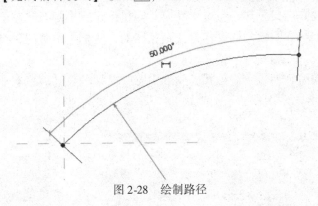

图2-28 绘制路径

04 单击【选择轮廓1】按钮，再单击【编辑轮廓】按钮 ，在弹出的【转到视图】对话框中选择【立面：前】视图来绘制截面轮廓，如图2-29所示。

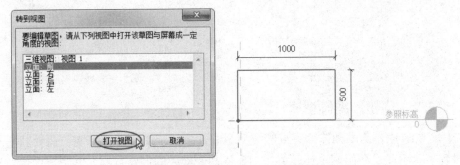

图2-29 选择截面视图平面绘制截面轮廓

05 单击【选择轮廓2】按钮 ，切换到轮廓2的平面，再单击【编辑轮廓】按钮 ，绘制轮廓2如图2-30所示。

06 利用【拆分图元】工具，将圆拆分成4段。

07 最后单击【修改 | 放样融合】上下文选项卡下的【完成编辑模式】按钮 ✓，完成放样融合模型的创建，如图2-31所示。

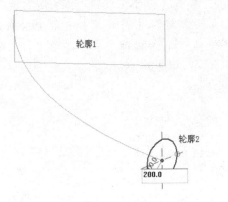

图2-30 绘制轮廓2

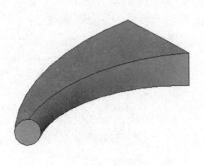

图2-31 创建完成的放样融合模型

6. 空心形状

空心形状是在现有模型的基础上执行切剪操作，有时也会将实心模型转换成空心形状使用。实心模型的创建是增材操作，空心形状则是减材操作，也是布尔差集运算的一种。

空心形状的操作与实心模型的操作是完全相同的，这里不再赘述，空心形状建模工具如图 2-32 所示。

如果要将实心模型转换成空心形状，则选中实心模型后在【属性】面板中选择【空心】选项，如图 2-33 所示。

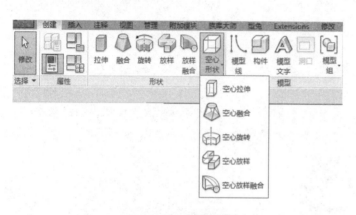

图 2-32　空心形状工具

图 2-33　转换实心模型为空心形状

 2.2.2　创建三维模型族

在 Revit 2018 中，需要创建的三维族类型是非常多的，由于篇幅限制，此处就不一一列举创建过程了。下面将介绍两个比较典型的窗族和嵌套族的创建过程，其余三维族的建模方法基本相同。

1. 创建窗族

不管是什么类型的窗，其族的制作方法都是一样的，下面介绍制作窗族的操作方法。

🌸 上机操作——创建窗族 🌸

01 启动 Revit 软件后，在欢迎界面中单击【新建】按钮，弹出【新族 - 选择族样板】对话框，选择【公制窗 .rft】作为族样板，单击【打开】按钮进入族编辑器模式。

02 切换至【创建】选项卡，在【工作平面】面板中单击【设置】按钮 ，在弹出的【工作平面】对话框内选择【拾取一个平面】单选按钮，单击【确定】按钮，再选择墙体中心位置的参照平面为工作平面，如图 2-34 所示。

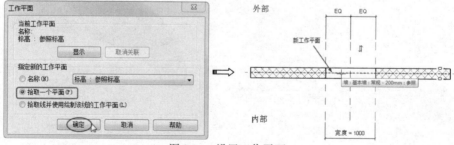

图 2-34　设置工作平面

03 在弹出的【转到视图】对话框中，选择【立面：外部】选项后，单击【打开视图】按钮，如图2-35所示。

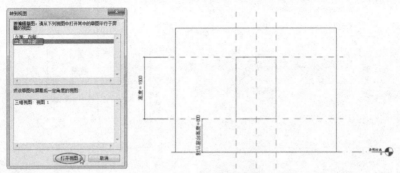

图2-35　打开立面视图

04 切换至【创建】选项卡，单击【工作平面】面板中【参照平面】按钮 ，然后绘制新工作平面并标注尺寸，如图2-36所示。

图2-36　建立新工作平面（窗扇高度）

05 选中标注为1100的尺寸，在选项栏中的【标签】下拉列表中选择【添加参数】选项，打开【参数属性】对话框，确定参数类型为【族参数】，在【参数数据】选项区域中输入名称为【窗扇高】，并设置其参数分组方式为【尺寸标注】，单击【确定】按钮完成参数的添加，如图2-37所示。

06 单击【创建】选项卡下的【拉伸】按钮，利用矩形绘制工具，以洞口轮廓及参照平面为参照，创建轮廓线并与洞口进行锁定，绘制完成的效果如图2-38所示。

07 切换至【修改|编辑拉伸】上下文选项卡，在【测量】面板中单击【对齐尺寸标注】按钮 ，标注窗框，如图2-39所示。

08 选中单个尺寸，然后在选项栏的【标签】列表下选择【添加参数】选项，为选中尺寸添加名为【窗框宽】的新参数，如图2-40所示。

09 添加新参数后，依次选中其余窗框的尺寸，并一一为其选择【窗框宽】的参数标签，如图2-41所示。

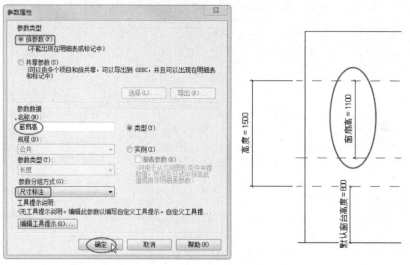

图 2-37　为尺寸标注添加参数

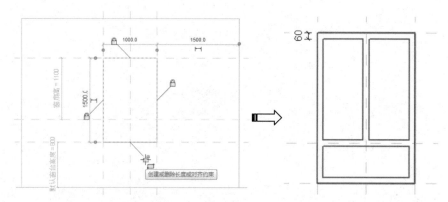

图 2-38　绘制窗框

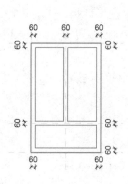

图 2-39　标注窗框尺寸

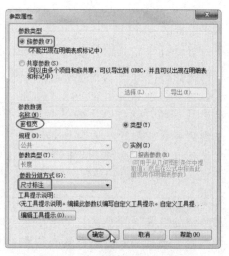

图 2-40　为窗框尺寸添加参数

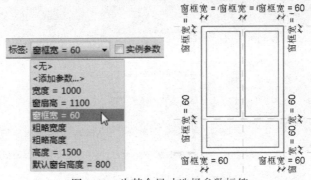

图2-41 为其余尺寸选择参数标签

10 窗框中间的宽度是左右、上下对称的，因此需要标注 EQ 等分尺寸，如图2-42 所示。EQ 尺寸标注是连续标注的样式。

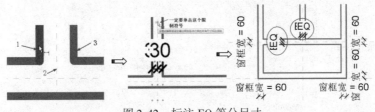

图2-42 标注 EQ 等分尺寸

11 单击【完成编辑模式】按钮 ，完成轮廓截面的绘制。在窗口左侧的【属性】面板中设置【拉伸起点】为 –40，【拉伸终点】为 40，单击【应用】按钮，完成拉伸模型的创建，如图2-43 所示。

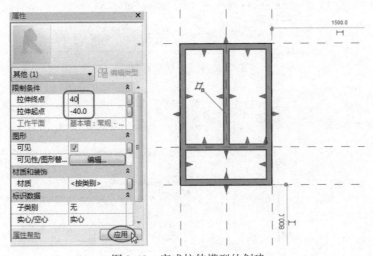

图2-43 完成拉伸模型的创建

12 在拉伸模型仍然处于编辑状态时，在【属性】面板中单击【材质】右侧的【关联族参数】按钮 ，在打开的【关联族参数】对话框中单击【添加参数】按钮，如图2-44 所示。

图 2-44　添加材质参数操作

13 打开【参数属性】对话框，设置材质参数的名称、参数分组方式等，如图 2-45 所示。最后依次单击【确定】按钮，完成材质参数的添加。

图 2-45　设置材质参数

14 窗框制作完成后，接下来制作窗扇部分的模型，与制作窗框方式相同，只是截面轮廓、拉伸深度、尺寸参数、材质参数有所不同，如图 2-46、2-47 所示。

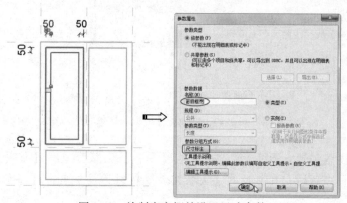

图 2-46　绘制窗扇框并设置尺寸参数

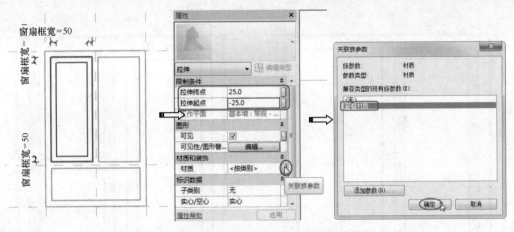

图 2-47 设置拉伸深度并添加材质关联族参数

技巧
点拨

在以窗框洞口轮廓为参照创建窗扇框轮廓线时，切记要与窗框洞口进行锁定，这样才能与窗框发生关联，如图 2-48 所示。

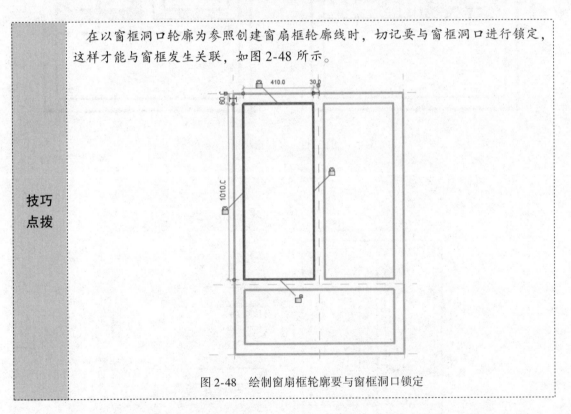

图 2-48 绘制窗扇框轮廓要与窗框洞口锁定

15 右边的窗扇框和左边窗扇框形状、参数是完全相同的，用户可以采用复制的方法来创建。选中第一扇窗扇框，在【修改 | 拉伸】上下文选项卡的【修改】面板中单击【复制】按钮，将窗扇框复制到右侧窗口洞中，如图 2-49 所示。

16 接着创建玻璃构件及相应的材质，绘制时要注意将玻璃轮廓线与窗扇框洞口边界进行锁定，并设置拉伸起点、终点、构件可见性、材质等参数，完成拉伸的模型如图 2-50、图 2-51 所示。

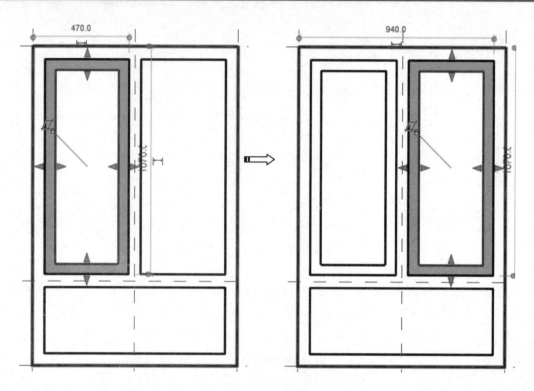

图 2-49　复制窗扇框

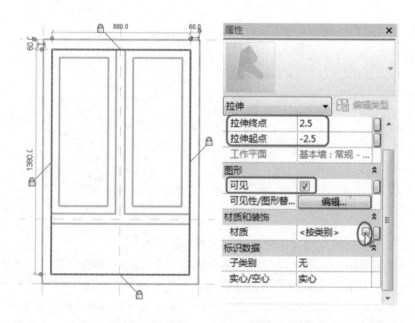

图 2-50　绘制玻璃轮廓并设置拉伸参数和可见性

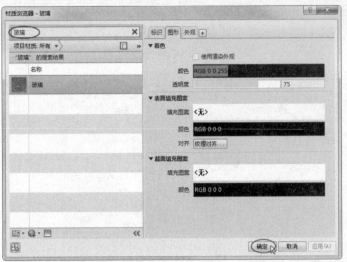
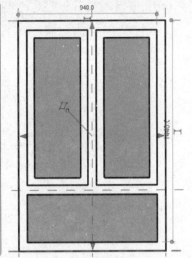

图 2-51　设置玻璃材质

17 在项目管理器中，打开【楼层平面】|【参照标高】视图，标注窗框宽度尺寸，并添加尺寸参数标签，如图 2-52 所示。

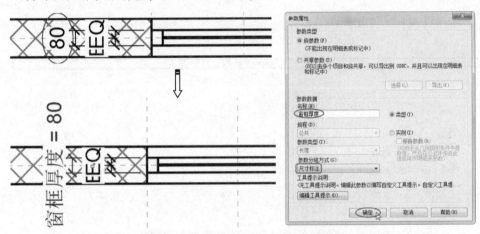

图 2-52　添加窗框宽度尺寸及参数标签

18 至此完成了窗族的创建，如图 2-53 所示。

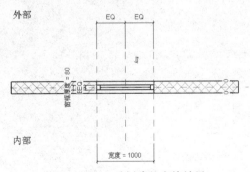

图 2-53　查看创建的窗族效果

19 最后测试下所创建的窗族，新建建筑项目文件并进入到建筑项目环境中。在【插入】选项卡的【从库中载入】面板中单击【载入族】按钮![icon]，打开【载入族】对话框，从源文件夹中载入【窗族.rfa】文件，图2-54所示。

图2-54　载入窗族文件

20 利用【建筑】选项卡【构建】面板的【墙】工具，任意绘制一段墙体，然后将项目管理器【族】｜【窗】｜【窗族】节点下的窗族文件拖曳到墙体中，如图2-55所示。

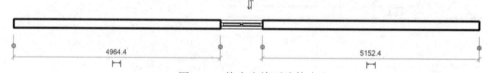

图2-55　拖曳窗族到墙体中

21 在项目浏览器中选择三维视图，然后选中窗族。在【属性】面板中单击【编辑类型】按钮![icon 编辑类型]，在【类型属性】对话框的【尺寸标注】选项区域中设置窗族高度、宽度、窗扇高度、窗扇框宽、窗扇高、窗框厚度等尺寸参数，以测试窗族的可行性，如图2-56所示。

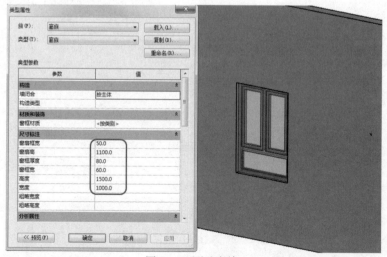

图2-56　测试窗族

2. 创建嵌套族

除了类似窗族的制作方法外，用户还可以在族编辑器模式中载入其他族（包括轮廓、模型、详图构件及注释符号族等），并组合使用，这种将多个简单的族嵌套在一起组合成的族称为嵌套族。

本小节以制作百叶窗族为例，详解嵌套族的制作方法。

🍃 上机操作——创建嵌套族 🍃

01 打开本例源文件【百叶窗.rfa】族文件，切换至三维视图，可以看到该族文件中已经使用拉伸形状完成百叶窗窗框的制作，如图 2-57 所示。

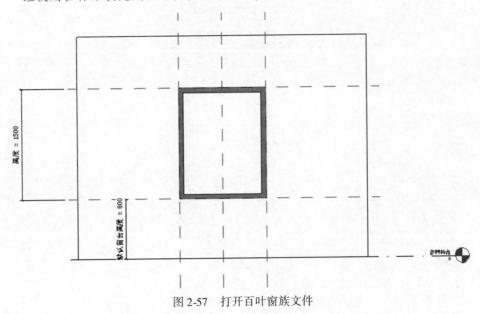

图 2-57　打开百叶窗族文件

02 在【插入】选项卡的【从库中载入】面板中单击【载入族】按钮，载入本章源文件夹中的【百叶片.rfa】族文件，如图 2-58 所示。

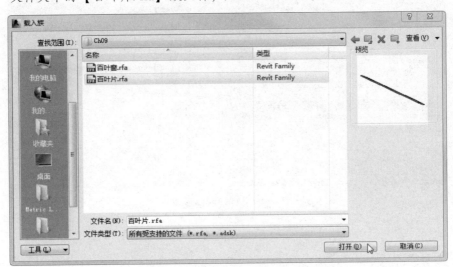

图 2-58　载入百叶片族文件

03 切换至【参照标高】楼层平面视图。在【创建】选项卡的【模型】面板中单击【构件】按钮，打开【修改 | 放置构件】上下文选项卡。

04 在平面视图中的墙外部位置单击放置百叶片，使用【对齐】工具，对齐百叶片中心线至窗中心参照平面，单击【锁定】符号，锁定百叶片与窗中心线（左/右）位置，如图2-59所示。

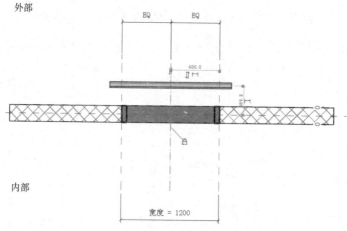

图2-59　添加构件

05 选择百叶片，在【属性】面板单击【编辑类型】按钮，打开【类型属性】对话框，单击【百叶长度】参数后的【关联族参数】按钮，打开【关联族参数】对话框，选择【宽度】选项，单击【确定】按钮返回【类型属性】对话框，如图2-60所示。

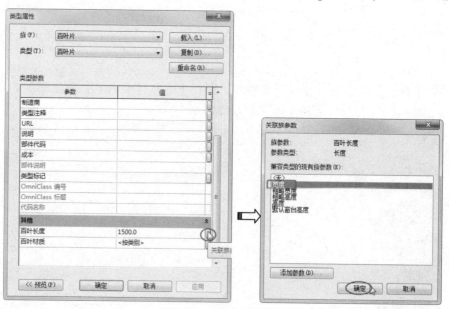

图2-60　选择关联参数

06 此时可看到【百叶片】族中的百叶长度与【百叶窗族】中的宽度关联（相等了），如图2-61所示。

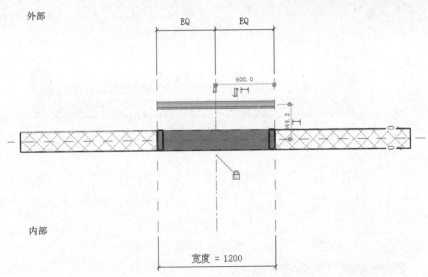

图 2-61　关联百叶长度与百叶窗长度

07 使用相同的方法关联百叶片的【百叶材质】参数与【百叶窗】族中的【百叶材质】。

08 在项目浏览器中切换至【视图】|【立面】|【外部】立面视图，使用【参照平面】工具在距离窗底参照平面上方 90mm 处绘制参照平面，修改标识数据【名称】为【百叶底】，如图 2-62 所示。

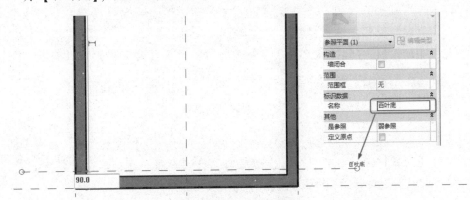

图 2-62　绘制参照平面

09 在【百叶底】参照平面与窗底参照平面添加尺寸标注，并添加锁定约束。将百叶族移动到【百叶底】参照平面上，使用【对齐】工具对齐百叶片底边至【百叶底】参照平面，并锁定与参照平面间对齐约束，如图 2-63 所示。

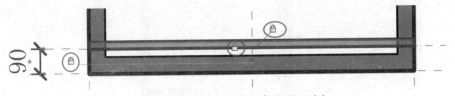

图 2-63　移动百叶族并与参照平面对齐

10 在窗顶部绘制名称为【百叶顶】的参照平面，标注百叶顶参照平面与窗顶参照平面间的尺寸标注并添加锁定约束，如图2-64所示。

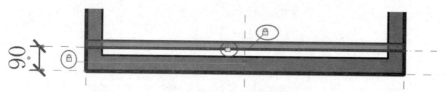

图2-64 绘制【百叶顶】参照平面

11 切换至【参照标高】楼层平面视图，使用【修改】选项卡下的【对齐】工具，对齐百叶中心线与墙中心线。单击【锁定】按钮，锁定百叶中心与墙体中心线位置，如图2-65所示。

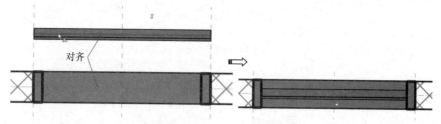

图2-65 对齐百叶窗与墙体

12 切换至外部立面视图，选择百叶片，切换至【修改 | 常规模型】上下文选项卡，在【修改】面板中单击【阵列】按钮，如图2-66所示。设置选项栏中的阵列方式为【线性】，勾选【成组并关联】复选框，设置【移动到】为【最后一个】。

图2-66 设置阵列选项

13 拾取百叶片上边缘作为阵列基点，向上移动至【百叶顶】参照平面，如图2-67所示。

14 使用【对齐】工具对齐百叶片上边缘与百叶顶参照平面，单击【锁定】符号，锁定百叶片与百叶顶参照平面的位置，如图2-68所示。

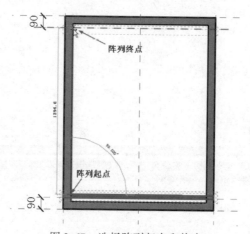

图2-67 选择阵列起点和终点

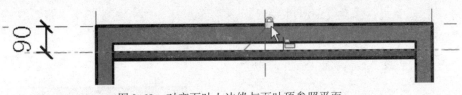

图 2-68 对齐百叶上边缘与百叶顶参照平面

15 选中阵列的百叶片，再选择显示的阵列数量临时尺寸标注，选择【标签】列表中的【添加标签】选项，打开【参数属性】对话框，设置新建名称为【百叶片数量】，如图 2-69 所示。

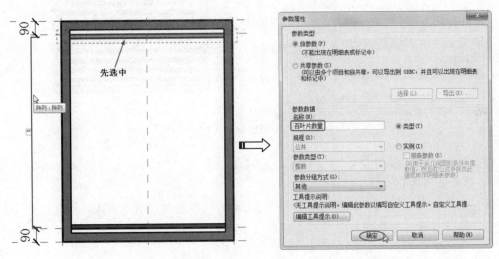

图 2-69 选择数量尺寸标注

<table>
<tr><td>技巧
点拨</td><td>

选中阵列的百叶片后，如果没有显示数量尺寸标注，可以拖曳滚动条以显示。如果无法选择数量尺寸标注，可以在【修改】选项卡的【选择】面板中取消【按面选择图元】复选框的勾选解决此问题，如图 2-70 所示。

图 2-70 取消【按面选择图元】复选框的勾选

</td></tr>
</table>

16 切换至【修改】选项卡，在【属性】面板中单击【族类型】按钮🔛，打开【族类型】对话框，修改【百叶片数量】参数值为 18，其他参数不变，单击【确定】按钮，百叶窗效果如图 2-71 所示。

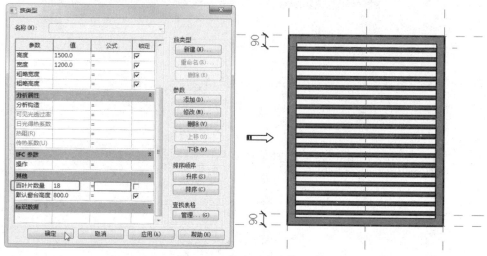

图 2-71 修改百叶片数量

17 再次打开【族类型】对话框，单击【参数】选项区域中的【添加】按钮，弹出【参数属性】对话框。

18 在对话框中输入参数名称为【百叶间距】，参数类型为【长度】，单击【确定】按钮，返回【族类型】对话框，修改【百叶间距】参数值为 50，单击【应用】按钮应用该参数，如图 2-72 所示。

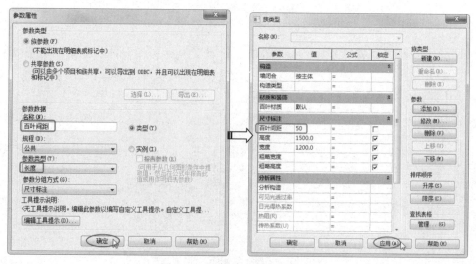

图 2-72 添加族参数并修改值

> **技巧点拨** 参数设置完成后，请用户务必单击【应用】按钮使参数及参数值应用生效后，再进行下一步操作。

19 在【百叶片数量】参数后的文本框中输入【(高度-180)/百叶间距】后，单击【确定】按钮，关闭对话框，如图2-73所示。随后Revit将会自动根据公式计算出百叶数量。

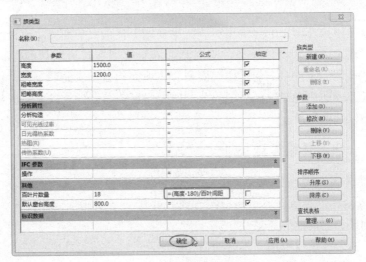

图2-73　输入公式

20 最终完成的百叶窗族（嵌套族）的效果，如图2-74所示。接着，保存族文件。

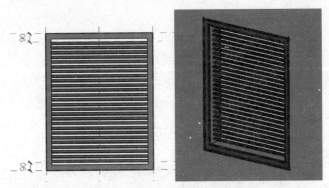

图2-74　查看创建的百叶窗族

21 建立空白项目，载入创建的百叶窗族，使用【窗】工具插入百叶窗，Revit会根据窗高度和【百叶间距】参数自动计算阵列数量，如图2-75所示。

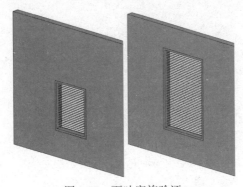

图2-75　百叶窗族验证

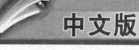

2.3 概念体量族

概念体量族是用户自定义的三维模型族，主要用于在项目前期概念设计阶段为建筑师提供灵活、简单、快速的概念设计模型。使用概念体量模型不仅可以帮助建筑师推敲建筑形态，还可以统计概念体量模型的建筑楼层面积、占地面积、外表面积等设计数据。用户可以根据概念体量模型表面创建建筑模型中的墙、楼板、屋顶等图元对象，完成从概念设计阶段到方案、施工图设计的转换。

2.3.1 概念体量设计基础

1. 创建概念体量模型

Revit 提供了两种创建概念体量模型的方式，即在项目中在位创建概念体量或在概念体量族编辑器中创建独立的概念体量族。

在位创建的概念体量仅可用于当前项目，而创建的概念体量族文件可以像其他族文件那样载入到不同的项目中。

要在项目中在位创建概念体量，可单击【体量和场地】选项卡下【概念体量】面板中的【内建体量】按钮，输入概念体量名称，即可进入概念体量族编辑状态。内建体量工具创建的体量模型，称作内建族。

要创建独立的概念体量族，用户可在菜单栏中选择【文件】|【新建】|【概念体量】命令，在弹出的【新概念体量 – 选择样板文件】对话框中选择【公制体量.rft】族样板文件，单击【打开】按钮即可进入概念体量编辑模式，如图 2-76 所示。

用户也可以在 Revit 2018 欢迎界面的【族】选项区下单击【创建概念体量】按钮，打开【新概念体量 – 选择样板文件】对话框，双击【公制体量.rft】族样板文件，同样可以进入概念体量设计环境（体量族编辑器模式）。

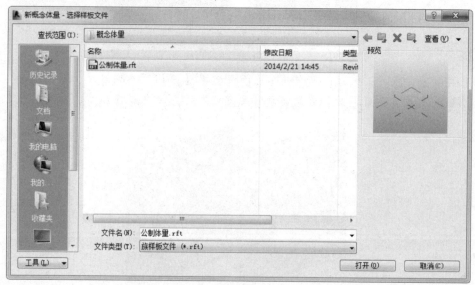

图 2-76　选择概念体量样板文件

2. 概念体量设计环境

概念体量设计环境是 Revit 为了创建概念体量而开发的一个操作界面，该界面用于专门创建概念体量。所谓概念设计环境，其实是一种族编辑器模式，体量模型也是三维模型族，图 2-77 为概念体量设计环境。

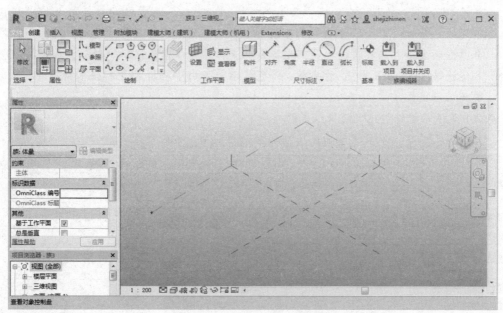

图 2-77　概念体量设计环境

那么概念体量设计环境与族编辑器模式有什么相同点与不同点吗？相同点是，两者都可以创建三维模型族；不同的是，族编辑器模式只能创建形状比较规则的几何模型，而概念体量环境却能设计出自由形状的实体及曲面。

在概念设计环境中，用户常常会遇到一些名词，例如三维控件、三维标高、三维参照平面、三维工作平面、形状、放样、轮廓等，下面分别对这些名词进行介绍，便于读者更好地了解概念设计环境。

（1）三维控件

三维控件是选择形状的表面、边或顶点后出现的操纵控件，该控件也可以显示在选定的点上，如图 2-78 所示。

选择点　　　　　　选择边（路径）　　　　　选择面

图 2-78　显示三维控件

对于不受约束的形状中的每个参照点、表面、边、顶点或点，在被选中后都会显示三维控件。通过该控件，用户可以沿局部或全局坐标系所定义的轴或平面进行拖曳，从而直接操纵形状。三维控件的作用如下。

● 在局部坐标和全局坐标之间切换；

● 直接操纵形状；

● 拖曳三维控制箭头可以调整形状的尺寸或位置。箭头相对于所选形状而定向，但用户也可以通过按空格键在全局 XYZ 和局部坐标系之间切换其方向。形状的全局坐标系基于 ViewCube 的北、东、南、西 4 个坐标，当形状发生重定向并且与全局坐标系有不同的关系时，形状位于局部坐标系中。如果形状由局部坐标系定义，三维形状控件会以橙色显示。只有转换为局部坐标系的坐标才会以橙色显示。例如，如果将一个立方体旋转 15 度，X 和 Y 箭头将以橙色显示，但由于全局 Z 坐标值保持不变，因此 Z 箭头仍以蓝色显示。

表 2-1 是使用控件和拖曳对象位置的对照表。

表 2-1　三维控件中箭头与平面控件

使用的控件	拖曳对象的位置
蓝色箭头	沿全局坐标系 Z 轴
红色箭头	沿全局坐标系 X 轴
绿色箭头	沿全局坐标系 Y 轴
橙色箭头	沿局部坐标轴
蓝色平面控件	在 XY 平面中
红色平面控件	在 YZ 平面中
绿色平面控件	在 XZ 平面中
橙色平面控件	在局部平面中

（2）三维标高

三维标高是在一个有限的水平平面，充当以标高为主体的形状和点的参照。当光标移动到绘图区域中三维标高的上方时，三维标高会显示在概念设计环境中，这些参照平面可以设置为工作平面。三维标高显示如图 2-79 所示。

> **技巧点拨**　需要说明的是，三维标高仅存在概念体量环境中，在 Revit 项目环境中创建概念体量不会存在。

（3）三维参照平面

三维参照平面是在一个三维平面用于绘制创建形状的线。三维参照平面显示在概念设计环境中，可以设置为工作平面，如图 2-80 所示。

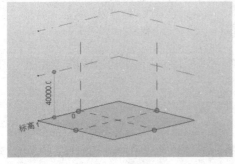

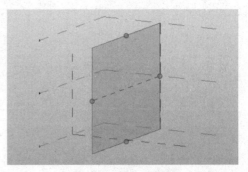

图 2-79　三维标高　　　　　　　　　　　图 2-80　三维参照平面

（4）三维工作平面

三维标高和三维参照平面都可以设置为工作平面。当光标移动到绘图区域中三维工作平面的上方时，三维工作平面会自动显示在概念设计环境中，如图2-81所示。

（5）形状

在Revit中，用户可以使用【创建形状】工具创建三维或二维表面/实体，通过创建的各种几何形状（拉伸、扫掠、旋转和放样）来研究建筑概念。形状始终是通过这样的过程创建的：绘制线、选择线，然后单击【创建形状】按钮，选择可选用的创建方式，使用该工具创建表面、三维实心或空心形状，然后通过三维形状操纵控件直接进行操纵，如图2-82所示。

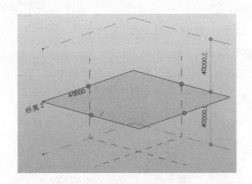

图2-81　三维工作平面

图2-82　形状

（6）放样

放样是由平行或非平行工作平面上绘制的多条线（单个段、链或环）而产生的形状。

（7）轮廓

轮廓是单条曲线或一组端点相连的曲线，可以单独或组合使用，利用支持的几何图形构造技术（拉伸、放样、扫掠、旋转、曲面）来构造形状图元几何图形。

 2.3.2　创建形状

体量形状包括实心形状和空心形状，这两种形状的创建方法是完全相同的，只是所表现的形状特征不同。图2-83所示为两种体量形状类型。

实心形状　　　　　　　　　　　空心形状

图2-83　两种体量类型形状

【创建形状】工具可以自动分析所拾取的草图，通过拾取草图形态可以生成拉伸、旋转、扫掠、融合等多种形态的对象。例如，选择两个位于平行平面的封闭轮廓时，Revit将以这两个轮廓为端面，以融合的方式创建模型。

下面介绍在 Revit 中创建概念体量模型的方式。

1. 创建与修改拉伸

当绘制的截面曲线为单个工作平面上的闭合轮廓时，Revit 将自动识别轮廓并创建拉伸模型。

上机操作——拉伸单一截面轮廓（闭合）实体

01 在【创建】选项卡【绘制】面板中单击【直线】按钮，在标高 1 上绘制如图 2-84 所示的封闭轮廓。

02 在【修改 | 放置线】上下文选项卡的【形状】面板中单击【创建形状】按钮🖧，Revit 自动识别轮廓并创建了图 2-85 所示的拉伸模型。

图 2-84　绘制封闭轮廓　　　　　图 2-85　创建拉伸模型

03 在尺寸数值框中修改拉伸深度，如图 2-86 所示。

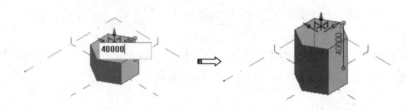

图 2-86　修改拉伸深度

04 如果要创建具有一定斜度的拉伸模型，先选中模型表面，再通过拖动模型上显示的控标来改变倾斜角度，以此达到修改模型形状的目的，如图 2-87 所示。

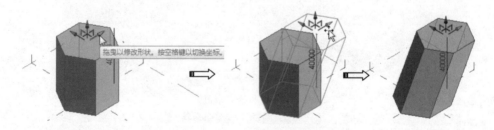

图 2-87　拖动控标改变整体的拉伸斜度

05 如果选择模型上的某条边，拖动控标可以修改模型局部的形状，如图2-88所示。

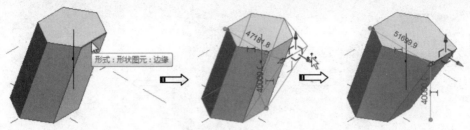

图2-88 修改局部的拉伸斜度

06 当选中模型的端点时，拖动控标可以改变该点在3个方向的位置，达到修改模型的目的，如图2-89所示。

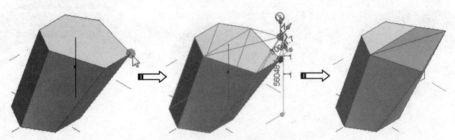

图2-89 拖动点控标修改局部模型

上机操作——拉伸单一截面轮廓（开放）曲面

当绘制的截面曲线为单个工作平面上的开放轮廓时，Revit将自动识别轮廓并创建拉伸曲面。

01 在【创建】选项卡【绘制】面板中单击【圆心】、【端点弧】按钮，在标高1上绘制如图2-90所示的开放轮廓。

02 在【修改|放置线】上下文选项卡的【形状】面板中单击【创建形状】按钮，Revit自动识轮廓并创建如图2-91所示的拉伸曲面。

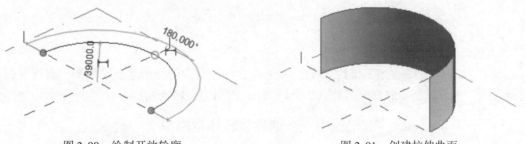

图2-90 绘制开放轮廓　　　　　　　图2-91 创建拉伸曲面

03 选中整个曲面，所显示的控标将控制曲面在6个自由度方向上的平移，如图2-92所示。

04 选中曲面边，所显示的控标将控制曲面在6个自由度方向上的尺寸变化，如图2-93所示。

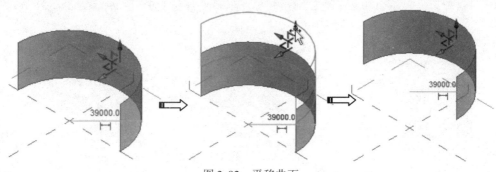

图 2-92　平移曲面

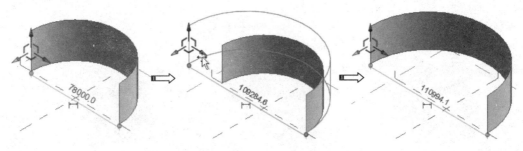

图 2-93　控制曲面尺寸变化

05　选中曲面上的一个角点，显示的控标将控制曲面的自由度变化，如图 2-94 所示。

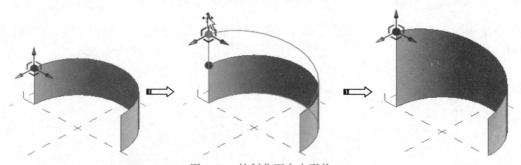

图 2-94　控制曲面自由形状

2. 创建与修改旋转

　　如果在同一工作平面上绘制一条直线和一个封闭轮廓，将会创建旋转模型。直线可以是模型直线，也可以是参照直线。此直线会被 Revit 识别为旋转轴。

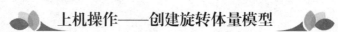 **上机操作——创建旋转体量模型**

01　单击【绘制】面板中的【直线】按钮，在标高 1 工作平面上绘制如图 2-95 所示的直线和封闭轮廓。

02　绘制轮廓后关闭【修改 | 放置线】上下文选项卡，然后按住 Ctrl 键选中封闭轮廓和直线，如图 2-96 所示。

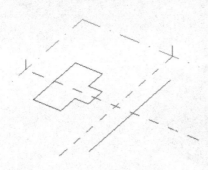

图 2-95　绘制直线和封闭轮廓

图 2-96　选中直线和封闭轮廓

03 在【修改 | 线】上下文选项卡的【形状】面板中单击【创建形状】按钮，Revit 自动识别轮廓和直线并创建如图 2-97 所示的旋转模型。

04 选中旋转模型，切换至【修改 | 形式】上下文选项卡，单击【模式】面板中的【编辑轮廓】按钮，显示轮廓和直线，如图 2-98 所示。

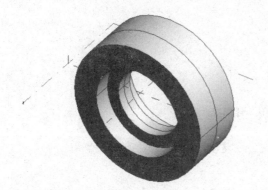

图 2-97　创建旋转模型

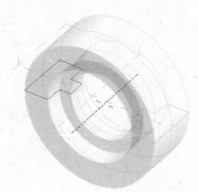

图 2-98　显示轮廓和直线

05 将视图切换为上视图，然后重新绘制封闭轮廓为圆形，如图 2-99 所示。

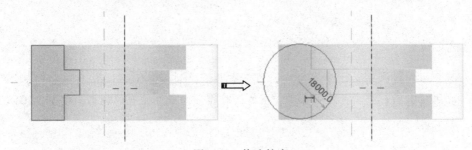

图 2-99　修改轮廓

06 单击【完成编辑模式】按钮，完成旋转模型的更改，结果如图 2-100 所示。

3．创建与修改放样

在单一工作平面上绘制路径和截面轮廓将创建放样，若截面轮廓为闭合，则创建放样模型；若截面轮廓为开放，则创建放样曲面。

若在多个平行的工作平面上绘制开放或闭合轮廓，将创建放样曲面或放样模型。

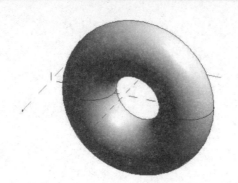

图 2-100　创建旋转模型

上机操作——在单一平面上绘制路径和轮廓创建放样模型

01　利用【直线】、【圆弧】工具，在标高 1 工作平面上绘制路径，如图 2-101 所示。

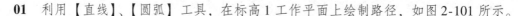

图 2-101　绘制路径

02　利用【点图元】工具，在路径曲线上创建参照点，如图 2-102 所示。

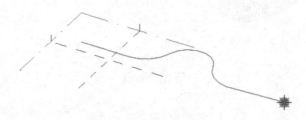

图 2-102　创建参照点

03　选中参照点，将显示垂直于路径的工作平面，如图 2-103 所示。

04　利用【圆形】工具，在参照点位置的工作平面上绘制闭合的轮廓，如图 2-104 所示。

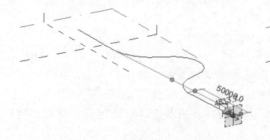

图 2-103　显示参照点工作平面　　　　　　图 2-104 绘制闭合轮廓

05 按住 Ctrl 键选中封闭轮廓和路径，即可自动完成放样模型的创建，如图 2-105 所示。

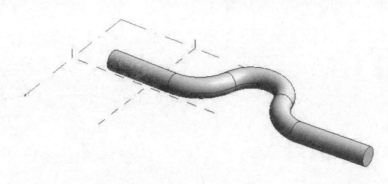

图 2-105　创建放样模型

06 如果要编辑路径，则选中放样模型中间部分表面，单击【编辑轮廓】按钮，即可编辑路径曲线的形状和尺寸，如图 2-106 所示。

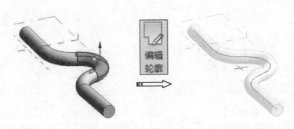

图 2-106　编辑路径

07 如果要编辑截面轮廓，则选中放样模型两个端面之一的边界线，再单击【编辑轮廓】按钮，即可编辑轮廓形状和尺寸，如图 2-107 所示。

图 2-107　编辑轮廓

 上机操作——在多个平行平面上绘制轮廓创建放样曲面

01 单击【创建】选项卡【基准】面板中的【标高】按钮，然后输入新标高的偏移量为 40000，连续创建标高 2 和标高 3，如图 2-108 所示。

02 利用【圆心 – 端点弧】工具，选择标高 1 作为工作平面，绘制如图 2-109 所示的开放轮廓。

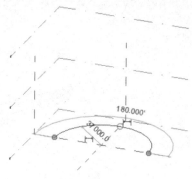

图 2-108　创建标高 2 和标高 3　　　　　　　图 2-109　绘制轮廓 1

03 同样的方法，分别在标高 2 和标高 3 上绘制开放轮廓，如图 2-110、图 2-111 所示。

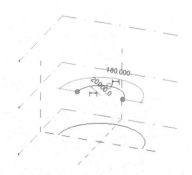

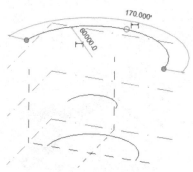

图 2-110　绘制轮廓 2　　　　　　　　图 2-111　绘制轮廓 3

04 按住 Ctrl 键依次选中 3 个开放轮廓，单击【创建形状】按钮，Revit 自动识别轮廓并创建放样曲面，如图 2-112 所示。

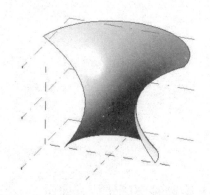

图 2-112　创建放样曲面

4. 创建放样融合

当在不平行的多个工作平面上绘制相同或不同的轮廓时，将创建放样融合。闭合轮廓将创建放样融合模型，开放轮廓将放样融合曲面。

上机操作——创建放样融合体量模型

01 首先利用【起点－终点－半径弧】工具，在标高 1 上任意绘制一段圆弧作为放样融合的路径参考，如图 2-113 所示。

02 利用【点图元】工具，在圆弧上创建 3 个参照点，如图 2-114 所示。

图 2-113　绘制参照曲线

图 2-114　绘制参照点

03 选中第一个参照点，利用【矩形】工具在第一个参照点位置的平面上绘制矩形，如图 2-115 所示。

04 选中第二个参照点，利用【圆形】工具在第二个参照点位置的平面上绘制圆形，如图 2-116 所示。

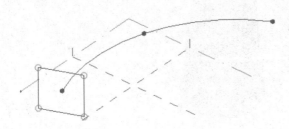

图 2-115　绘制矩形

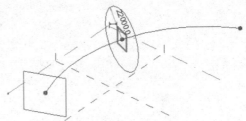

图 2-116　绘制圆形

05 选中第三个参照点，利用【内接多边形】工具在第三个参照点位置的平面上绘制多边形，如图 2-117 所示。

06 选中路径和 3 个闭合轮廓，单击【创建形状】按钮，Revit 自动识别轮廓并创建放样融合模型，如图 2-118 所示。

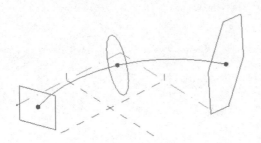

图 2-117　绘制多边形

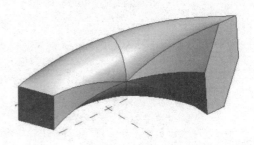

图 2-118　创建放样融合模型

5. 空心形状

一般情况下，空心模型将自动剪切与之相交的实体模型，也可以自动剪切创建的实体模型，如图 2-119 所示。

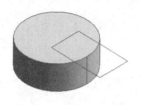 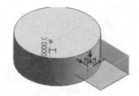 

实心模型 　　　　　　　　空心模型 　　　　　　　　自动剪切

图 2-119　空心模型在实心模型中的剪切

 ### 2.3.3　分割路径和表面

在概念体量设计环境中，需要设计作为建筑模型填充图案、配电盘或自适应构件的主体时，用户可以执行分割路径和表面操作，如图 2-120 所示。

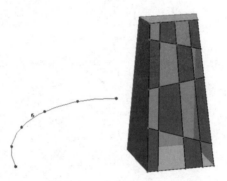

图 2-120　分割路径和表面

1. 分割路径

【分割路径】工具可以沿任意曲线生成指定数量的等分点。任意曲面边界、轮廓或曲线，均可以在选择曲线或边对象后，单击【分割】面板中的【分割路径】按钮，对所选择的曲线或边进行等分分割，如图 2-121 所示。

分割的模型线 　　　　　　　　　　　　分割的形状边

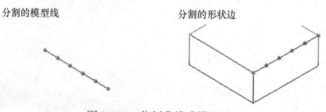

图 2-121　分割曲线或模型边

> **技巧点拨**　按照上述相似的方法，用户可以分割线链或闭合路径。还可以按 Tab 键选择分割路径，将其多次分割。

默认情况下，路径将分割为具有6个等距离节点的5段（英制样板）或具有5个等距离节点的4段（公制样板）。用户可以在【默认分割设置】对话框中更改这些默认的分区设置。

在绘图区域中，显示分割的路径节点数，在数值框中输入一个新的节点值后，按下Enter键即可更改分割数，如图2-122所示。

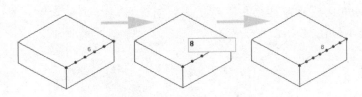

图 2-122　分割路径的节点数

2. 分割表面

用户可以使用表面分割工具，将体量表面或曲面划分为多个均匀的小方格，即以平面方格的形式替代原曲面对象。方格中每一个顶点位置均由原曲面表面点的空间位置决定。例如，在曲面形式的建筑幕墙中，幕墙最终均由多块平面玻璃嵌板沿曲面方向平铺而成，要得到每块玻璃嵌板的具体形状和安装位置，必须先对曲面进行划分才能得到正确的加工尺寸，这在 Revit 中称为有理化曲面。

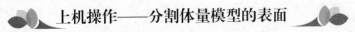

上机操作——分割体量模型的表面

01 打开本例素材源文件【体量曲面. rfa】。

02 选择体量上任意面，单击【分割】面板中的【分割表面】按钮，将通过 UV 网格（表面的自然网格分割）进行分割所选表面，如图2-123 所示。

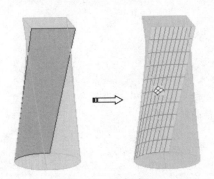

图 2-123　分割表面

03 分割表面后，Revit 会自动切换到【修改 | 分割的表面】上下文选项卡，用于编辑 UV 网格的面板如图2-124 所示。

图 2-124　用于编辑 UV 网格的面板

技巧
点拨

　　UV 网格是非平面表面的坐标绘图网格。三维空间中的绘图位置是基于 XYZ 坐标系，而二维空间则基于 XY 坐标系。由于模型表面不一定是平面，因此绘制位置时采用 UVW 坐标系。这在图纸上表示为一个网格，针对非平面表面或形状的等高线进行调整。UV 网格用在概念设计环境中，相当于 XY 网格，即两个方向默认垂直交叉的网格，表面的默认分割数为：12 × 12（英制单位）和 10 × 10（公制单位），如图 2-125 所示。

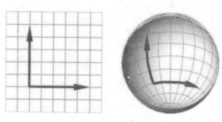

图 2-125　UV 网格

04 UV 网格彼此独立，并且可以根据需要开启和关闭。默认情况下，分割表面后，【U网格】按钮▨和【V网格】按钮▨都处于激活状态，单击相应的按钮可以控制 UV网格的显示或隐藏状态，如图 2-126 所示。

05 单击【表面表示】面板中的【表面】按钮▨，可控制分割表面后网格的最终结果显示，如图 2-127 所示。

关闭 U 网格　　关闭 V 网格　　同时关闭 UV 网格　　　　　显示网格　　　不显示

图 2-126　网格的显示控制　　　　　　　图 2-127　分割表面的 UV 网格

06 【表面】工具主要用于控制原始表面、节点和网格线的显示，单击【表面表示】面板右下角的【显示属性】按钮▨，弹出【表面表示】对话框，勾选【原始表面】、【节点】等复选框，可以显示原始表面和节点，如图 2-128 所示。

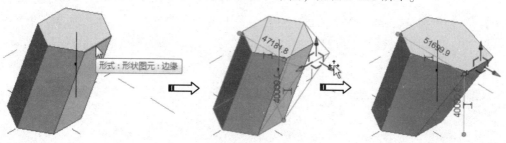

图 2-128　原始表面和节点的显示控制

07 在选项栏中可以设置 UV 排列方式，【编号】单选按钮用以固定数量排列网格，例如 U 网格【编号】设为 10，即在表面等距排布 10 个 U 网格，如图 2-129 所示。

图 2-129　选项栏

08 单击选项栏中的【距离】下三角按钮，在下拉列表中可以选择【距离】、【最大距离】、【最小距离】选项，并设置距离值，如图 2-130 所示。

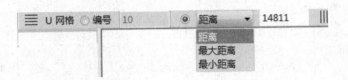

图 2-130　选择【距离】选项

下面以距离数值为 2000mm 为例，介绍三个选项对 U 网格排列的影响。

● 距离 2000mm：表示以固定间距 2000mm 排列 U 网格，第一个和最后一个不足 2000mm 也自成一格；

● 最大距离 2000mm：以不超过 2000mm 的相等间距排列 U 网格。如总长度为 11000mm，为了保证每段都不超过 2000mm，将等距生成 6 条 U 网格；

● 最小距离 2000mm：以不小于 2000mm 的相等间距排列 U 网格。如总长度为 11000mm，将等距产生 5 个 U 网格，最后一个不足 2000mm 的距离将均分到其他网格。

09 V 网格的排列设置与 U 网格相同。同理，将模型的其余面进行分割，如图 2-131 所示。

图 2-131　分割表面的模型

2.3.4　为分割的表面填充图案

模型表面被分割后，用户可以为其添加填充图案，以得到理想的建筑外观效果。填充图案的方式为自动填充图案和自适应填充图案族。

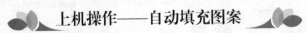
上机操作——自动填充图案

自动填充图案就是修改被分割表面的填充图案属性，下面举例说明操作步骤。

01 打开本例源文件【体量模型 .rfa】，选中体量模型中的一个分割表面，切换到【修改 | 分割的表面】上下文选项卡。

02 在【属性】面板中，默认情况下网格面是没有填充图案的，如图 2-132 所示。

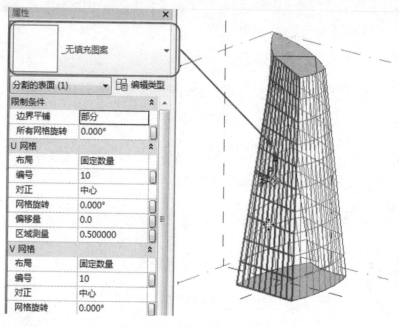

图 2-132　无填充图案的网格面

03 展开图案列表，选择【矩形棋盘】图案，Revit 会自动对所选的 UV 网格面进行填充，如图 2-133 所示。

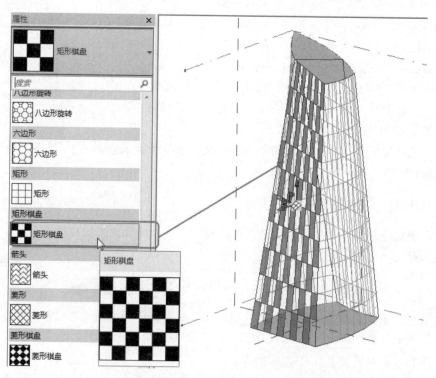

图 2-133　填充图案

04 填充图案后，用户可以对图案的属性进行设置。在【属性】面板的【限制条件】选项区域中设置【边界平铺】属性，确定填充图案与表面边界相交的方式：【空】、【部分】或【悬挑】，如图2-134所示。

空：删除与边界相交　　　部分：边缘剪切超出　　　悬挑：完整显示与边缘
　的填充图案　　　　　　　　的填充图案　　　　　　相交的填充图案

图2-134　边界平铺

05 在【所有网格旋转】数值框中设置角度值，可以旋转图案，例如输入45，单击【应用】按钮后，改变填充图案角度，如图2-135所示。

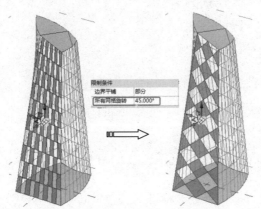

图2-135　旋转网格

06 在【修改 | 分割的表面】上下文选项卡的【表面表示】面板中单击【显示属性】按钮，弹出【表面表示】对话框。

07 在【表面表示】对话框的【填充图案】选项卡下，可以勾选或取消勾选【填充图案线】复选框和【图案填充】复选框来控制填充图案边线和填充图案是否可见，如图2-136所示。

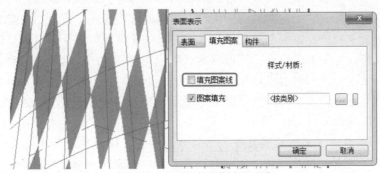

图2-136　显示或隐藏填充图案

08 单击【图案填充】右侧的【浏览】按钮,打开【材质浏览器】对话框,在该对话框中可以设置图案的材质属性、图案截面和着色等参数,如图 2-137 所示。

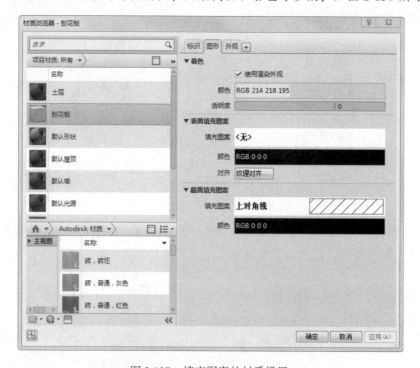

图 2-137 填充图案的材质设置

2.4 Revit 知识点及论坛帖精解

在实际项目设计时,许多标准或非标准的构件需要我们用户创建,Revit 的建筑、结构及系统设计环境好比一个组装车间,装配所用的零件就是"族"。鉴于篇幅限制,本章前面内容的讲解,并没有完全将族的创建和应用完整地介绍,因此,初学者在使用时难免出现诸多问题,下面我们挑选一些典型的问题进行解答。

2.4.1 Revit 知识点

知识点 01:自适应构件族的应用

自适应构件功能是基于填充图案的幕墙嵌板的自我适应,用于处理构件需要灵活适应许多独特概念条件的情况。例如,自适应构件可以用在通过布置多个符合用户定义限制条件的构件而生成的重复系统中;也可以通过修改参照点来创建自适应点,通过捕捉这些灵活点而绘制的几何图形将产生灵活的构件;还可以为自适应构件指定一个类别。注意:自适应构件只能用于填充图案嵌板族和自适应构件样板。自适应点不能用于体量族中,但带有自适应点的族可以放置到体量中。自适应构件样板不能载入到项目环境中,但可以放置在内建族中。放置自适应构件的操作方法。

● 用户可以将自适应模型放置在另一个自适应构件、概念体量、幕墙嵌板和内建体量中。打开一个新的自适应构件,以自适应点为参照设计一个常规模型。

● 将自适应构件载入设计构件或体量中。

● 在设计中，用户可以从项目浏览器将构件族拖曳到绘图区域中，该构件族将排列在【常规模型】下。

● 在概念设计中放置模型的自适应点时，系统提示可随时按 Esc 键来基于当前的自适应点放置模型。例如，如果模型有 5 个自适应点，在放置两个点后按 Esc 键，则将基于这两个点放置模型。注意点的放置顺序非常重要，如果构件是一个拉伸，当点按逆时针方向放置时，拉伸的方向将会翻转。

● 如果需要，用户可以继续放置模型的多个副本。要手动安排模型的多个副本，则选择一个模型，然后按住 Ctrl 键的同时进行移动，以放置其他实例。

知识点 02：族的测试流程

测试创建的族，目的是为了保证族的质量，避免在今后长期使用中受到影响。族的测试过程可以概括为：依据测试文档的要求，将族文件分别在测试项目环境中、族编辑器模式和文件浏览器环境中进行逐条测试，并建立测试报告。

（1）制定测试文件

不同类别的族文件，其测试方式也不一样，用户可先将族文件按照二维或三维进行分类。

由于三维族文件包含了大量不同的族类别，部分族类别创建流程、族样板功能和建模方法都很相似性，例如常规模型、家具、橱柜、专用设备等族，其中家具族具有一定的代表性，因此建议以【家具】族文件测试为基础，制定【三维通用测试文档】；同时【门】、【窗】和【幕墙嵌板】之间也具有高度相似性，但测试流程和测试内容比【家具】要复杂很多，可以合并作为一个特定类别指定测试文档。而部分具有特殊性的构件，可以在【三维通用测试文档】的基础上添加或者删除一些特定的测试内容，制定相关测试文档。

针对二维族文件，【详图构件】族的创建流程和族样板功能具有典型性，建议以此类别为基础，指定通用的【二维通用测试文档】。【标题栏】、【注释】及【轮廓】等族也具有一定的特殊性，可以在【二维通用测试文档】的基础上添加或者删除一些特定的测试内容，指定相关测试文档。

针对水暖电的三维族，用户还需要在族编辑器模式和项目环境中对连接件进行重点测试。根据族类别和连接件类别（电气、风管、管道、电缆桥架、线管）的不同，连接件的测试点也不同。一般在族编辑器模式中，应确认以下设置和数据的正确性：连接件位置、连接件属性、主连接件设置、连接件链接等；在项目环境中，应测试组能否正确地创建逻辑系统，以及能否正确使用系统分析工具。

针对三维结构族，除了参变测试和统一性测试以外，要对结构族中的一些特殊设置做重点检查，因为这些设置关系到结构族在项目中的行为是否正确。例如，检查混凝土机构梁的梁路径端点是否与样板中的【构件左】和【构件右】两条参照平面锁定；检查结构柱族的实心拉伸上边缘是否拉伸至【高于参照 2500】处，并与标高锁定，是否将实心拉伸的下边缘与【低于参照标高 0】的标高锁定等等。而后可将各类结构族加载到项目中，检查族的行为是否正确，例如，相同/不同材质的梁与结构柱的连接、检查分析模型、检查钢筋是否充满在绿色虚线内，弯钩方向是否正确、是否出现畸变、保护层位置是否正确等等。

测试文档的内容主要包括：测试项目、测试方法、测试标准和测试报告四个方面。

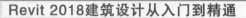

（2）创建测试项目文件

针对不同类别的族文件，测试时需要创建相应的项目文件来，模拟族在实际项目中的调用过程，从而发现可能存在的问题。例如，在门窗的测试项目文件中创建墙，用于测试门窗是否能正确加载。

（3）在测试项目环境中进行测试

在已经创建的项目文件中加载族文件，检查不同视图下族文件的显示和表现。改变族文件类型参数与系统参数设置，检查族文件的参变性能。

（4）在族编辑器模式中进行测试

在族编辑器模式中打开族文件，检查族文件与项目样板之间的统一性，例如，材质、填充样式和图案等；或检查族文件之间的统一性，例如，插入点、材质、参数命名等。

（5）在文件浏览器中进行测试

在文件浏览器中，观察文件缩略图显示情况，并根据文件属性查看文件量大小是否在正常范围。

（6）完成测试报告

参照测试文档中的测试标准，对于错误的项目逐条进行标注，完成测试报告，以便于接下来的文件修改。

知识点 03：将 3ds Max、Rhino、SketchUp 模型转成 Revit 族

Revit 自带族库中的族远远不够我们使用，自己创建族又需要大量的时间，有没有一种快速定义族的方式呢？答案是肯定的。3ds Max、Rhino 和 SketchUp 等软件的模型，网络中有很多都是免费下载的，下面介绍将这些模型转换为 Revit 族的方法。

（1）3ds Max 模型转为 Revit 族

3ds Max 的默认文件格式为 *.max，不能直接导入到 Revit 中，需要将 *.max 文件导出为 *.dwg、*.dxf、*.sat 等文件格式，图 2-138 为 3ds Max 文件导出对话框的文件格式选取。选择 *.dxf 格式导出，如图 2-139 所示。

图 2-138　3ds Max 文件格式

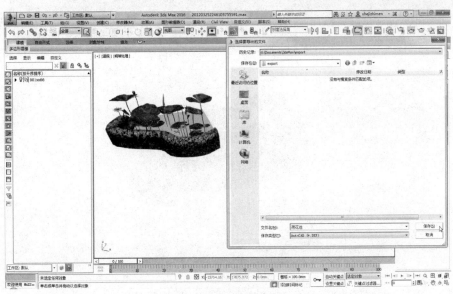

图 2-139　导出文件

在 Revit 中新建族，选择【公制常规模型 .rft】族样板后，进入族编辑器模式。在【插入】选项卡下单击【导入 CAD】按钮，在打开的【导入 CAD 格式】对话框中选择 *.dxf 格式类型，路径中会显示保存的 *.dxf 格式文件，单击【打开】按钮，即可载入到 Revit 中，如图 2-140 所示。

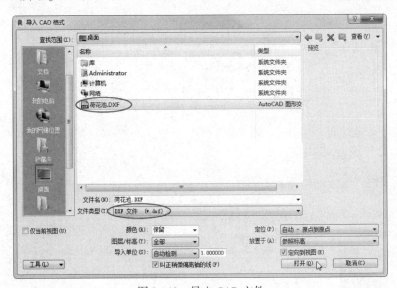

图 2-140　导入 CAD 文件

在项目浏览器中切换到三维视图观察模型，如图 2-141 所示。最后将族文件保存即可。

（2）Rhino 和 SketchUp 模型转为 Revit 族

这两类软件的格式文件无须转存为其他格式，直接在 Revit 中新建族，在族编辑器模式下导入 Rhino 和 SketchUp 格式文件即可，如图 2-142 所示。

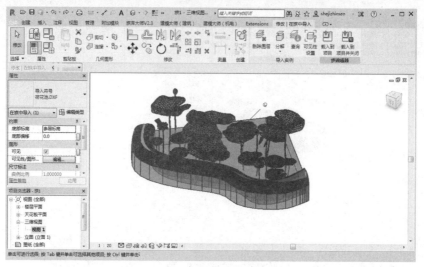

图 2-141　查看导入的模型

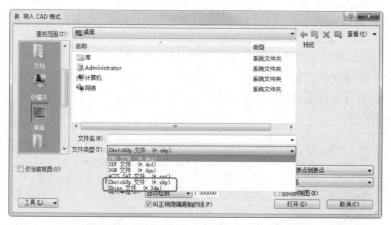

图 2-142　导入 Rhino 和 SketchUp 格式文件

 2. 4. 2　论坛求助帖

求助帖　请问如何在 Revit 中创建标题栏标签？

网友求助的其实是如何创建标题栏族的问题。鉴于本章的篇幅问题，之前没有给出二维族的创建案例，下面以 A3 图幅的竖放标题栏族为例，介绍基本操作步骤。

01 在 Revit 2018 欢迎界面【族】选项区中单击【新建】按钮，弹出【新建 – 选择样板文件】对话框。

02 双击【标题栏】文件夹，选择【A3 公制.rft】样板文件，单击【打开】按钮进入族编辑器模式中，如图 2-143 所示。

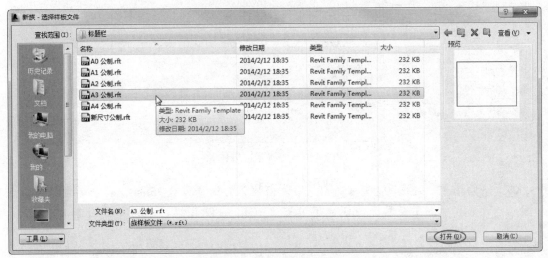

图 2-143　选择族样板文件

03 视图窗口中显示的是 A3 图幅边界线，如图 2-144 所示。在【创建】选项卡【详图】面板中单击【直线】按钮，切换到【修改 | 放置 线】上下文选项卡。

04 在【子类别】面板中设置子类别为【图框】，然后绘制如图 2-145 所示的图框。

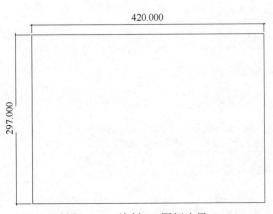

图 2-144　绘制 A3 图幅边界

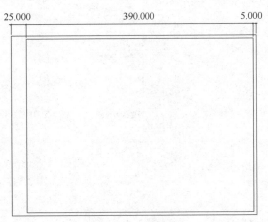

图 2-145　绘制图框

05 接下来为图幅、图框设置线宽，现在图幅的线型为细实线，线宽为 0.15mm；图框的线型为粗实线，线宽为 0.5 mm ～0.7mm。

06 首先对线宽进行设置，在【管理】选项卡的【设置】面板中【其他设置】下拉列表中选择【线宽】选项，打开【线宽】对话框，如图 2-146 所示。

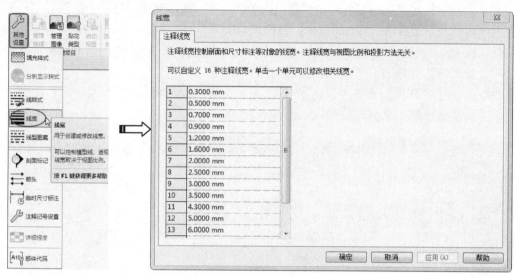

图 2-146   【线宽】对话框

07 修改编号 1 的线宽为 0.15mm，修改编号 2 的线宽为 0.35mm，其余参数保持默认设置，单击【应用】按钮应用设置，如图 2-147 所示。然后单击【确定】按钮，关闭对话框。

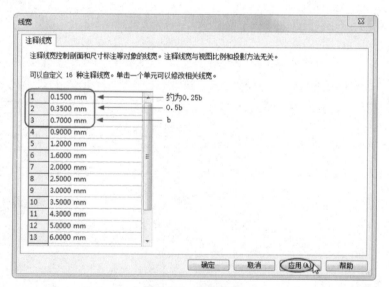

图 2-147   设置线宽

> **技巧点拨**
> 在步骤07 中重新设置线宽，是为了按照标准的 GB 线型、线宽参数进行设置，粗实线设为 0.7mm，中粗线和虚线线宽则为 0.5mm，细实线为 0.25mm。

08 在【设置】面板中单击【对象样式】按钮，打开【对象样式】对话框，在【类别】列分别设置图框、中粗线和细线的编号为 3、2 和 1，单击【应用】按钮应用设置，如图 2-148 所示。

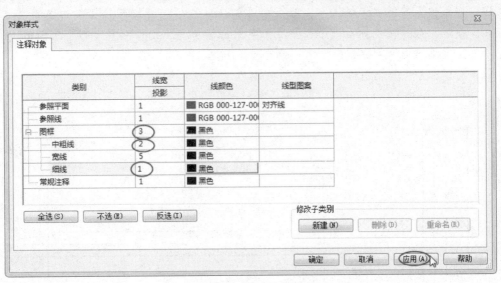

图2-148　设置对象样式

09 设置线型和线宽后，重新设置图幅边界线的线型为【细线】，如图2-149所示。

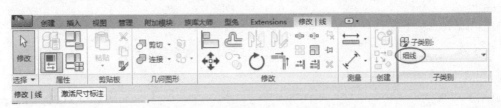

图2-149　重新设置线型为【细线】

10 缩放视图，可以很清楚地看见图幅边界和图框线的线宽差异，如图2-150所示。

11 要绘制会签栏，则在【创建】选项卡的【详图】面板中单击【直线】按钮，切换到【修改 | 放置 线】上下文选项卡。设置线子类型为【图框】，利用【矩形】工具在图框左上角外侧绘制长100、宽20的矩形，如图2-151所示。

12 在【修改 | 放置 线】上下文选项卡没有关闭的情况下，设置线子类型为【细线】，完成会签栏的绘制，如图2-152所示。

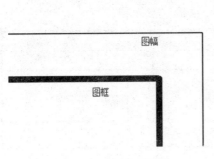

图2-150　查看线宽

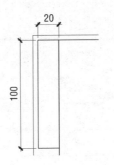

图2-151　绘制会签栏边框

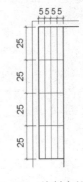

图2-152　绘制会签栏
细实线

13 接着在会签栏中编辑文字，首先在【创建】选项卡【文字】面板中单击【文字】按钮，在【属性】面板中选择【文字8mm】样式，设置文字大小为2.5mm（选中文字编辑类型）并旋转文字，效果如图2-153所示。

14 在图框右下角绘制标题栏边框（子类型为图框）和边框内的表格线（子类型为细线），如图2-154所示。

图 2-153　编辑文字

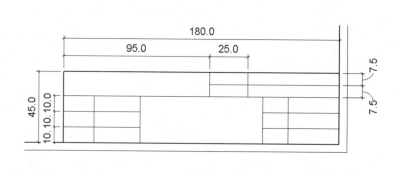

图 2-154 绘制标题栏

技巧点拨

　　在绘制细线表格时，有时候需要修剪线，可采用【修剪/延伸单个图元】工具修剪一端、另一端补线的方法，或者使用【拆分图元】工具取一个拆分点，然后拖动各自端点移动到相应位置，如图2-155所示。

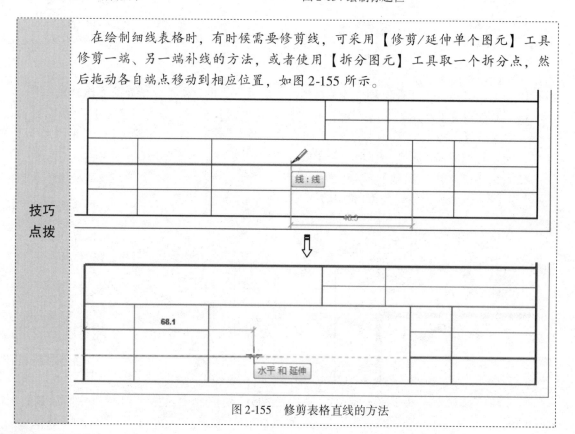

图 2-155　修剪表格直线的方法

15 在标题栏中输入文字，设置稍大一些的文字样式为【文字12mm】，其文字大小设置为5mm，小的文字样式为【文字8mm】，大小设置为2.5mm，如图2-156所示。

XX市建筑设计研究院		项目名称	
		建设单位	
项目负责			设计编号
项目审核			图 号
制 图			出图日期

图2-156 绘制标题栏文字

> **技巧点拨** 标题栏族中所有的文字信息由文字和标记构成，以上步骤绘制的文字是在标题栏族中在位创建的，标记要么先创建标记族再载入到标题栏族里使用，要么在标题栏族里使用【标签】工具创建标签。

16 在【创建】选项卡【文字】面板中单击【标签】按钮，切换到【修改 | 放置 标签】上下文选项卡。在【属性】面板中单击【编辑类型】按钮。打开【类型属性】对话框，修改当前默认标签，首先单击【重命名】按钮重命名标签，如图2-157所示。

17 重新设置文字字体为【仿宋】，文字大小为5mm，颜色设置为【红色】，如图2-158所示。单击【确定】按钮关闭对话框。

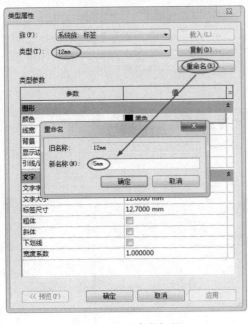

图2-157 重命名标签

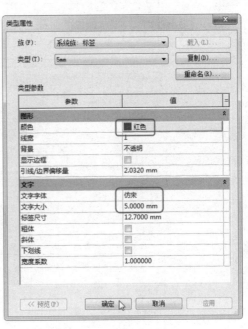

图2-158 设置文字字体和大小

18 再选择【标签8mm】编辑类型属性，重命名为2.5mm，字体为【仿宋】，文字大小为2.5mm，颜色设置为【红色】，如图2-159所示。

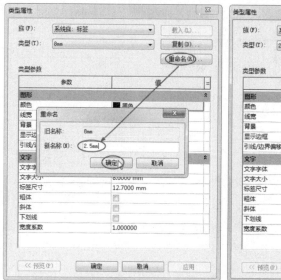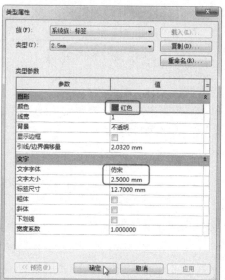

图 2-159　设置另一标签的类型属性

19 确保当前标签为【标签5mm】，然后在标题栏的空表格中单击，会打开【编辑标签】对话框，在对话框左侧选择【图纸名称】参数，单击➡按钮，添加到右侧【标签参数】区域中，然后单击【确定】按钮，如图2-160所示。

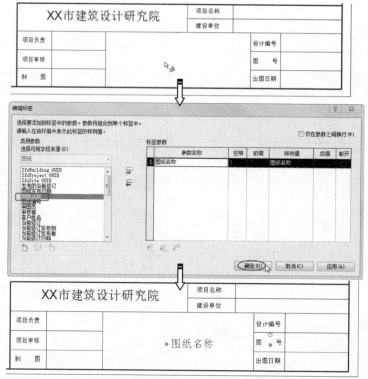

图 2-160　添加标签

20 选择【标签2.5mm】标签类型，依次添加项目名称、客户姓名、项目编号、图纸编号、图纸发布日期、设计者（项目负责）、绘图员、审核者等标签，如图2-161所示。

XX市建筑设计研究院	项目名称	项目名称
	建设单位	客户姓名

项目负责	负责人	图纸名称	设计编号	项目编号
项目审核	审核者		图　号	A101
制　图	绘图员		出图日期	●2016年1月1日

图2-161　添加其余标签

21 要修订明细表，则在【视图】选项卡【创建】面板中单击【修订明细表】按钮，弹出【修订属性】对话框，将【可用的字段】选项区的【发布者】和【发布到】字段添加到右侧【明细表字段】选项区中，如图2-162所示。

22 在对话框的【格式】选项卡下，将左侧【字段】列表框中所有字段的标题依次修改为【标记】、【型号】、【高度】、【类型标记】、【类型注释】和【成本】，设置对齐方式为【中心线】，如图2-163所示。

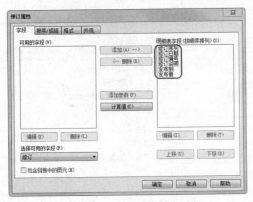

图2-162　添加或删除字段

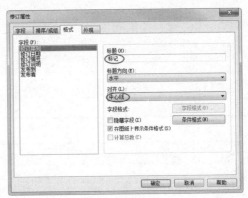

图2-163 设置格式

23 在【外观】选项下设置【高度】为【用户定义】，其余选项为默认，如图2-164所示。

图2-164 设置外观

温馨提示	一定要选择【高度】为【用户定义】选项，否则不能增加明细表的行数。

24 单击【确定】按钮，切换至【修改明细表[1]数量】上下文选项卡，同时完成明细表族的建立，如图 2-165 所示。

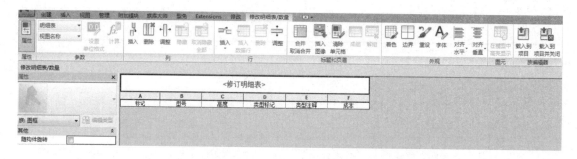

图 2-165 【修改明细表[1]数量】上下文选项卡

25 修改【修订明细表】文字为【门窗明细表】，此时项目浏览器的【视图】节点下新增了【明细表】|【门窗明细表】子节点项目，如图 2-166 所示。

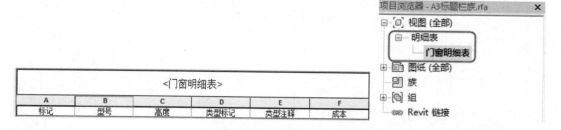

图 2-166 新增的【明细表】子项目

26 在【视图】选项卡的【窗口】面板中单击【切换窗口】下三角按钮，选择【1 A3标题栏族.rfa – 图纸】窗口选项，切换到标题栏族窗口中，如图 2-167 所示。

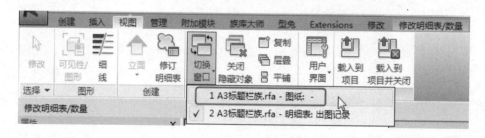

图 2-167 切换窗口

27 把项目浏览器中的【门窗明细表】子项目拖动到图纸图框中，如图 2-168 所示。

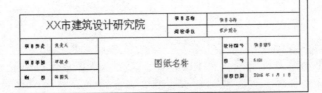

图 2-168　添加明细表族到标题栏族中

28　拖动明细表上的动态控制圆点，可以增加新行，如图 2-169 所示。

29　最后调整明细表的位置，如图 2-170 所示。至此，完成了 GB 国标的标题栏族创建，然后保存建立的标题栏族。

图 2-169　增加行

图 2-170　调整明细表的位置

第3章

建筑规划设计

本章导读

　　BIM 建筑设计是一个系统工程，在 Revit 中可以进行建筑总体规划设计、建筑结构设计、以及建筑管道与系统设计等。项目总体规划设计是建筑设计的第一阶段，项目总体规划设计的内容包括确定项目位置、绘制标高和轴网、基点、测量点、绘制建筑红线及地形表面、创建概念体量、园林景观设计等。

案例展现
ANLIZHANXIAN

案 例 图	描 述
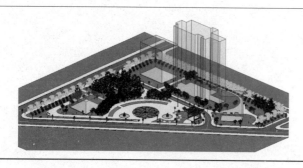	视图范围是控制对象在视图中的可见性和外观的水平平面集。 　　每个平面图都具有视图范围属性，该属性也称为可见范围。定义视图范围的水平平面为【俯视图】【剖切面】和【仰视图】。顶剪裁平面和底剪裁平面表示视图范围的最顶部和最底部的部分。剖切面是一个平面，用于确定特定图元在视图中显示为剖面时的高度。这三个平面可以定义视图的主要范围
	规划区的总体平面在功能上由三部分组成，包括广场出入口区、景观区和厂房区。在交通流线上，由于地处城市繁华中心地段，临近城市道路较多，所以各条道路上都设有完善的交通流线

3.1 确定项目位置

Revit 提供了可定义项目地理位置、项目坐标和项目位置的工具。

【地点】工具用于指定建筑项目的地理位置信息，包括位置、天气情况和场地。此功能对于后期渲染时进行日光研究和漫游很有用。

上机操作——设置项目地点

01 在【管理】选项卡下的【项目位置】面板中单击【地点】按钮，弹出【位置、气候和场地】对话框，如图 3-1 所示。

图 3-1 【位置、气候和场地】对话框

02 【位置】选项卡下的选项，可设置本项目在地球上的精确地理位置，定义位置的依据包括【默认城市列表】和【Internet 映射服务】两个选项。

03 图 3-1 对话框中显示的是【Internet 映射服务】位置依据。用户可以手工输入地理位置，如输入【重庆】，即可利用内置的 Bing 地图进行搜索，得到新的地理位置，如图 3-2 所示。搜索到项目地址后，会显示图标，光标靠近该图标将显示经纬度和项目地址信息提示。

04 若选择【默认城市列表】选项，用户可以从城市列表中选择一个城市作为当前项目的地理位置，如图 3-3 所示。

图 3-2 Internet 映射服务

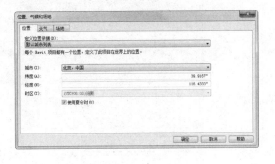

图 3-3 选择【默认城市列表】选项

05 【天气】选项卡中的天气情况是 MEP 系统设计工程师最重要的气候参考依据，默认显示的气候条件参考了当地气象站的统计数据，如图 3-4 所示。

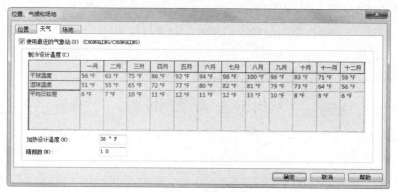

图 3-4 　【天气】选项卡中的天气条件

06 如果需要更精准的气候数据，通过在本地测得真实天气情况后，用户可以取消勾选【使用最近的气象站】复选框，手动修改天气数据，如图 3-5 所示。

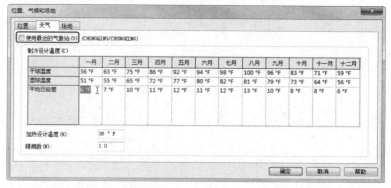

图 3-5 　手动修改天气数据

07 【场地】选项卡用于确定项目在场地中的方向和位置，以及相对于其他建筑的方向和位置，在一个项目中可以定义许多共享场地。单击【复制】按钮，可以新建场地，新建场地后再为其指定方位，如图 3-6 所示。

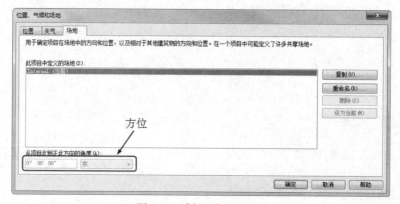

图 3-6 　【场地】选项卡

3.2 绘制标高

标高与轴网在 Revit Architecture 中用于定位及定义楼层高度和视图平面，也就是设计基准。标高不仅可以作为楼层层高定位，还可以作为窗台及其他构件的定位使用。

由于标高符号与前面二维族中高程点符号相同，这里普及下【标高】与【高程】的小知识。

【标高】是针对建筑物而言的，用来表示建筑物某个部位相对基准面（标高零点）的竖向高度，分为相对标高和绝对标高。绝对标高是以平均海平面作为标高零点。相对标高是以建筑物室内首层地面高度作为标高零点。本书所讲的标高是相对标高。

【高程】指的是某点沿铅垂线方向到绝对基准面的垂直距离。【高程】是测绘用词，通俗地地说叫【海拔高度】。高程也分绝对高程和相对高程（假定高程）。例如，测量名山湖泊的海拔高度是绝对高程，测量室内某物体的最高点到地面的垂直距离是假定高程。

 ### 3.2.1 建立标高

仅当视图为【建筑立面视图】时，建筑项目环境中才会显示标高。默认的建筑项目设计环境下的预设标高，如图 3-7 所示。

图 3-7 标高

标高是有限水平平面，用作屋顶、楼板和天花板等以标高为主体图元的参照。用户可以调整标高范围的大小，使其不显示在某些视图中，如图 3-8 所示。

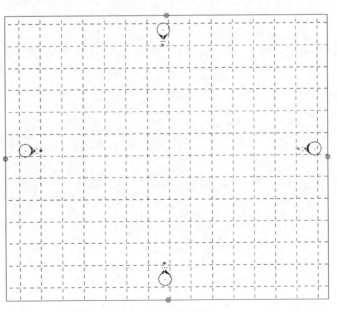

图 3-8 可以编辑范围大小的标高平面

上机操作——创建标高

下面介绍在立面视图中创建新标高的操作方法，步骤如下。

01 启动 Revit 2018，在欢迎界面的【项目】选项区中单击【新建】按钮，打开【新建项目】对话框。

02 单击【浏览】按钮，在打开的对话框中选择本例源文件夹中的【revit 2018 中国样板.rte】建筑样板文件，如图 3-9 所示。

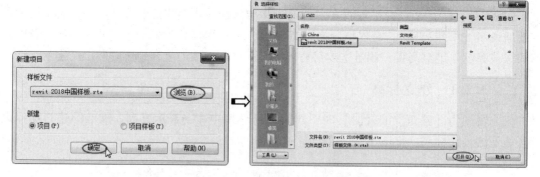

图 3-9　新建建筑项目文件

03 在项目浏览器中切换楼层平面【标高 1】平面视图为【立面】|【东】视图，立面视图中显示预设的标高，如图 3-10 所示。

图 3-10　预设的标高

04 由于加载的样板文件为 GB 标准样板，所以项目单位无须进行更改。如果不是中国建筑样板，切记，首先在【管理】选项卡下的【设置】面板中单击【项目单位】按钮，打开【项目单位】对话框，设置长度单位为 mm、面积单位为 m^2、体积单位为 m^3，如图 3-11 所示。

05 在【建筑】选项卡下的【基准】面板中单击 标高 按钮，在选项栏中单击 平面视图类型... 按钮，在弹出的【平面视图类型】对话框中选择视图类型为【楼层平面】，如图 3-12 所示。

图3-11 设置项目单位

图3-12 设置平面视图类型

> **技巧点拨** 在【平面视图类型】对话框中其他的视图类型也被选中时，可以按住Ctrl键，同时选择需要取消的视图类型，即可取消选择。

06 在图形区中捕捉标头位置对齐线（左侧虚线）作为新标高的直线起点，如图3-13所示。

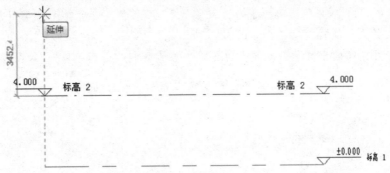

图3-13 捕捉标头对齐线

07 单击确定起点后，水平绘制标高直线，直到捕捉到另一侧标头对齐线，单击确定标高线终点，如图3-14所示。

图3-14 捕捉另一侧标头对齐线

08 随后绘制的标高处于激活状态，此刻用户可以更改标高的临时尺寸值，修改后标高符号上面的值将随之而变化，而且标高线上会自动显示【标高3】名称，如图3-15所示。按 Esc 键退出当前操作。

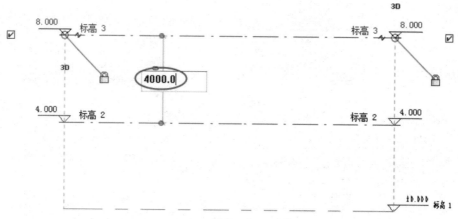

图3-15 修改标高临时尺寸

09 用户还可以采用复制的方法，更高效地创建标高，此种方法可以连续创建多个标高值相同的标高。

10 选中建立的【标高3】，切换到【修改 | 标高】上下文选项卡，单击其中的【复制】按钮，并在选项栏上勾选【多个】复选框，然后在图形区【标高3】上任意位置拾取复制的起点，如图3-16所示。

11 沿垂直方向向上移动，在某点位置单击放置复制的【标高4】，如图3-17所示。

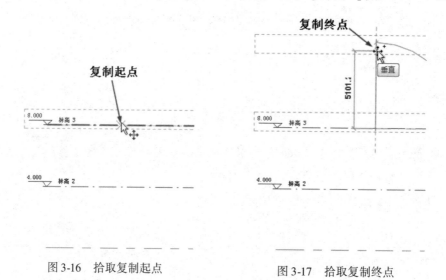

图3-16 拾取复制起点

图3-17 拾取复制终点

12 继续向上移动并单击放置复制的标高，直到完成所有的标高，按 Esc 键退出当前操作，如图3-18所示。

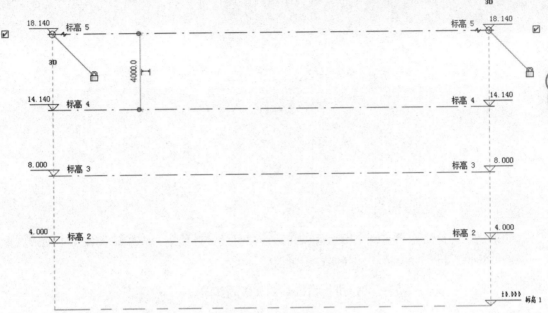

图 3-18 复制其余标高

> **技巧点拨**
>
> 　　如果是高层建筑，使用复制功能创建标高的效率还是最高的，笔者建议利用【阵列】工具，一次性完成所有标高的创建。这里就不再详解，大家可以自行完成操作。

13 然后修改复制后的每一个标高值，最上面的标高是修改标头上的总标高值，修改结果如图 3-19 所示。

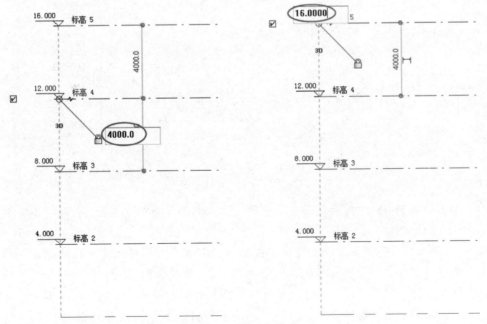

图 3-19 修改标高值

14 利用复制功能，将命名为【标高1】的标高向下复制，得到一个负数标高值的标高，如图3-20所示。然后保存创建的标高。

图3-20　复制出负值的标高

 ### 3.2.2　编辑标高

如果建立的标高需要更改，用户可以在当前项目设计环境下进行编辑操作。下面继续前一案例的结果，进行标高值和标高属性的修改。

🌿 **上机操作——标高的编辑** 🌿

01 打开上一案例的结果文件【创建标高.rvt】。

02 标高1和其他标高（上标头）的族属性不同，如图3-21所示。

03 选中标高1，然后在【属性】选项面板的类型选择器中重新选择【正负零标头】选项，使其与其他标高类型保持一致，如图3-22所示。

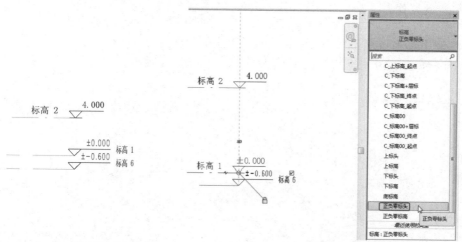

图3-21　不同属性的标高　　　　　图3-22　为标高1重新选择标高类型

04 名为【标高6】的标高在正负零标头之下，重新选择属性类型为标高：下标头，如图3-23所示。

05 【标高6】标高按使用性质可以修改名称，例如此标高用作室外场地标高，那么可以在【属性】面板中重新命名【室外场地】，如图3-24所示。

06 在项目浏览器中切换至其他立面视图，也会看到已创建同样的标高。但是，在项目浏览器的楼层平面视图中，却没有出现利用【复制】工具或【阵列】工具创建的标高楼层。在图形区中的标高，通过复制或阵列的标高标头颜色为黑色，与项目浏览器中——对应的标高标头颜色则为蓝色，如图3-25所示。

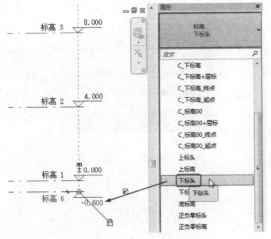

图 3-23 选择下标头类型

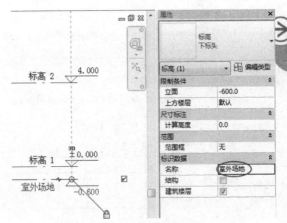

图 3-24 重命名标高6

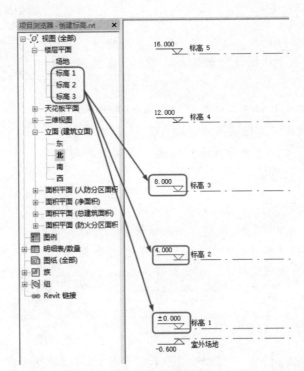

图 3-25 没有视图的标高

07 双击蓝色的标头，会跳转到对应的楼层平面视图，而双击黑色标头却没有反应。这是因为通过复制或阵列的方式仅仅复制了标高的样式，并不能复制标高所对应的视图。

08 下面为缺少视图的标高添加楼层视图。在【视图】选项卡下的【创建】面板中执行【平面视图】|【楼层平面】操作，弹出【新建楼层平面】对话框，如图3-26所示。

09 在【新建楼层平面】对话框中，列出了还未建立视图的所有标高，按住 Ctrl 键选中所有标高，然后单击【确定】按钮，完成楼层平面视图的创建，如图 3-27 所示。

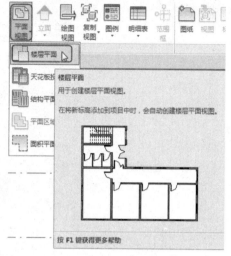

图 3-26　选择【楼层平面】选项

图 3-27　选中标高创建楼层平面

10 创建楼层平面视图后，在项目浏览器中查看【楼层平面】视图节点下的视图，如图 3-28 所示。而且图形区中之前黑色的标头已经转变成蓝色。

> **技巧点拨**
>
> 　　【楼层平面】节点下默认的 "场地" 是整个项目的总平面视图，其标高高度默认为 0，与标高 1 平面是重合的。建立【室外场地】标高，实际上是用来建设建筑外的地坪。

11 选择任意一根标高线，会显示临时尺寸、一些控制符号和复选框，如图 3-29 所示。可以编辑其尺寸值，单击并拖曳控制符号可执行整体或单独调整标高标头位置、控制标头隐藏或显示、标头偏移等操作。

图 3-28　显示已创建楼层平面视图的标高

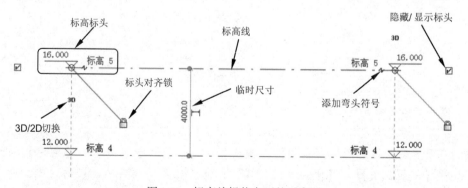

图 3-29　标高编辑状态下的示意图

12 当相邻的两个标高很靠近时，会出现标头文字重叠的情况，此时可以单击标高线上的【添加弯头】符号，添加弯头，让不同标高的标头文字完全显示，如图3-30所示。

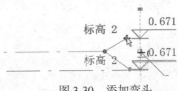

图3-30 添加弯头

> **技巧点拨** Revit中标高标头包含了标高符号、标高名称和添加弯头符号等。

3.3 绘制轴网

轴网用于在平面视图中定位项目图元，创建标高完成后，用户可以切换至任意平面视图（如楼层平面视图）来创建和编辑轴网。

3.3.1 创建轴网

使用【轴网】工具，可以在建筑设计中放置柱轴网线。然而轴线并非仅仅作为建筑墙体的中轴线，与标高一样，轴线还是一个有限平面，可以在立面图中编辑其范围大小，使其不与标高线相交。轴网包括轴线和轴线编号。

上机操作——轴网的创建

01 新建建筑项目文件，然后在项目浏览器中切换到【楼层平面】下的【标高1】平面视图。

02 楼层平面视图中为立面图标记，单击此标记，将显示此立面视图的平面，如图3-31所示。

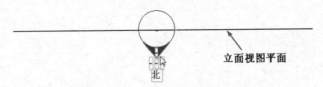

立面视图平面

图3-31 显示立面视图平面

03 双击此标记，将切换到该立面视图，如图3-32所示。

04 立面图标记是可以移动的，当平面图所占区域比较大且超出立面图标记时，可以拖动立面图标记，如图3-33所示。

05 在【创建】选项卡下的【基准】面板中单击【轴网】按钮，然后在立面图标记内以绘制直线的方式放置第一条轴线与轴线编号，如图3-34所示。

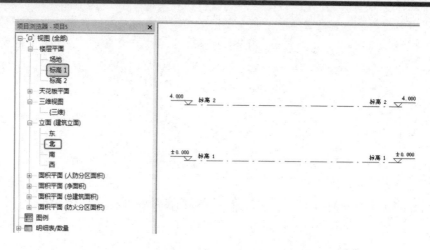

图 3-32　双击立面图标记切换至立面视图

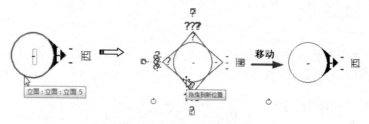

图 3-33　可移动立面图标记

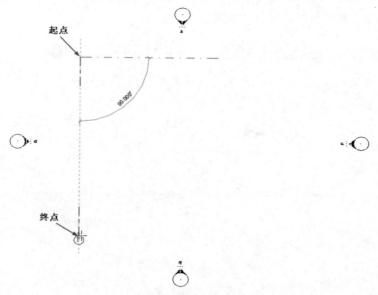

图 3-34　绘制第一条轴线

06　绘制轴线后，从【属性】面板中可见此轴线的属性类型为【轴网：6.5mm 编号间隙】，说明绘制的轴线是有间隙，而且是单边有轴线编号，不符合中国建筑标准，如图 3-35 所示。

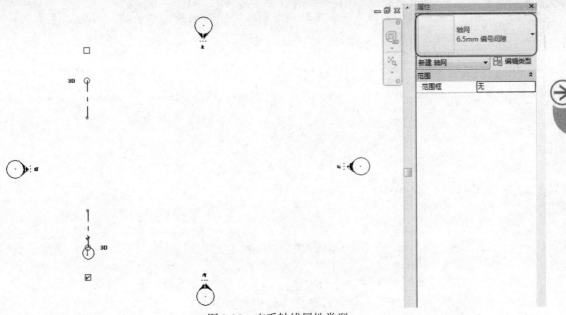

图3-35 查看轴线属性类型

07 在【属性】面板类型选择器中选择【双标头】类型，绘制的轴线随之更改为双标头的轴线，如图3-36所示。

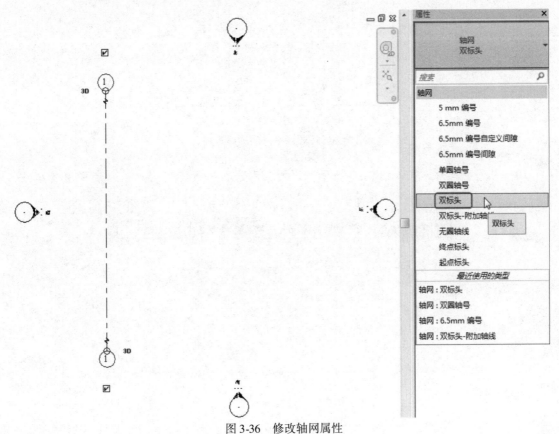

图3-36 修改轴网属性

技巧点拨	接下来继续绘制轴线，如果轴线与轴线之间的间距是不等的，则利用【复制】工具执行复制操作。

08 利用【复制】工具，绘制出其他轴线，轴线编号是自动排序的，如图 3-37 所示。

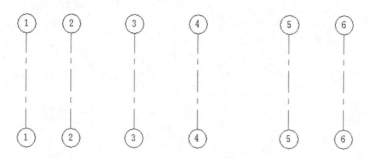

图 3-37　复制轴线

09 如果利用【阵列】工具，阵列出来的轴线分两种情况：一种是按顺序编号，第二种是乱序。首先看第一种阵列方式，如图 3-38 所示。

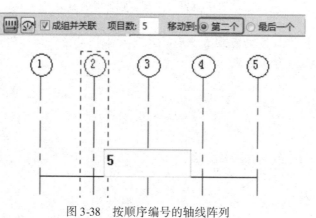

图 3-38　按顺序编号的轴线阵列

10 另一种阵列方式如图 3-39 所示。因此，用户在进行阵列的时候一定要清楚结果，再决定选择何种阵列方式。

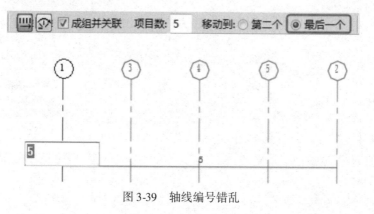

图 3-39　轴线编号错乱

11 如果利用【镜像】工具镜像轴线，则不会按顺序编号。例如，以编号 3 的轴线作镜像轴，镜像轴线 1 和轴线 2，镜像得到的结果如图 3-40 所示。

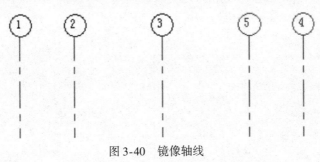

图 3-40 镜像轴线

12 绘制完纵向轴线后，再继续绘制横向轴线，绘制的顺序是从下至上，如图 3-41 所示。

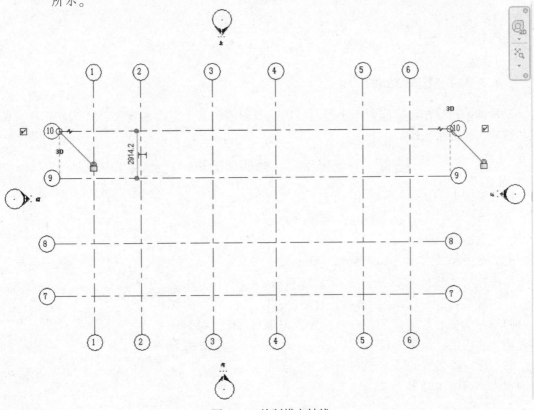

图 3-41 绘制横向轴线

> **技巧点拨** 纵向轴线的编号是从左到右按顺序编写，那么横向轴线则用大写的拉丁字母从下往上注写。

13 横向轴线绘制后的编号仍然是阿拉伯数字，因此需选中圈内的数字并进行修改，从下往上依次修改为 A、B、C、D……如图 3-42 所示。

14 保存绘制的轴网。

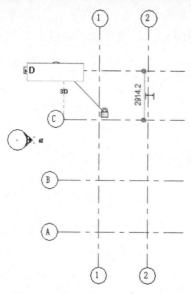

图 3-42　修改横向轴线编号文字

3.3.2　编辑轴网

轴网的编辑操作与标高差不多，也可以执行对齐、移动、添加弯头、3D/2D 转换、编辑轴线临时尺寸等操作。

上机操作——轴网的编辑

01 打开上一案例的结果文件。

02 单击一条轴线，轴线进入编辑状态，如图 3-43 所示。

03 轴线编辑其实与标高编辑是相似的，切换到【修改 | 轴网】上下文选项卡后，可以利用修改工具对轴线进行修改操作。

04 选中临时尺寸，可以编辑此轴线与相邻轴线之间的间距，如图 3-44 所示。

05 轴网中轴线标头的位置对齐时，会出现对齐虚线，如图 3-45 所示。

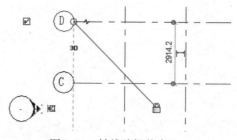

图 3-43　轴线编辑状态

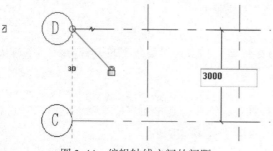

图 3-44　编辑轴线之间的间距

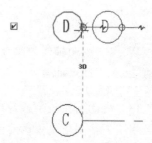

图 3-45　对齐轴线标头

06 选择任意一根轴网线，单击标头外侧方框，即可关闭/打开轴号显示。

07 如需控制所有轴号的显示，选择所有轴线，自动切换至【修改 | 轴网】上下文选项卡，在【属性】面板中单击 编辑类型 按钮，打开【类型属性】对话框，修改类型属性，勾选轴号端点对应的复选框，如图3-46所示。

08 在轴网的【类型属性】对话框中设置【轴线中段】的显示方式，包括【连续】【无】【自定义】3种方式，如图3-47所示。

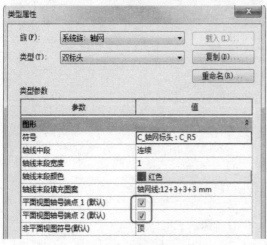

图3-46 设置轴号显示

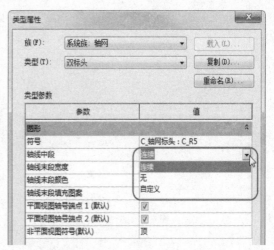

图3-47 轴线中段设置

09 轴线中段设置为【连续】方式时，可设置其【轴线末段宽度】【轴线末段颜色】【轴线末段填充图案】的样式，如图3-48所示。

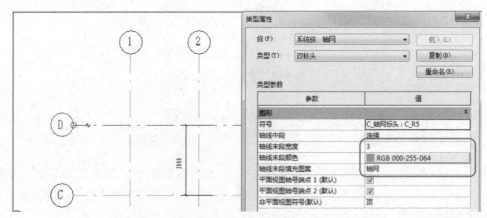

图3-48 设置轴线末段宽度、颜色和填充图案

10 轴线中段设置为【无】方式时，可设置其【轴线末段宽度】、【轴线末段颜色】以及【轴线末段长度】的样式，如图3-49所示。

11 当两轴线相距较近时，可以单击【添加弯头】标记符号，改变轴线编号位置，如图3-50所示。

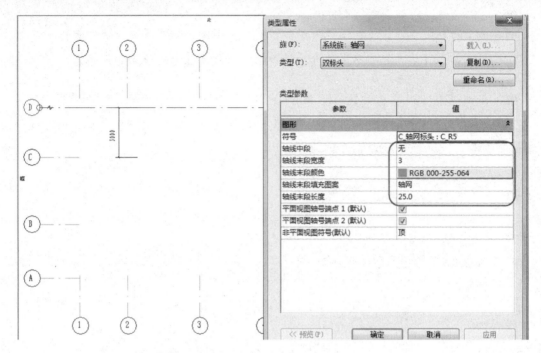

图 3-49　设置轴线中段为【无】的相关选项

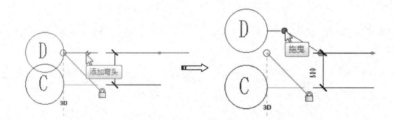

图 3-50　改变轴号位置

3.4　地形设计

使用 Revit Architecture 提供的场地工具，可以为项目创建场地三维地形模型、场地红线、建筑地坪等构件，完成建筑场地设计。用户还可以在场地中添加植物、停车场等场地构件，以丰富场地表现。

　3.4.1　场地设置

单击【体量与场地】选项卡下【场地建模】面板中【场地设置】按钮，弹出【场地设置】对话框，如图 3-51 所示。设置等高线间隔值、经过高程值、添加自定义等高线、剖面填充样式、基础土层高程、角度显示等项目全局场地的参数。

图 3-51 【场地设置】对话框

 ### 3.4.2 构建地形表面

地形表面的创建包括放置点（设置点的高程）和导入测量点文件两种方式。

1. 放置高程点构建地形表面

放置点的方式允许手动放置地形轮廓点并指定放置轮廓点的高程。Revit Architecture 将根据指定的地形轮廓点，生成三维地形表面。这种方式由于必须手动绘制地形中每一个轮廓点并设置每个点的高程，所以适合用于创建简单的地形地貌。

上机操作——利用【放置点】工具绘制地形表面

01 新建一个基于中国建筑项目样板文件的建筑项目，如图 3-52 所示。

图 3-52 创建建筑项目

02 在项目浏览器中的【视图】|【楼层平面】节点下双击【场地】子项目，切换至场地视图，如图 3-53所示。

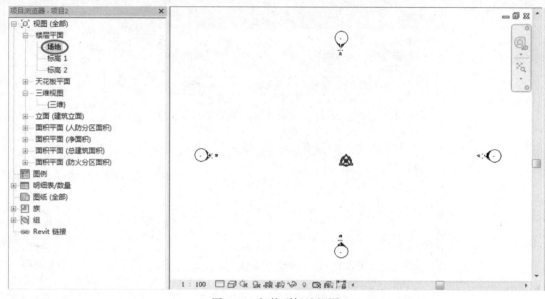

图 3-53　切换到场地视图

03 在【体量和场地】选项卡的【场地建模】面板中单击【地形表面】按钮▧，然后在场地平面视图中放置几个点，作为整个地形的轮廓，几个轮廓点的高程均为 0，如图 3-54 所示。

04 继续在 5 个轮廓点围成的区域内放置 1 个点或者多个点，这些点是地形区域内的高程点，如图 3-55 所示。

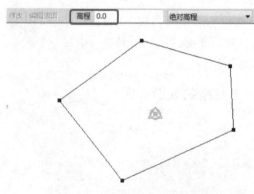

图 3-54　放置轮廓点并设置高程

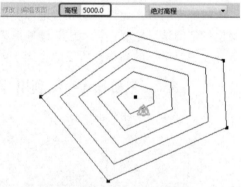

图 3-55　放置地形区域内的高程点

05 在项目浏览器中切换到三维视图，可以看见创建的地形表面，如图 3-56 所示。

2. 通过导入测量点文件建立地形表面

用户还可以通过导入测量点文件的方式，根据测量点文件中记录的测量点 X、Y、Z 值创建地形表面模型。下面学习使用测量点文件创建地形表面的方法。

图 3-56　地形表面

上机操作——导入测量点文件建立地形表面

01 新建本例的建筑项目文件。

02 切换至三维视图，单击【地形表面】按钮，切换至【修改 | 编辑表面】上下文选项卡。

03 在【工具】面板的【通过导入创建】下拉列表中选择【指定点文件】选项，弹出【选择文件】对话框，设置文件类型为【逗号分隔文本】，然后选择本例源文件夹中的【指定点文件.txt】文件，如图3-57所示。

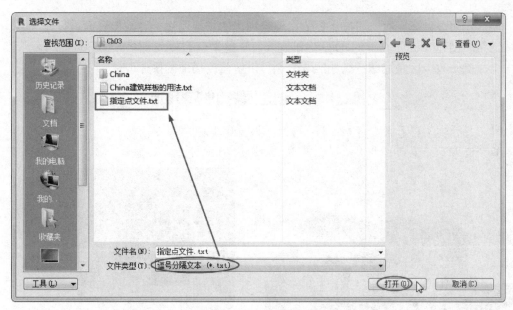

图3-57 选择测量点文件

04 单击【打开】按钮导入该文件，弹出【格式】对话框，设置文件中的单位为【米】，单击【确定】按钮继续导入测量点文件，如图3-58所示。

05 随后 Revit 自动生成地形表面高程点及高程线，如图3-59所示。

06 保存项目文件。

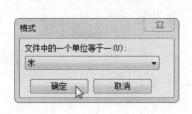

图3-58 设置导入文件的单位格式

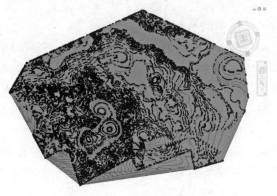

图3-59 自动生成地形表面

技巧点拨

> 导入的点文件必须使用【逗号分隔文件】格式（可以是 CSV 或 TXT 文件），且必须以测量点的 X、Y、Z 坐标值作为每一行的第一组数值，点的任何其他数值信息必须显示在 X、Y 和 Z 坐标值之后。Revit Architecture 忽略该点文件中的其他信息（如点名称、编号等）。如果该文件中存在 X 和 Y 坐标值相等的点，Revit Architecture 会使用 Z 坐标值最大的点。

3.4.3　修改场地

地形表面设计完成后，用户还要依据建筑周边的场地用途，对地形表面进行修改。比如园区道路的创建（拆分表面）、创建建筑红线、土地平整等。

下面以修改园区路及健身场地区域为例，讲解修改场地的操作方法。

 上机操作——创建园路和健身场地

01 打开本例练习模型【别墅.rvt】，如图 3-60 所示。

02 进入三维视图，再切换到上视图，如图 3-61 所示。

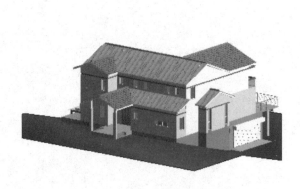

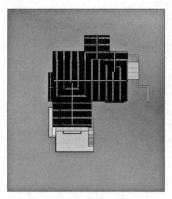

单击"上"

图 3-60　练习模型　　　　　　　　图 3-61　切换视图方向

03 单击【修改场地】面板中的【拆分表面】按钮，选择已有的地形表面作为拆分对象。利用【修改 | 拆分表面】上下文选项卡的曲线工具绘制封闭的轮廓，如图 3-62 所示。

04 单击【完成编辑模式】按钮，完成地形表面的分割，如图 3-63 所示。如果发现拆分的地形不符要求，可以直接删除拆分的部分地形表面，或者单击【合并表面】按钮合并拆分的两部分地形表面，再重新拆分即可。

05 选中拆分出来的部分地形表面，在【属性】面板中设置材质为【场地 - 柏油路】，如图 3-64 所示。

06 接下来在院内一角拆分一块表面出来，作为健身场地。单击【子面域】按钮，然后绘制一个矩形，单击【完成编辑模式】按钮，完成子面域的创建，如图 3-65 所示。

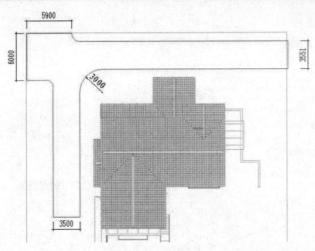

图 3-62 绘制草图

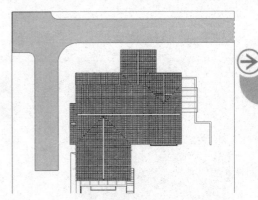

图 3-63 拆分的地形表面

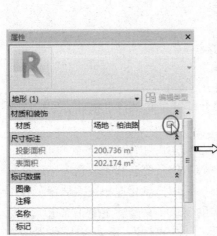

图 3-64 设置园路材质

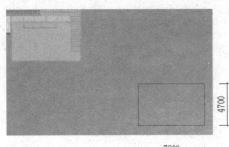

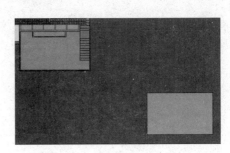

图 3-65 创建子面域

07 选中子面域，在【属性】面板中重新选择材质为【场地－沙】，如图3-66所示。

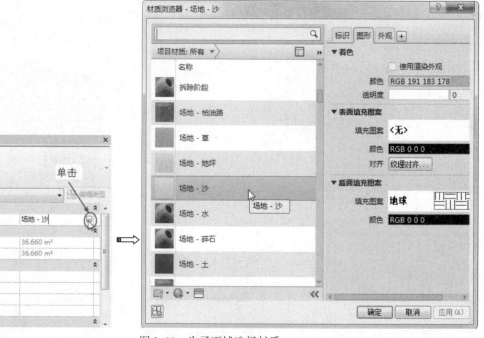

图 3-66 为子面域选择材质

3.5 园林景观布置设计

Revit 软件是 BIM 建模的基础软件，景观的场地模型也可以在此平台上搭建，完成信息化的建模，这是第一阶段的内容。

有了信息化的三维模型就可以进行三维化的展示，这才是采用 BIM 技术的核心所在。众所周知，景观园林项目方案的确定是整个项目的一个核心工作，要顺利完成这项工作，就要用到 BIM 技术（在此推荐一款可视化展示软件 Lumion），采用信息化虚拟建造展示，在项目施工前期确定最优方案，既能满足大家对园林景观审美的要求，又能满足施工需求。避免施工过程中的反复修改，节省人、物力，这也是甲方一直追求的目的。随着 BIM 技术的发展，充分利用其他行业成果，从实际出发，按照园林工程的特色要求完成对 BIM 技术的扩展应用。

下面以独栋别墅的场地设计为例，详解景观布置设计过程。

3.5.1 建筑地坪设计

建筑地坪是在沙地、土壤地基础上浇注的一层砂浆与碎石或其他建渣的混合物，室内外均可铺设地砖、木地板等装饰材料。建筑地坪只能在场地上建立。

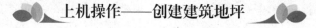
上机操作——创建建筑地坪

01 继续前一个案例，切换视图为【－1F－1】。

02　在【场地建模】面板中单击【建筑地坪】按钮，切换至【修改 | 创建建筑地坪边界】上下文选项卡。

03　利用【拾取线】工具和【直线】工具绘制地坪边界，如图3-67所示。

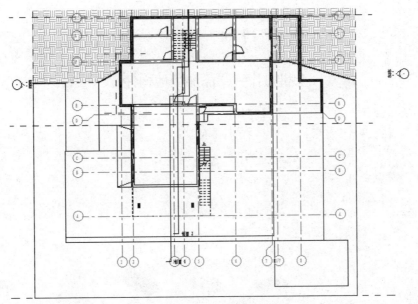

图3-67　绘制的地坪边界

04　单击【完成编辑模式】按钮，完成建筑地坪的创建，如图3-68所示。

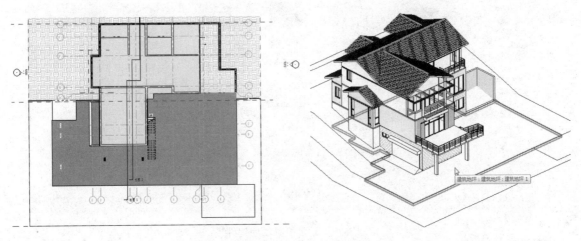

图3-68　完成地坪的创建

3.5.2　使用族库大师添加场地构件

　　场地构件包含了园林景观的所有景观小品、植物、体育设施、公共交通设施等，Revit仅提供了部分场地构件族，用户可以使用族库大师添加更多类型的场地构件（族库大师将在第5章详细介绍）。族库大师插件需要下载安装，最新版本为V2.3，适用于Revit 2018。安装族库大师后的【族库大师 V2.3】选项卡如图3-69所示。

图 3-69 【族库大师 V2.3】选项卡

上机操作——添加场地构件

01 切换三维视图的【上】视图方向。

02 单击【公共/个人库】按钮,打开【公共/个人云族库】窗口。在窗口的【园林】选项卡下,单击左侧【场地构件】扩展按钮,右侧面板中显示所有可用的场地构件,如图 3-70 所示。

图 3-70 显示所有场地构件族

03 在右侧面板中选择一个构件后,单击【载入项目】按钮,将构件先载入到 Revit 中,然后单击【布置】按钮,将构件族放置到项目中。例如,第一个构件是【车-ferrari】,单击【布置】按钮放置在大门位置,如图 3-71 所示。

04 接着将【车棚】构件放置到地坪上(因为车棚、停车位等只能放置到有厚度的地坪上),如图 3-72 所示。在【属性】面板中设置停车位的偏移值为 2850,提升到车道高度,然后将其移动到左上角,如图 3-73 所示。

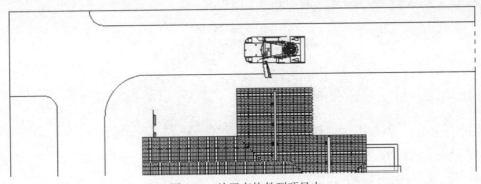

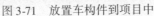
图 3-71　放置车构件到项目中

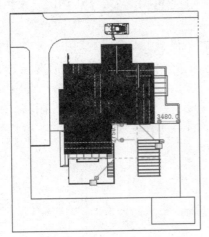

图 3-72　放置车棚构件

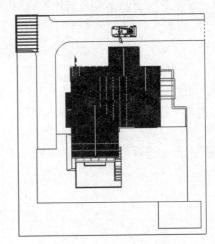

图 3-73　提升并移动车棚

05 　再将儿童滑梯、二位腹肌板、单人坐拉训练器、吊桩等构件放置在沙地上，如图 3-74 所示。

06 　在族库大师的【园林】选项卡下展开【水景】类型，载入【水景_ Bubble－panel】水景族并放置到地坪一侧，如图 3-75 所示。

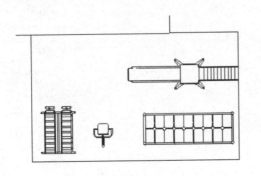

图 3-74　添加健身器材到沙地上

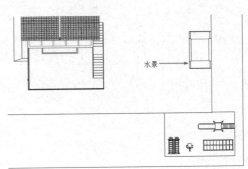

图 3-75　添加水景族

07 　最后将【公共/个人云族库】窗口中【绿化】类型下的植物族——添加到场地周

边，如乔木、白杨、热带树、花钵、RPC 树、灌木及草等，如图 3-76 所示。

图 3-76　依次添加植物族到场地中

3.6　建模大师应用入门——工业厂区规划设计

　　本小节以某城市的一个工业厂区总体规划为例，讲解工业厂区规划中需要达到的模型效果以及场景周围的表现情况。本案例设有两个入口和一个出口，入口处设置漂亮的铺砖，并放置厂区广场的标志性建筑物。广场建筑包括两幢办公楼、职工宿舍楼和一个职工业余活动中心（休闲室），广场配有不同的景观设施，如喷泉、水池、亭子、石凳、园椅、花坛以及各式各样的植物，可以让厂区内和厂区外的人们都能在工作之余来浏览这漂亮的广场，整个工业厂区规划得非常详细，且设施齐全，如图 3-77 所示。

图 3-77　工业厂区规划设计总平面图

　　规划区的总体平面在功能上由三部分组成，包括广场出入口区、景观区和厂房区。在交通流线上，由于地处城市繁华中心地段，临近城市道路较多，所以各条道路上都设有完善的交通流线。

本例中，将采用 Revit 场地设计工具和红瓦 – 建模大师、族库大师等快速建模工具，高效完成总体规划设计。

1. 场地设计

01 在欢迎界面中新建中国建筑样板的项目文件。在项目浏览器中切换视图为【场地】，在【插入】选项卡的【导入】面板中单击【导入 CAD】按钮，导入本例项目图纸文件【某商业中心规划设计总平面图.dwg】。

02 将图纸中心移动到项目基点，如图 3-78 所示。

03 在【体量和场地】选项卡下的【场地建模】面板中单击【地形表面】按钮，然后在图纸四个角分别放置高程点，如图 3-79 所示。

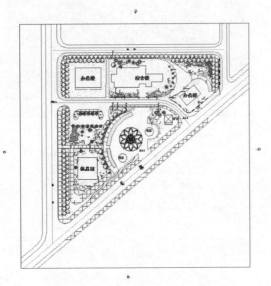

图 3-78 移动图纸到项目基点

图 3-79 放置高程点

04 单击【完成编辑模式】按钮，完成地形表面的创建。然后为地形表面选择【C_场地–草图】材质，如图 3-80 所示。

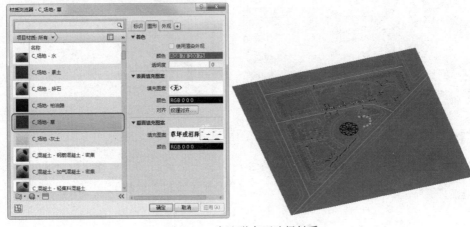

图 3-80 为地形表面选择材质

05 单击【子面域】按钮![], 利用【拾取线】和【直线】工具, 参考总平面图绘制多个封闭区域将道路分割出来, 如图 3-81 所示。

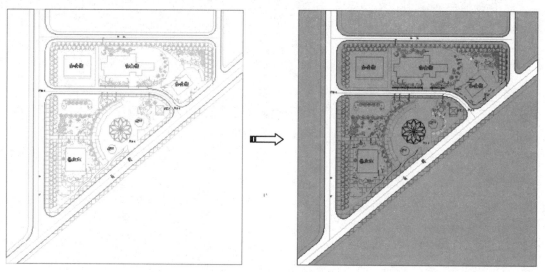

图 3-81　创建子面域分割出道路

06 单击【建筑地坪】按钮![], 利用【拾取线】工具和【直线】工具, 绘制 1 个封闭区域, 单击【完成编辑模式】按钮![]后, 在道路两旁创建建筑地坪, 如图 3-82 所示。然后修改地坪的偏移值为 200。

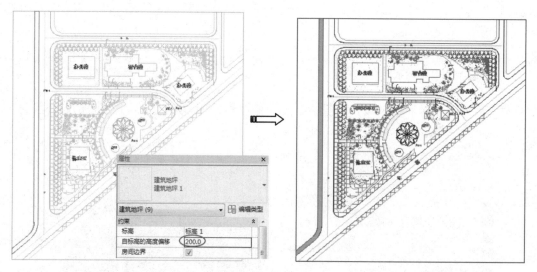

图 3-82　创建地坪

07 由于一次只能创建一个地块的地坪, 所以按此方法, 陆续创建出其余多个地坪, 如图 3-83 所示。(此操作时间较长, 可以观看视频辅助建模)

图 3-83 创建其他地坪

<table>
<tr><td>技巧
点拨</td><td>在绘制地坪边界线时，用【拾取线】的方法拾取边线，有时会产生交叉线、重叠线或断开现象，当退出编辑模式时，打开系统提示对话框，单击对话框的【显示】按钮，可以显示出错的地方，重新编辑边界线即可，如图3-84所示。

图 3-84 绘制地坪边界时的错误提示</td></tr>
</table>

08 上面步骤创建的地坪属于步行道路，接下来要创建的地坪是建筑物地坪，共有4幢建筑，要创建4个地坪，如图3-85所示。

09 重新设置地形的材质，选中公路的地形面，重新设置材质为【C_ 场地 – 柏油路】，选中多个子面域并设置材质为【C_ 场地 – 草】。

10 选中地坪构件，在【属性】面板中单击【编辑类型】按钮，弹出【类

图 3-85 创建建筑物地坪

型属性】对话框，单击对话框中【结构】右侧的【编辑】按钮，弹出【编辑部件】对话框，如图3-86所示。

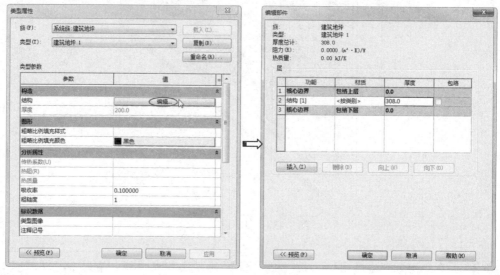

图3-86　编辑类型属性

11　选中【层】列表的【结构】层，将厚度设为200，再单击【插入】按钮，在结构层上插入新的结构层，将新结构层改为面层1［4］，设置面层的材质为【砖石建筑－瓷砖】，厚度为100；选中结构层的材质为【混凝土－沙/水泥砂浆面层】，如图3-87所示。单击【确定】按钮，完成地坪材质的编辑。

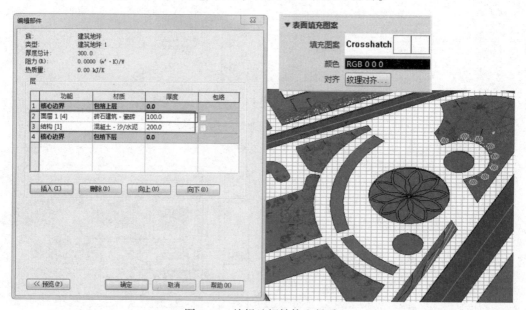

图3-87　编辑地坪结构和材质

2. 概念体量建模

总体规划平面图图纸中有4幢楼是需要建立概念体量模型的，分别是办公楼、职工宿舍楼及休闲中心，亭子属于园林景观小品，在后期园林景观布置时再插入景观族即可。

01　在【体量和场地】选项卡中单击【内建体量】按钮，创建命名为【总部办公室】的体量，进入到概念体量设计环境中，如图3-88所示。

02　利用【矩形】工具参照图纸绘制办公室轮廓，如图3-89所示。

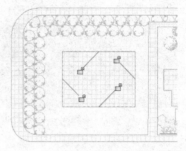

图3-88　创建体量　　　　　　图3-89　绘制办公室体量模型轮廓

03　在【形状】面板执行【创建形状】|【实心形状】操作，创建实心的体量模型，默认的体量高度为6000，更改此高度值为18000，如图3-90所示。

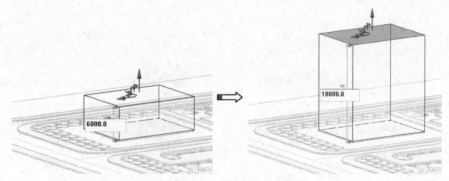

图3-90　更改体量高度

04　单击【完成体量】按钮，完成总部办公楼的体量模型创建。

05　相同的方法，创建出职工宿舍楼的概念体量模型，如图3-91所示。

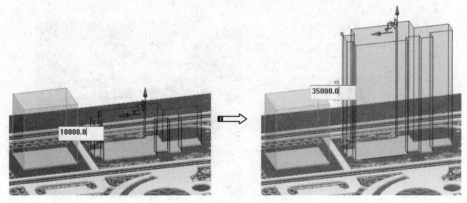

图3-91　创建宿舍楼体量模型

06 接下来完成另一小办公室楼层和休闲中心的体量模型，如图3-92所示。

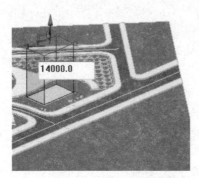

图3-92　绘制小办公室楼层和休闲中心体量

3. 景观小品设计

下面介绍插入景观小品族、水景族、健身设施族等的操作方法，具体如下。

01 插入亭子族时，先单击【建筑地坪】按钮 🔲 ，在场地平面视图中绘制亭子的地坪边界，创建出如图3-93所示的亭子地坪。

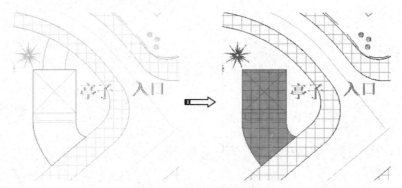

图3-93　创建亭子地坪

02 在【插入】选项卡【从库中载入】面板单击【载入族】按钮 🔲 ，然后从本例源文件夹中将"凉亭_四角－单层"族载入到项目中，并放置到场地上，如图3-94所示。

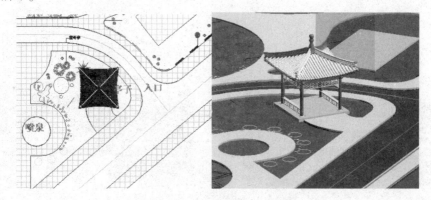

图3-94　载入凉亭族到项目中

03 接着将其他景观小品，如圆凳、景观园灯、标识牌、垃圾桶、围棋、路灯等载入当前项目中，如图3-95所示。

图3-95　载入其他景观小品构件族

04 单击【建筑地坪】按钮，利用【圆形】工具绘制喷泉池的轮廓，如图3-96所示。在【属性】面板中选择【建筑地坪：地坪】类型，设置自标高的高度偏移值为100，单击【编辑类型】按钮，编辑结构材质为【C_ 场地－水】，厚度为200，如图3-97所示。

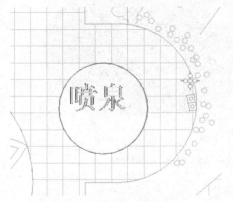

图3-96　绘制喷泉池轮廓

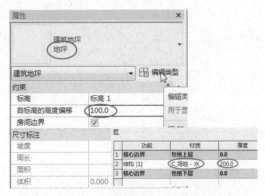

图3-97　设置地坪类型及属性参数、结构

05 单击【完成编辑模式】按钮 ✓，完成喷泉池的创建，如图3-98所示。同样的方法，完成另一个喷泉池的创建，如图3-99所示。

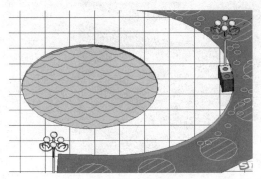

图3-98　完成的喷泉池

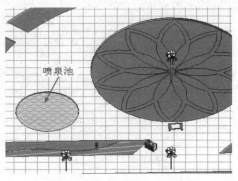

图3-99　完成的另一个喷泉池

06 使用族库大师，将【园林】|【水景】|【喷泉】子类型下的【喷泉01】族载入到当前项目中，并分别放置于两个喷泉池中，如图3-100所示。

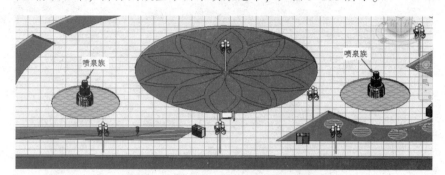

图3-100 载入并放置喷泉族到喷泉池中

07 利用【建筑地坪】工具绘制广场中心的标志，在【属性】面板中选择【建筑地坪：地坪1】类型，设置自标高的高度偏移为200，单击【编辑类型】按钮，编辑结构的厚度与材质，完成的中心标志效果如图3-101所示。

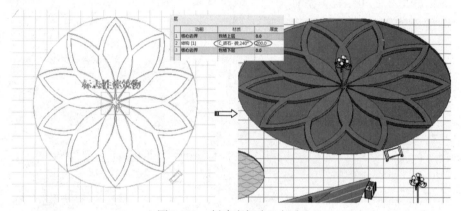

图3-101 创建广场中心标志

08 最后将族库大师的【园林】|【场地构件】|【健身设施】下的健身设施族添加到广场场地中，如漫步机、伸背肩关节、双人大转轮、肋木、乒乓台、儿童滑梯、吊桩等，如图3-102所示。

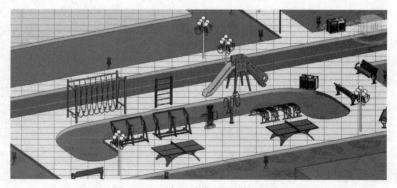

图3-102 放置健身设施到场地中

4. 植物设计

在大面积的场地中进行植物设计时，一个一个放置族需花费大量的时间，用户可以使用红瓦－建模大师（建筑）软件（第4章会详细介绍，需要安装）中的【场地构件转化】工具，快速放置植物，提高工作效率。

01 切换视图到【场地】楼层平面视图，观察总平面图中有哪些植物，然后通过族库大师载入相关的植物族到项目中，暂不放置（只单击【载入项目】按钮，不单击【布置】按钮），如图3-103所示。

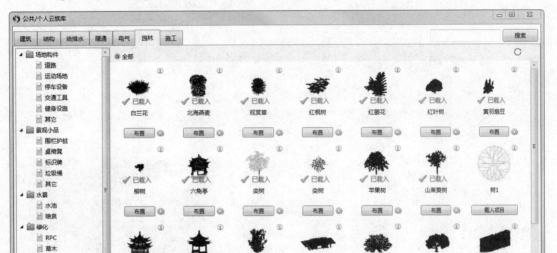

图3-103　载入植物族到项目中

> **温馨提示** 有些植物族并没有（如海棠、月季、碧桃等），用户可以用其他近似的植物族替代。

02 然后将载入的族依次放置到建筑总规划场地外，便于后续操作。

03 安装建模大师（建筑）软件后，在Revit软件中会显示【建模大师（建筑）】选项卡，单击【CAD转化】面板中的【场地构件转化】按钮，打开【场地构件转化】对话框，如图3-104所示。

图3-104　打开【场地构件转化】对话框

04 在【场地构件转化】对话框的【族】列表中选择【栾树】选项，然后选中总平面图中的【栾树】图块（AutoCAD 称为【块】），如图 3-105 所示。

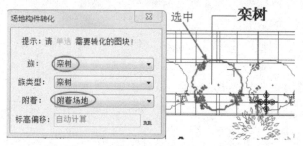

图 3-105　选择要转化为族的图块

05 随后系统将弹出【提示】对话框，确定【确定】按钮确认转化，如图 3-106 所示。转化结果有 49 个成功，还有 80 个转化失败，主要原因是密度太大，系统自动识别不成功导致。转化成功部分植物密度是正好的，所以无须考虑失败问题。

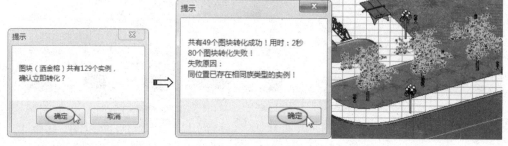

图 3-106　转化提示

> **温馨提示**　有些不是图块的，用户可以手工放置植物族。

06 按此方法，依次将其余植物图块转化为族，这个过程就不一一列举，读者可以参考视频自行完成。最终完成的植物转化效果如图 3-107 所示。

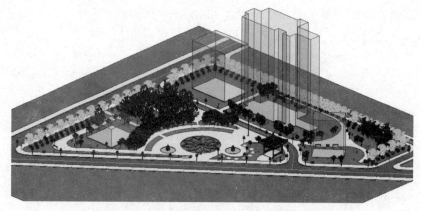

图 3-107　完成工业厂房总体规划设计效果图

3.7 Revit 知识点及论坛帖精解

规划设计在 Revit 中也称为模型布局设计，本节将为读者讲解规划设计方面的技术看点和求助帖。

3.7.1 Revit 知识点

知识点 01：Revit 软件标高偏移与 Z 轴偏移

在结构梁中，用户可通过两个参数来调整结构梁的高度，即起点、终点的标高偏移和 Z 轴偏移。在结构梁并未旋转的情况下，这两种偏移的结果是相同的，如图 3-108 所示。

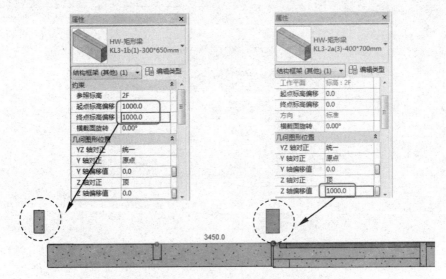

图 3-108　标高偏移与 Z 轴偏移的对比

用户一旦为结构梁设置一个旋转角度，其结果将出现差别，如图 3-109 所示。

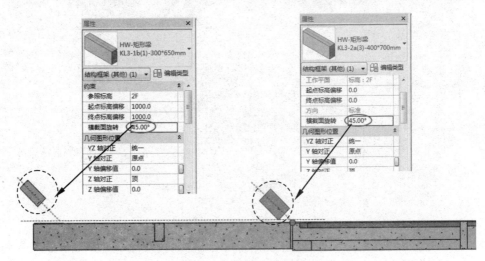

图 3-109　设置横截面旋转角度

这是由于标高的偏移无论是否有角度，均为将构件垂直升高或降低，而结构梁的Z轴偏移在设定的角度后，将会沿着旋转后的Z轴方向进行偏移，从而得到上图中的区别。

知识点02：Revit立面图标记与立面视图的创建

立面消失原因：用户不小心把立面视图标记删了，如图3-110所示。

解决方法：新建立面视图，选择方向，生成新的立面视图，如图3-111所示。

重点：移动虚线控制立面范围。

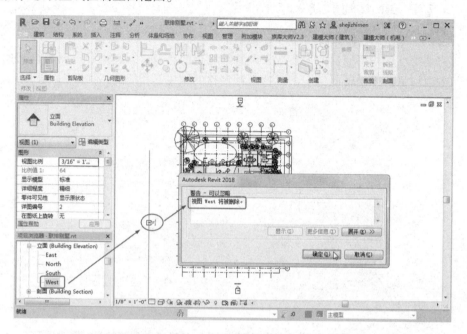

图3-110　不小心删除了立面图标记

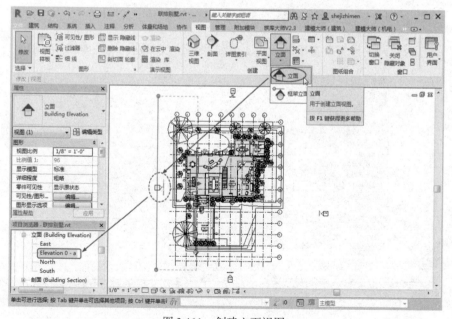

图3-111　创建立面视图

知识点 03：项目基点问题

　　有时候，用户新建的视图中没有项目基点，导入 CAD 图纸时不便于定位，该怎么办呢？首先切换到楼层平面视图，然后在【视图】选项卡的【图形】面板中单击【可见性/图形】按钮，在打开的可见性设置对话框的【模型类别】选项卡下，展开【场地】选项区域，勾选【项目基点】复选框即可，如图 3-112 所示。

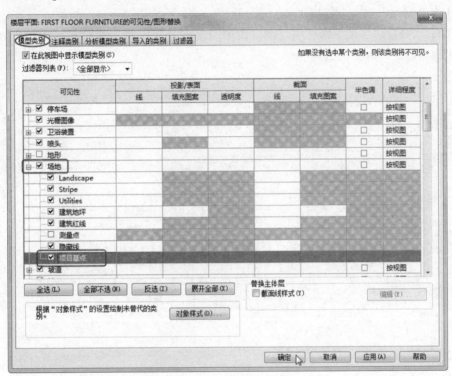

图 3-112　设置项目基点的可见性

图 3-113 为项目基点显示的前后对比。

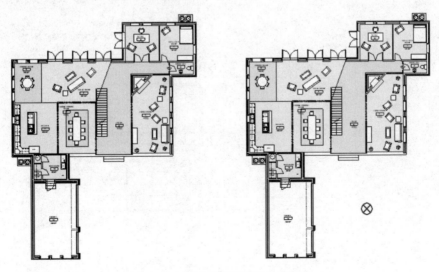

图 3-113　显示项目基点的前后对比

知识点04：链接 CAD 与导入 CAD 的区别

使用 Revit 进行模型创建时，现阶段都是使用 CAD 进行模型的翻模，用户会经常用到 CAD 来进行模型的定位。在插入 CAD 文件时有两个选项，一个是导入 CAD，一个是链接 CAD。那么这两个功能的区别是什么，下面将进行对比介绍。

图 3-114 为导入 CAD 图纸后的界面，可以将图纸执行分解。执行分解后，图纸中的线条可以作为 Revit 中的模型线使用。

图 3-115 为链接 CAD 图纸后的界面，由于与之前的源图纸有某种链接关系，因此图纸是不能被编辑的。

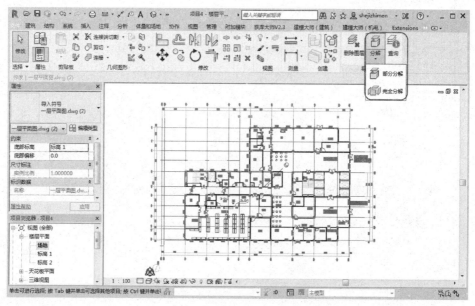

图 3-114　导入 CAD 图纸

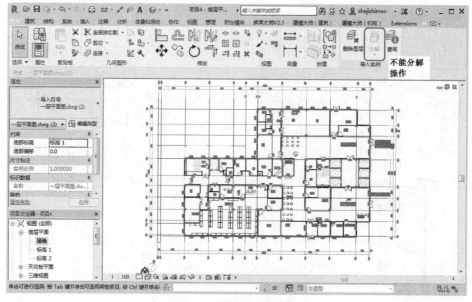

图 3-115　链接 CAD 图纸

有些 CAD 图纸中带有自身的图块，有时不能直接全部分解，需要部分分解。

选择链接 CAD 图纸时，要注意单位的设置，并勾选【定向到视图】复选框，如图 3-116 所示。然后将其定位到项目基点即可，定位完成后记得锁定 CAD 图纸，并把项目基点关闭，以免在之后的操作中误移动基点。如果要删除图纸，请解锁图纸后再删除，如图 3-117 所示。

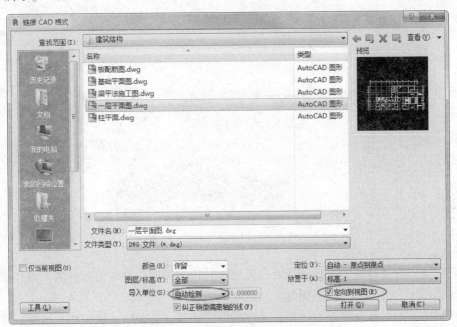

图 3-116 链接图纸时的单位和视图定位

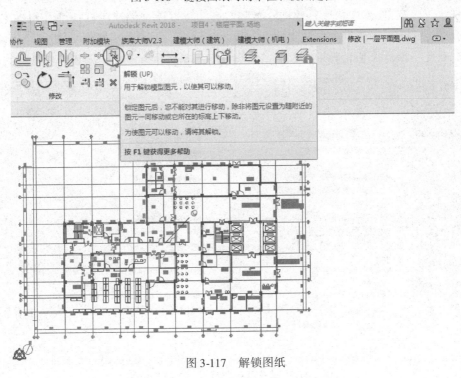

图 3-117 解锁图纸

3.7.2 论坛求助帖

求助帖1 在 Revit 中如何快速创建均匀分布的道路树木或路灯?

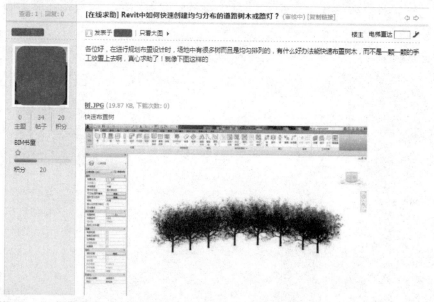

问题描述:在进行规划布置设计时,场地中有很多树而且是均匀排列的,有什么好办法能快速布置树木,而不是一棵一棵的手工放置上去。

问题解决:通常在总体规划设计、景观场地设计时,会碰到大量植物、道路、路灯及其他景观小品等需要整齐地排列分布的情况,一是为了外观整洁漂亮,更主要还是资源的合理利用。那么怎么在 Revit 中快速有效地分布呢?其实可以通过创建栏杆扶手(将在本书第7章详细介绍)的方法,来快速创建道路上的树木或路灯。下面介绍操作步骤。

01 新建一个【公制栏杆 – 支柱】族,如图3-118所示。随后进入族编辑器模式。

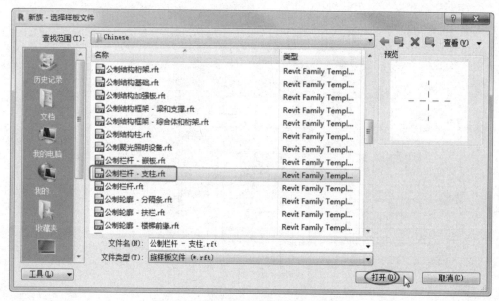

图3-118 新建【公制栏杆 – 支柱】族

02 在【插入】选项卡下单击【载入族】按钮[图], 在 Revit 族库中载入【建筑】|
【植物】|【3D】|【乔木】文件夹中的【棕榈树1 3D. rfa】的植物族。

03 在【创建】选项卡中单击【构件】按钮[图], 然后将载入的植物对齐锁定到两个参
照平面中心位置上, 如图3-119所示。最后保存为【棕榈树】植物族。

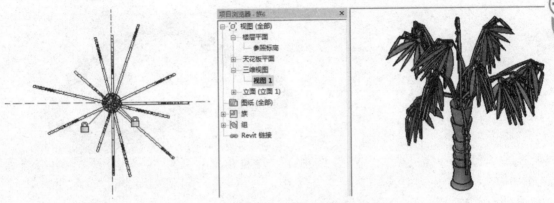

图3-119 将植物族放置并锁定到参照平面中心

04 新建一个建筑项目, 使用【插入】选项卡下的【载入族】工具, 将刚刚创建的植
物族(其实是栏杆的支柱族)载入到项目中。

05 单击【建筑】选项卡下【楼梯坡道】面板中【栏杆扶手】按钮[图], 随意绘制栏杆
路径, 如图3-120所示。

06 单击【属性】面板中的【编辑类型】按钮, 打开【类型属性】对话框, 单击【栏
杆位置】右侧的【编辑】按钮, 弹出【编辑栏杆位置】对话框, 编辑栏杆扶手类
型参数, 如图3-121所示。

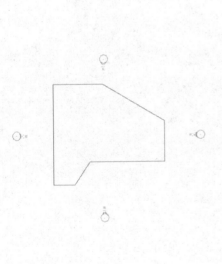

图3-120 绘制栏杆路径

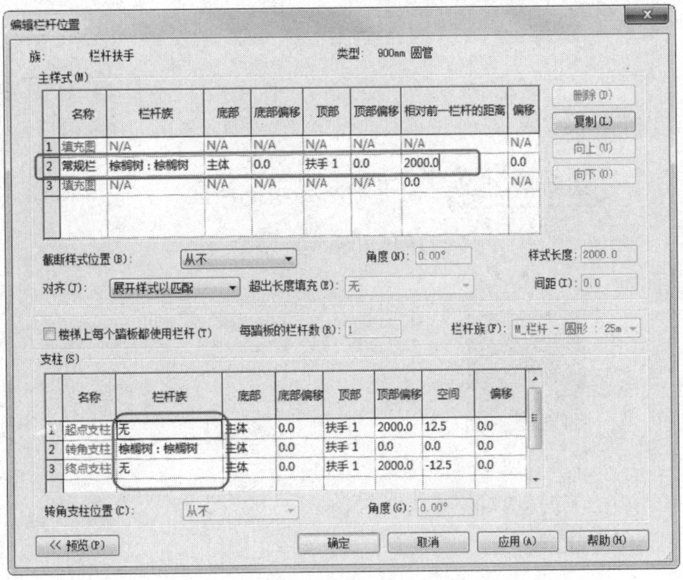

图3-121 编辑栏杆参数

07 单击【完成编辑模式】按钮[图], 完成植物的快速创建, 如图3-122所示。由于是利

用栏杆立柱来创建的植物，所以栏杆还是存在的，需要隐藏。

08 执行【视图】选项卡下的【可见性/图形】操作，将【栏杆扶手】选项下的【扶栏】复选框取消勾选即可，如图3-123所示。

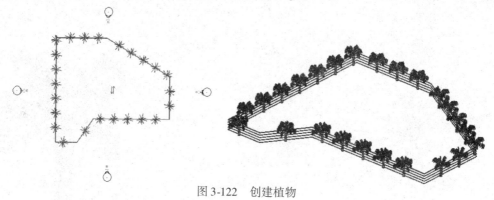

图3-122 创建植物

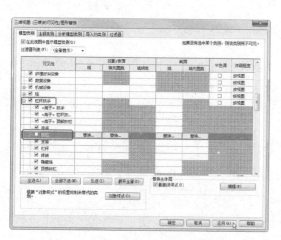

图3-123 隐藏扶栏仅显示植物

求助帖2 关于轴网显示的问题

问题描述：网友在0F建立的轴网，在–1F和1F都可以见到，但是2F至13F的部分轴网丢失。全选轴网并调整了影响范围后，又试用过剖切框，调整南立面视图，但是仍然无法看到。

问题解决：这个问题和视图中的图元显示有关，下面列出两个解决方案。

（1）在Revit中要建立的轴网一般是在场地楼层平面视图中进行的。这就有个关于视图范围的设置问题。从最底层开始到–2F层平面视图中能看见轴网，如图3-124所示。从2F层开始到最高楼层平面视图，不再显示轴网了，如图3-125所示。在2F层平面视图中，在【属性】面板【范围】选项组下单击【视图范围】右侧的【编辑】按钮，然后全部设置为【无限制】，如图3-126所示。让视图从最低到最高无遮挡，查看是否显示轴网，如果不显示，继续寻找原因。此设置后，一般会显示轴网。

（2）如果视图范围都设置了还不显示轴网，用户可以查看此视图中的图元是否被隐藏，因为轴网也是图元之一。在视图底部单击【显示隐藏的图元】按钮，显示所有隐藏的图元，从隐藏的图元中找到轴网，如图3-127所示。选中所有的轴网，然后在【修改 | 选择多个】上下文选项卡中单击【取消隐藏类别】按钮，再单击【切换显示隐藏图元模式】按钮，2F楼层平面视图就会显示轴网了，如图3-128所示。

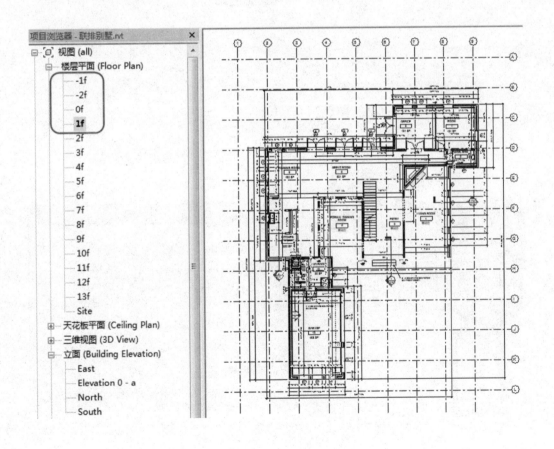

图3-124　显示轴网

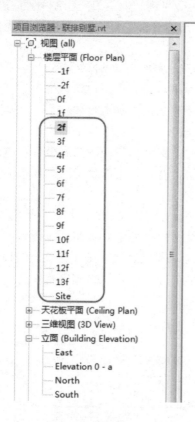

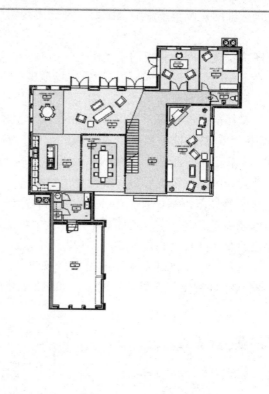

图 3-125　不显示轴网

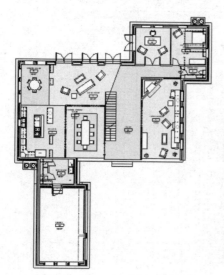

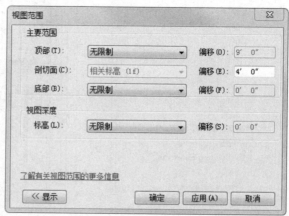

图 3-126　设置视图范围

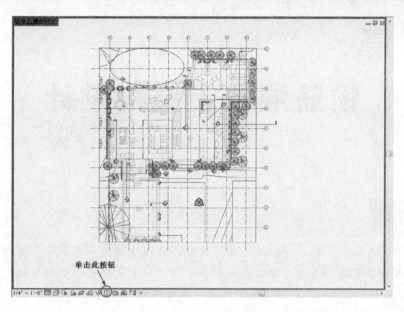

图 3-127 显示隐藏的图元

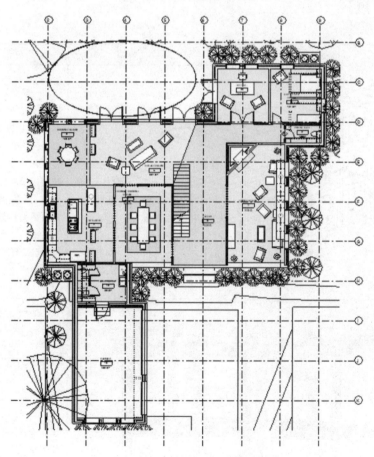

图 3-128 显示轴网

第4章

钢筋混凝土结构设计

　　本章将利用 Autodesk Revit Structure（结构设计）模块进行建筑混凝土结构设计。建筑结构设计包括钢筋混凝土结构、钢结构和木结构设计。本章着重介绍使用红瓦 – 建模大师（建筑）软件和 Revit Extensions 速博插件，进行钢筋混凝土结构设计及钢筋设计全流程。

案例展现

ANLIZHANXIAN

案　例　图	描　述
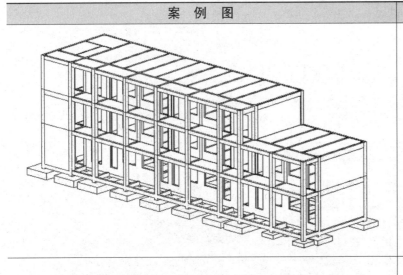	建模大师（建筑）软件中包含的 CAD 转化模块，能够根据已经设计好的 CAD 平面图纸快速制作成 Revit 模型。其他的快速建模功能模块，也都根据国内实际的建模习惯和需求，进行了专门的功能开发处理，支持批量处理大量构件的创建或修改工作
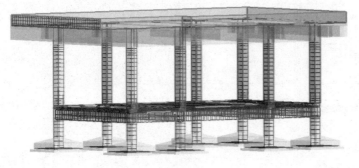	Revit Extensions 速博插件是 Revit 软件的扩展插件，可以快速、自动完成框架结构设计和钢筋设计。Extensions 的【钢筋】工具用于设计各种楼地层板、楼梯、梁、柱、剪力墙、基础等钢筋

4.1 结构设计基础

建筑结构是房屋建筑的骨架，由若干基本构件通过一定的连接方式构成整体，能安全可靠地承受并传递各种荷载和间接作用。

图4-1为某单层钢筋混凝土厂房的结构组成示意图。

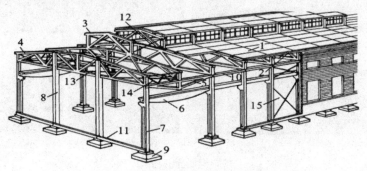

图4-1 某单层钢筋混凝土厂房的结构组成

1—屋面板；2—天沟板；3—天窗架；4—屋架；5—托架；6—吊车梁；7—排架柱；8—抗风柱；9—基础；10—连接架；11—基础梁；12—天窗架垂直支撑；13—屋架下弦横向水平支撑；14—屋架端部垂直支撑；15—柱间支撑

技巧点拨

【作用】是能使结构或构件产生效应（内力、变形、裂缝等）的各种原因的总称。作用可分为直接作用和间接作用。

● 直接作用：即习惯上所说的荷载，指施加在结构上的集中力或分布力系，如结构自重、家具及人群荷载、风荷载等；

● 间接作用：指使房屋结构产生效应，但不直接以力的形式出现的作用，如温度变化、材料收缩和徐变、地基变形、地震等。

4.1.1 建筑结构类型

在房屋建筑中，组成结构的构件有板、梁、屋架、柱、墙、基础等，下面对建筑结构的划分类型进行介绍。

1. 按材料划分

按材料划分，建筑结构包括钢筋混凝土结构、钢结构、砌体、木结构及塑料结构等，如图4-2所示。

钢筋混凝土结构　　　　　　钢结构　　　　　　砌体结构

木结构　　　　　　塑料结构

图4-2 按建筑材料划分的建筑结构类型

2. 按结构形式划分

按结构形式划分，可分为墙体结构、框架结构、深梁结构、简体结构、拱结构、网架结构、空间薄壁结构（包括折板）、钢索结构、舱体结构等，如图4-3所示。

墙体结构　　　　框架结构　　　　深梁结构　　　　简体结构

拱结构　　　　网架结构　　　　薄壁（膜）结构　　　　钢索结构

图4-3　按结构划分的建筑结构类型

3. 按体型划分

建筑结构按体型划分，包括单层结构、多层结构（一般2～7层）、高层结构（一般8层以上）及大跨度结构（跨度约为40m～50m以上）等，如图4-4所示。

单层结构　　　　多层结构　　　　高层结构　　　　大跨度结构

图4-4　按体型划分的建筑结构

 ### 4.1.2　红瓦–建模大师（建筑）软件简介

建模大师（建筑）是由上海红瓦科技研发的一款基于Revit本土化快速建模软件，用于辅助Autodesk Revit用户提高建模效率，缩短建模周期。其价值体现如下。

● 缩短BIM建模周期50%－80%；

● 降低BIM建模成本50%以上；

● 企业建模标准化程度大幅提升；

● 学习简单，员工能快速应用BIM技术。

软件中包含的CAD转化模块，能够根据已经设计好的CAD平面图纸快速制作成Revit模型。其他的快速建模功能模块，也都根据国内实际的建模习惯和需求，进行了专门的功能开发处理，支持批量处理大量构件的创建或修改工作。

软件支持的专业包括建筑和结构。

建模大师能够极大地缩减BIM建模的时间及成本，促进BIM技术的普及以及在更广泛领域的应用。

温馨提示	建模大师（建筑）插件的官方下载地址：www.hwbim.com。目前 V3.2.0 版本适用 Revit2014 \ 2015 \ 2016 \ 2017 \ 2018。

1. 建模大师（建筑）插件的启动

下载并安装建模大师（建筑）插件【BuildMaster（AEC）V3.2.0.exe】后，双击桌面上的【建模大师（建筑）】图标，启动插件程序，如图 4-5 所示。选择用户计算机上安装的 Revit 版本号，然后选择一个建筑项目或者结构设计项目，即可启动 Revit，同时将建模大师（建筑）插件自动挂载到 Revit 中，如图 4-6 所示。

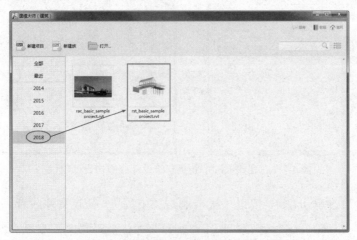

图 4-5　启动建模大师（建筑）插件程序

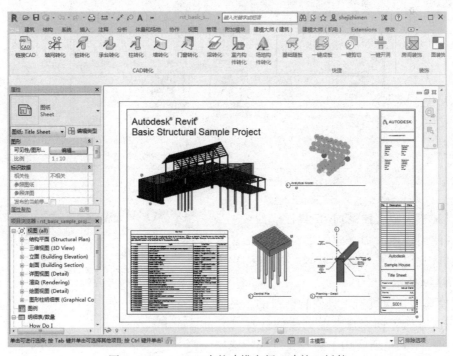

图 4-6　Revit 2018 中的建模大师（建筑）插件

技巧点拨

第一次使用建模大师（建筑）插件，必须通过双击桌面图标启动插件选择合适的 Revit 版本号后方可使用（之后可不通过建模大师（建筑）插件来启动 Revit）。若直接启动 Revit 2018 软件，是无法自动挂载并使用插件的。

如果项目表中没有使用过的项目，用户可以单击 新建项目 按钮，在弹出的【新建项目】对话框的对应版本号中选择标准的建筑样板或者标准结构样板，创建保存项目路径后自动转入到 Revit 中，如图 4-7 所示。

图 4-7　在建模大师中新建建筑设计或结构设计项目

用户还可以通过单击 打开 按钮，从本地路径中浏览 rfa 族文件或者 rvt 项目文件，如图 4-8 所示。

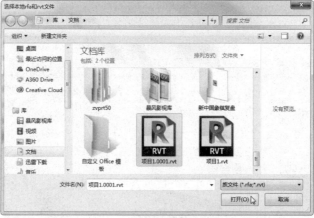

图 4-8　打开本地的 rfa 族文件和 rvt 项目文件

2.【建模大师（建筑）】工具栏

初次使用建模大师（建筑）插件，Revit 界面会默认弹出【建模大师（建筑）工具栏】窗口，如图 4-9 所示。

【建模大师（建筑）工具栏】窗口的工具因专业不同而有所不同，在专业列表中选择【建筑】，工具栏中列出所有用于建筑设计的构建工具，如轴网、墙、柱、门窗、板、楼梯坡道及场

图 4-9　【建模大师（建筑）工具栏】窗口

地等（如图 4-9 所示）。

如果因操作不小心关闭了【建模大师（建筑）工具栏】窗口，用户可以在【建模大师（建筑）】选项卡的【通用】面板中单击【设置】按钮，打开【设置】对话框，然后勾选【菜单显示】区域中的【建模大师（建筑）工具栏】复选框，即可重新打开，如图 4-10 所示。

图 4-10 显示【建模大师（建筑）工具栏】窗口

在专业列表中选择【结构】，工具栏中将列出所有专用于结构设计的工具，包括结构墙、柱、梁、楼板、结构基础、结构钢筋等，如图 4-11 所示。

【建模大师（建筑）工具栏】窗口左侧为构件类型的父子列表，右侧显示的是所选构件类型的全部族。单击（等同于激活）某个族，即可在图形区中进行布置操作。

单击 管理按钮，弹出【族属性表】对话框，用户可以通过此对话框对建筑族或者结构族进行重命名、复制、删除等编辑操作，如图 4-12 所示。

图 4-11 结构设计工具

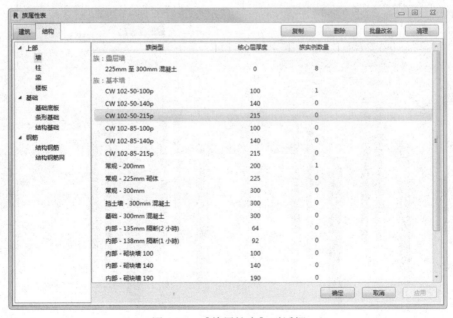

图 4-12 【族属性表】对话框

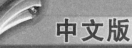
3. CAD 转化工具

CAD 转化工具是建模大师（建筑）插件提供给用户最贴心的快速建模工具，是基于 AutoCAD 建筑施工图或者结构施工图而进行定位、数据识别的实体拉伸建模方法。

CAD 转化功能的基本流程为：

插入 CAD 图纸（链接）→选择相应 CAD 图层→识别数据→调整识别后的参数→生成 Revit 构件。

温馨提示	确保图层提取到正确的对话框。 确保图层提取完全，但也不要多选图层。 CAD 转化不能保证 100% 成功，如果转化结果中有少部分错误，是正常现象，手动修改即可。如果错误较多，需要检查操作流程是否有问题。

关于 CAD 转化工具的详细使用方法，我们将在后面案例中进行介绍。

4. 快捷工具

【建模大师（建筑）】选项卡下【快捷】面板中的快捷工具，是向用户提供的布尔运算与自动填充成板的便捷工具，如图 4-13 所示。

图 4-13　快捷工具

● 【基础随板】工具：此工具可以将承台快速对齐到基础底板，或将桩基快速对齐到承台，如图 4-14 所示。

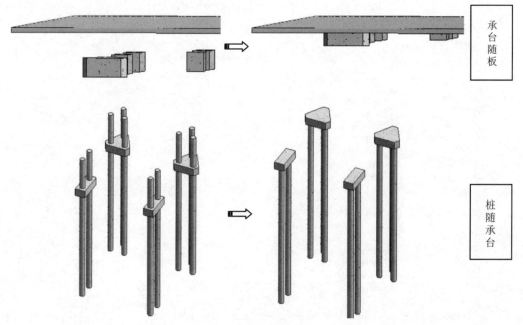

图 4-14　基础随板

- 【一键成板】工具：此工具可以在所选的墙、柱及梁构件之间快速建立楼板（包括建筑楼板与结构楼板，不包括基础底板），如图4-15所示。

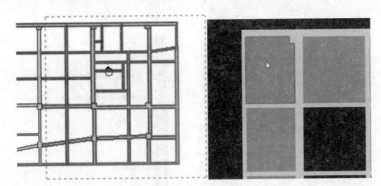

图4-15　一键成板

- 【一键剪切】工具：通过此快捷工具，用户可以一次性将柱墙、柱梁、柱板、墙梁、梁板、梁墙、主次梁等楼层中的连接部位进行快速剪切，形成连接（例如，柱切墙就是在墙中剪切出柱的形状腔体）。有些剪切只针对结构构件或建筑构件，并需要确认构件的属性。

- 【一键开洞】工具：此快捷工具可以在墙、梁或板上快速开出管道、风管及桥架等设备管线的洞口，如图4-16所示。

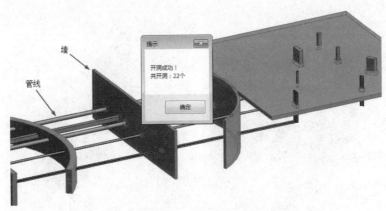

图4-16　一键开洞示意图

5. 装饰工具

建模大师提供了便捷的墙面、地板面层装饰工具，可以在原有结构墙/楼板/柱/梁基础上直接覆盖装饰面层。

目前，Revit软件中可以为墙体、楼板及屋顶构件类型赋予材质表达，但结构柱、结构梁构件类型却不能附着装饰材质面层，在现实中带来了不小的麻烦。

就墙体、楼板及屋顶构件等可以附着装饰面层来讲，其包括性、连接性也不是完美的，很难做到核心层与附着层均连接准确。图4-17所示是一个最常见的墙体与楼板、梁交接的节点，即可看出连接处理的不完美之处。

其次，由于附着层始终属于构件的组成部分，无法单独剥开，因此在下游应用中，BIM

模型的构件亦是核心层与附着层一体的，这导致某些功能难以实现。比如在现实中构件的核心层施工跟填充层、饰面层施工总是分开的，但将 Revit 模型导入 Navisworks 进行 4D 施工模拟时，一体化的构件很难将这两个施工过程分开表达。

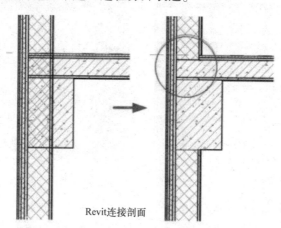

图 4-17　Revit 中构件核心层与附着层的连接问题

现在，建模大师（建筑）软件的装饰工具可以完美地解决此类问题，用户可以将独立的装饰面层附着到墙、楼板、屋顶、柱、梁甚至楼梯等构件表面，让构件交接部位不再难以处理。图 4-18 为装饰面层附着到墙的示意图。

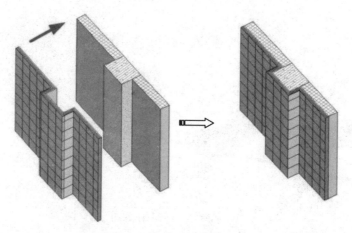

图 4-18　装饰面层附着到墙

建模大师（建筑）的【装饰】面板中包含【房间装饰】和【面装饰】两种工具。

（1）【房间装饰】⬚工具

此装饰工具是在平面视图中向房间内的底板添加附着层，如图 4-19 所示。

单击【房间装饰】按钮⬚，打开【房间装饰】对话框，建模大师提供了两个房间装饰模板：客厅和厨房，如图 4-20 所示。

用户可以对当前的房间类型进行装饰配置，单击【装饰配置】按钮，随后弹出【装饰配置】对话框，如图 4-21 所示。通过该对话框，用户可以控制整个封闭房间中装饰面层的附着效果，包括楼地面、墙面、墙裙、踢脚线、天花板及天棚（主要是梁板抹灰）等。在要添加的装饰面类型中，用户可以设置其面层属性类型和附着的偏移量，图 4-22 为所有装饰面都添加完成的三维效果。

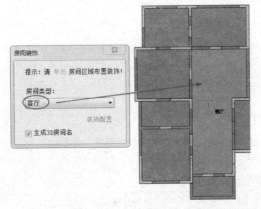

图 4-19　添加房间装饰

图 4-20　两个房间类型模板

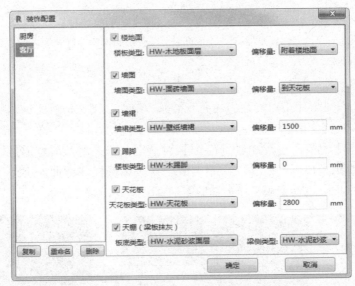

图 4-21　【装饰配置】对话框

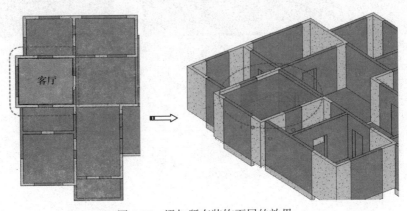

图 4-22　添加所有装饰面层的效果

如果还要定义其他房间类型，用户可以在【装饰配置】对话框左侧类型列表中选择一个房间模板，再单击 复制 按钮，并为新房间类型重命名，即可为其设置新的装饰面属性和偏移量，以便在后续工作中可以随时调取。

技巧 点拨	添加房间装饰的前提是，必须在有墙体的房间内，并且要切换到平面视图才能进行操作。例如图 4-23 中，L 形结构柱看似墙体，虽然有楼板，但仍然不能添加房间装饰，添加时会弹出【提示】对话框。 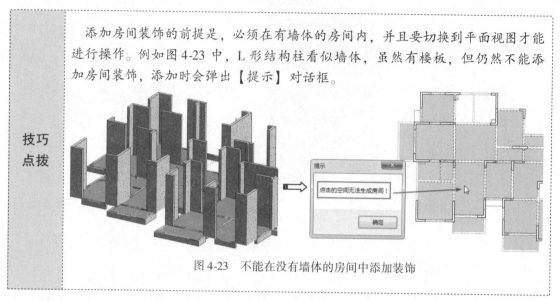 图 4-23　不能在没有墙体的房间中添加装饰

（2）【面装饰】🔲工具

【面装饰】工具主要用于对墙面、柱面、梁面、地面、天花板等立面族类型与水平面装饰族类型进行装饰面层的添加操作。

单击【面装饰】按钮🔲，弹出【面装饰】对话框，如果需要附着的是墙面、柱立面及梁立面等类型，那么用户可以在【立面族类型】列表中选择装饰面层类型，再选择要附着装饰面层的立面，即可自动完成操作，如图 4-24 所示。

图 4-24　为柱立面附着装饰层

温馨 提示	添加装饰面，既可在平面视图中进行，也可在三维视图中进行。

如果附着对象为地面、天花板、梁平面等类型，那么用户可在【水平面族类型】列表中选择装饰面层类型，再选择要附着装饰面层的水平面，即可自动完成操作，如图 4-25所示。

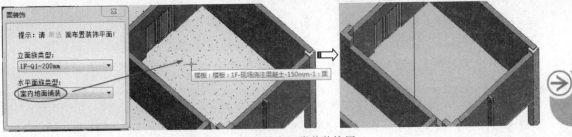

图 4-25　为地板表面附着装饰层

6. 通用工具

模型观察操控不便、批量外链模型困难以及编辑链接等问题，着实让用户头疼。建模大师（建筑）软件充分考虑到用户建模时的体验，开发了先进的通用辅助建模工具。比如，我们需要在复杂多层的建筑中显示某一部分的三维效果时，Revit 的做法是先调整到三维视图，然后通过键鼠调节要放大显示的部分，操作非常繁琐。而建模大师（建筑）的【局部三维】工具就解决了局部三维显示问题。下面我们简要介绍通用工具（如图4-26 所示）的基本用法，以便帮助我们在建模时提高作图效率。

图 4-26　通用工具

（1）局部三维 🔲 工具

【局部三维】工具可以帮助用户建立局部三维视图，以便更好地观察局部范围的结构设计情况。

例如，切换视图为结构平面视图，激活【局部三维】按钮，采用拾取框方式，框选要在局部三维视图中显示的部分结构，随后自动完成局部三维视图的创建，如图4-27 所示。

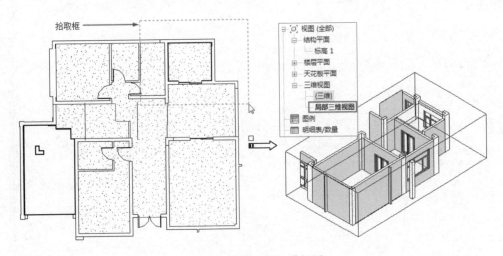

图 4-27　创建局部三维视图

温馨提示	要使用【局部三维】工具，必须将视图切换为结构平面、楼层平面或者天花板平面。

（2）本层三维 工具

相对多层建筑，如果需要快速观察某一层的结构，原始做法是将该层以上的结构全部隐藏，观察完毕后再恢复隐藏的图元。但是隐藏图元时可能会隐藏一些本不该隐藏的图元。这时，用户可以利用【本层三维】工具，单独创建出某一层的三维视图，以便完整地保留该层所有图元。

使用方法是：切换到多层建筑的某一楼层结构平面视图（或者建筑楼层平面视图），单击【本层三维】按钮 后，自动创建该平面楼层的三维视图，如图 4-28 所示。

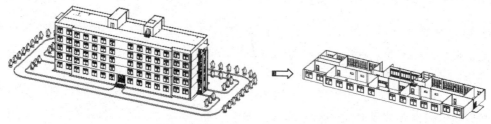

图 4-28 显示某一楼层的三维视图

（3）族属性表 工具

【族属性表】工具可以将项目族按照国内使用习惯重新归类整理，并支持添加，删除等操作，所添加的族自动显示在建模大师（建筑）工具栏中。单击【族属性表】按钮 ，打开【族属性表】对话框，如图 4-29 所示。

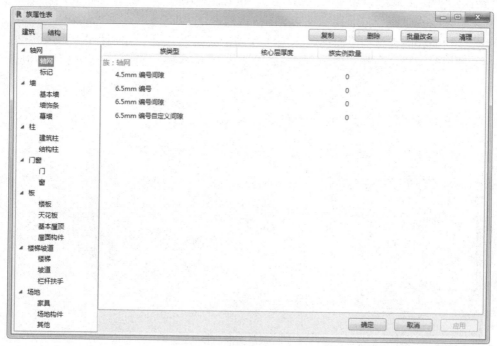

图 4-29 【族属性表】对话框

例如，选择【建筑】选项卡下的【柱】｜【建筑柱】项目，在对话框右侧的类型列表中复制一个现成的 610×610mm 规格的矩形柱，双击复制的矩形柱类型，重命名为 750×

650mm，此时复制的类型呈红色显示，表示未应用到工具栏中，单击【应用】按钮即可，如图4-30所示。

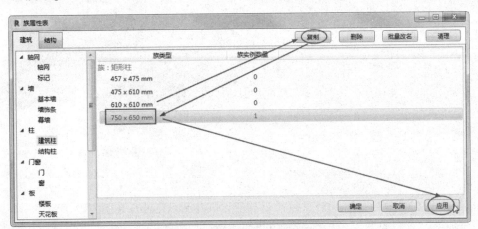

图4-30 复制、重命名并应用新类型

技巧
点拨 如果新建多个族类型，用户可以单击【批量改名】按钮进行批量改名，节省操作时间。

随后在【建模大师（建筑）工具栏】窗口中可以找到新建的 750×650mm 建筑柱，双击此建筑柱类型，编辑尺寸，完成族属性的定义，如图4-31所示。

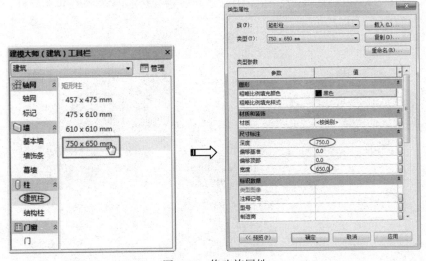

图4-31 修改族属性

（4）批量链接 revit 工具

【批量链接 revit】工具是将多个 RVT 格式文件同时载入到当前 Revit 环境中。例如，某个建筑别墅项目中有不同结构的别墅多达数十种，每栋别墅可以分别建模，最后批量链接到一个 Revit 环境中，完成整体布局。单击【批量链接 revit】按钮，从浏览的路径下选中要链接的 RVT 文件，再单击【打开】按钮，即可完成批量链接操作，如图4-32所示。

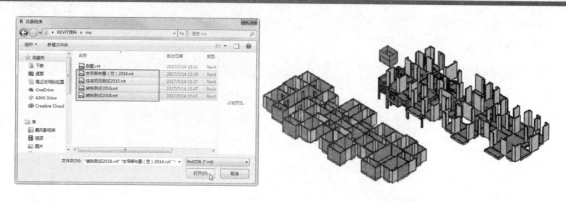

图 4-32　批量链接

（5）编辑链接🖼工具

【编辑链接】工具可以单独打开批量链接中某个 RVT 模型的 Revit 设计界面，便于用户修改模型属性，并将更新应用到批量链接的环境中，如图 4-33 所示。

红瓦 – 建模大师（建筑）软件的简要介绍暂告一段落。在接下来的实际建筑结构设计中，我们会详细介绍建模大师（建筑）软件的 CAD 转化、快捷工具、装饰工具、通用工具等功能的基础与结构设计实战应用。

鉴于建模大师（建筑）工具栏的建筑与结构设计工具，原本就是 Revit 的【建筑】选项卡和【结构】选项卡中的相关工具，只是进行了集成而已。而结构设计工具的运用技巧与建筑设计工具的运用是完全相同的，包括视图管理、属性类型定义、设置参数等。因此，本章不会重点讲解 Revit 结构设计工具的应用，在后面的建筑设计中详解建筑设计工具。

图 4-33　更新提示

4.2　建模大师（建筑）基础设计

【基础】主要用作承重建筑框架，在 Revit 中【基础】分为独立基础、条形基础和基础楼板、楼板边等。结构基础设计需要注意以下知识要点。

（1）在柱下扩展基础宽度较宽（大于 4 米）或地基不均匀及地基较软时，宜采用柱下条基，并考虑节点处基础底面积双向重复使用的不利因素，适当加宽基础。

（2）当基础下有防空洞或枯井等时，可做一块大厚板将其跨过。

（3）混凝土基础下应做垫层。当有防水层时，应考虑防水层厚度。

（4）建筑地段较好，基础埋深大于3米时，应建议甲方做地下室。当地基承载力满足设计要求时，地下室底板可不再外伸以利于防水，每隔30～40米设一后浇带，并注明两个月后用微膨胀混凝土浇筑。设置地下室可降低地基的附加应力，提高地基的承载力（尤其是在周围有建筑时），减少地震作用对上部结构的影响。不应设局部地下室，且地下室应有相同的埋深。可在筏板区格中间挖空垫聚苯来调整高低层的不均匀沉降。

（5）地下室外墙为混凝土时，相应楼层处的梁和基础梁可取消。

（6）抗震缝、伸缩缝在地面以下可不设，连接处应加强。但沉降缝两侧墙体基础一定要分开。

（7）新建建筑物基础不宜深于周围已有基础。如深于原有基础，其基础间的净距应不少于基础之间高差的1.5至2倍，否则应打抗滑移桩，防止原有建筑被破坏。建筑层数相差较大时，应在层数较低的基础方格中心区域内垫焦渣来调整基底附加应力。

（8）独立基础偏心不能过大，必要时可与相近的柱做成柱下条基。柱下条形基础的底板偏心不能过大，必要时可做成三面支承一面自由板（类似筏基中间开洞）。两根柱的柱下条基的荷载重心和基础底板的中心宜重合，基础底板可做成梯形或台阶形，或调整挑梁两端的出挑长度。

（9）采用独立柱基时，独立基础受弯配筋不必满足最小配筋率要求，除非此基础非常重要，但配筋也不得过小。独立基础是介于钢筋混凝土和素混凝土之间的结构。面积不大的独立基础宜采用锥型基础，方便施工。

（10）独立基础的拉梁宜通长配筋，其下应垫焦渣。拉梁顶标高宜较高，否则底层墙体过高。

（11）底层内隔墙一般不用做基础，可将地面的混凝土垫层局部加厚。

（12）考虑到一般建筑沉降为锅底形、结构的整体弯曲以及上部结构和基础的协同作用，顶、底板钢筋应拉通（多层的负筋可截断1/2或1/3），且纵向基础梁的底筋也应拉通。

（13）基础平面图上应添加指北针。

（14）基础底板混凝土不宜大于C30，一是没用，二是容易出现裂缝。

（15）基础底面积不应因地震附加力而过分加大，虽然地震时安全，但常规情况下反而沉降差异较大，本末倒置。

（16）请参照《建筑地基基础设计规范 GB50007-2011》和各地方的地基基础规程。

前面简要介绍了建模大师（建筑）的相关快速建模工具，下面将使用CAD转化工具来快速建立基础，包括独立基础、条形基础、基础板等，以一个办公楼建筑结构设计项目为例，详解快速建模过程，如图4-34所示。

图4-34 办公楼

4.2.1 CAD 基础转化

上机操作——链接 CAD 并建立标高

01 启动 Revit 2018，新建结构设计项目，进入建筑设计环境中，如图 4-35 所示。

图 4-35　新建项目文件

02 切换视图到南立面图，此时，如果用户已经安装 AutoCAD，请打开源文件【教学楼（建筑、结构施工图）.dwg】，查看教学楼的立面图，图 4-36 为 AutoCAD 的立面图效果。

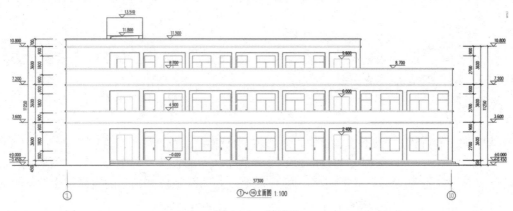

图 4-36　立面图

03 参考此 AutoCAD 立面图，在 Revit 项目浏览器的南立面视图中创建新的标高 3 和标高 4（在【建筑】选项卡的【基准】面板中单击【标高】按钮 ），如图 4-37 所示。

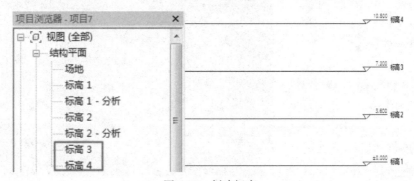

图 4-37　创建标高

04 把标高 1 到标高 4 重新命名为 F1～F4，如图 4-38 所示。

05 在项目浏览器中切换视图为结构平面的【场地】视图。在【建模大师（建筑）】选项卡的【CAD 转化】面板中单击【链接 CAD】按钮，打开本例【源文件 Ch03 \ 结构图纸 \ 基础平面布置图.dwg】图纸文件。

如图 4-38　重命名楼层标高

06 从链接的 CAD 图纸来看，项目基点与图纸中正交轴线的角点是重合的，说明图纸不需要重新定位，如图 4-39 所示。

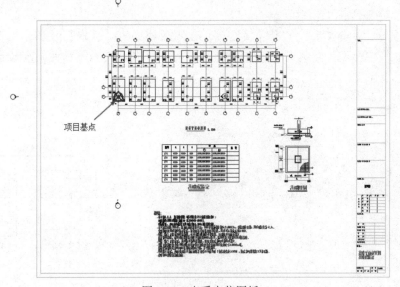

图 4-39　查看定位图纸

> **技巧点拨**
>
> 　　如果图纸在项目基点之外的其他位置上，请使用【修改】选项卡中的【移动】工具，拾取图纸中的某个交点（最好是相交轴线的交点）移动到项目基点上。以后再链接同项目的其他图纸时，均以相同参考点与项目基点重合。

07 然后将 4 个立面图标记适当移动至基础平面布置图的四周，便于在图纸上建立模型后，从立面图中全面观察整个模型，如图 4-40 所示。

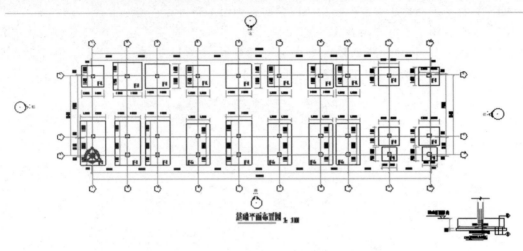

图4-40　移动立面图标记

上机操作——轴网转化

01 在【建模大师（建筑）】选项卡的【CAD转化】面板中单击【轴网转化】按钮，弹出【轴网转化】对话框。

02 选择好轴网类型后，单击【轴线层】选项区域中的【提取】按钮，到Revit图形区拾取多条轴线，建模大师将自动提取图纸中所有轴线轴网转化参考，如图4-41所示。提取完成后，按Esc键结束提取。

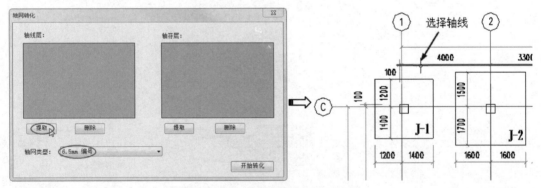

图4-41　自动提取图纸中所有轴线

> **温馨提示**　　选择一条轴线后，系统会自动提取所有轴线，并将原有轴线暂时隐藏，以便于用户查看图纸中还有没有可提取的轴线。如果没有，则按Esc键结束；如果有，请继续选择轴线。

03 提取的轴线层将收集在【轴线层】收集器中，然后单击【轴符层】选项区域中的【提取】按钮，到图形区中提取多个轴线编号（包括圆和数字），如图4-42所示。

04 提取轴线编号后，单击【轴网转化】对话框中【开始转化】按钮，建模大师自动生成轴网（将原有图纸隐藏），如图4-43所示。

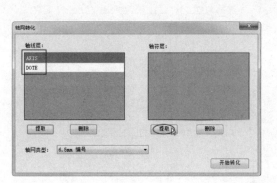
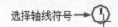

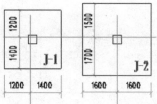

图 4-42 提取轴线编号

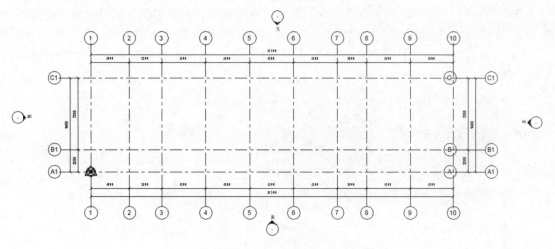

图 4-43 自动、快速提取的轴线及编号

🌸 上机操作——承台转化 🌸

01 【基础平面布置图】图纸中配有详细的基础配筋表，此表同时给出了基础的规格尺寸，（图中 A、B、H 分别代表了长、宽和高）如图 4-44 所示。基础图例如图 4-45 所示。

编号	A	B	H	配 筋 ①	配 筋 ②	备 注
J–1	2600	2600	500	☒☒132120150	☒☒132120150	
J–2	3200	3200	650	☒☒132120110	☒☒132120110	
J–3	2800	2800	650	☒☒132120110	☒☒132120110	
J–4	2200	2200	500	☒☒132120150	☒☒132120150	
J–5	2800	5200	700	☒☒132140140	☒☒132140140	
J–6	2600	4800	600	☒☒132120120	☒☒132120120	
J–7	1600	1600	400	☒☒132120150	☒☒132120150	

图 4-44 基础配筋表

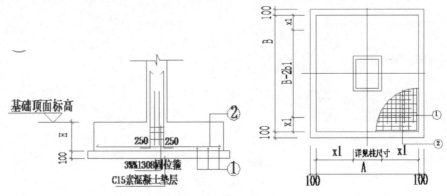

图 4-45　基础图例

02 当转化基础后，根据配筋表和基础图例对基础进行属性类型的编辑操作，达到图纸要求。单击【承台转化】按钮，弹出【承台识别】对话框。

03 单击【边线层】选项区域中的【提取】按钮，然后到图形区提取某单个基础的轮廓边线，如图 4-46 所示。若无提取的对象，则按 Esc 键结束提取操作。

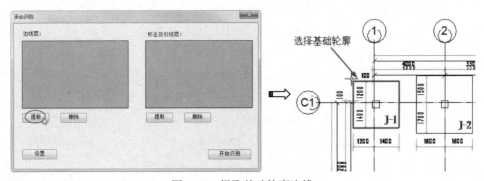

图 4-46　提取基础轮廓边线

04 返回【承台识别】对话框，单击【标注及引线层】选项区域中的【提取】按钮，然后到图形区提取承台的标注（选择尺寸线或者尺寸数字）及承台标记，如图 4-47 所示。完成后按 Esc 键，结束拾取并返回【承台识别】对话框。

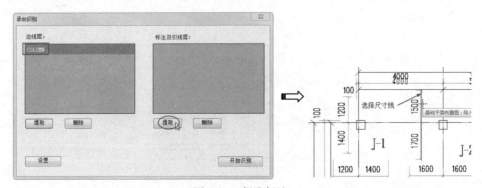

图 4-47　提取标注

05 单击【开始识别】按钮，系统自动分析、识别提取的承台信息，随后在弹出的【承台转化预览】对话框中列出承台信息。然后根据前面的基础图例信息，重新设置承台构件的参数，如图 4-48 所示。

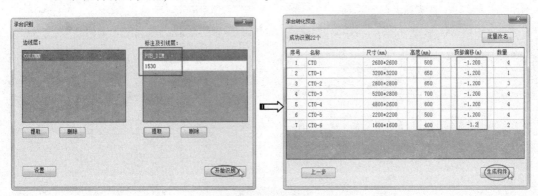

图 4-48　识别并修改承台信息

06 最后单击【生成构件】按钮，自动生成承台基础，随后自动创建承台基础构件。隐藏 CAD 图纸，可以清楚地看到承台构件，如图 4-49 所示。

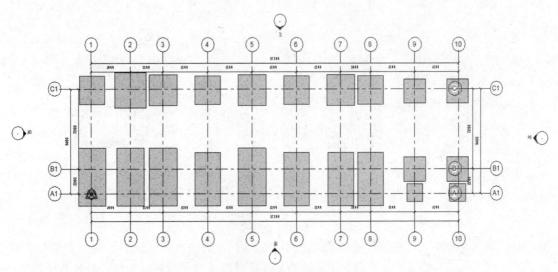

图 4-49　自动生成的承台构件

4.2.2　一至二层结构柱、结构梁的 CAD 转化

本例项目的结构柱、结构梁包括多层结构梁和结构柱，在介绍时，将全部按照 CAD 转化的简化操作方法进行。

 上机操作——第一层结构柱转化

01 在项目浏览器中切换视图为结构平面的【场地】视图。在【建模大师（建筑）】选项卡的【CAD 转化】面板中单击【链接 CAD】按钮🔲，打开本例【源文件 Ch03 \ 结构图纸 \ 一层柱配筋平面布置图.dwg】图纸文件，链接的图纸如图 4-50 所示。

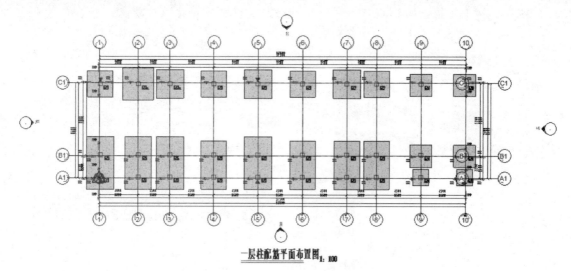

一层柱配筋平面布置图 1: 100

图 4-50　链接一层柱配筋平面布置图

02　单击【柱转化】按钮，弹出【柱识别】对话框，单击【边线层】选项区域中的
　　　【提取】按钮，到图形区中提取一层柱配筋平面布置图中柱的边线，如图 4-51 所
　　　示。按 Esc 键结束并返回到【柱识别】对话框中。

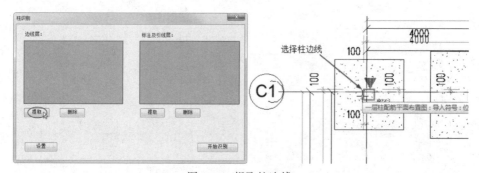

图 4-51　提取柱边线

03　单击【标注及引线层】选项区域中的【提取】按钮，到图形区中提取尺寸线（或者
　　　尺寸数字）与柱标记，并按 Esc 键结束并返回到【柱识别】对话框，如图 4-52 所示。

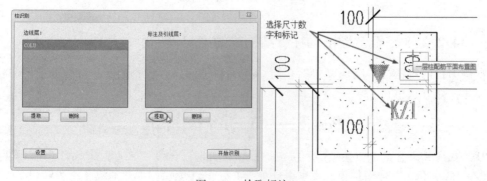

图 4-52　拾取标注

04 单击【开始识别】按钮，在【柱转化预览】对话框中列出所有结构柱的信息，单击【批量改名】按钮，为所有的柱添加前缀名称【F1 –】，表示 F1 楼层的结构柱。最后单击【生成构件】按钮，系统自动创建一层结构柱，如图 4-53 所示。

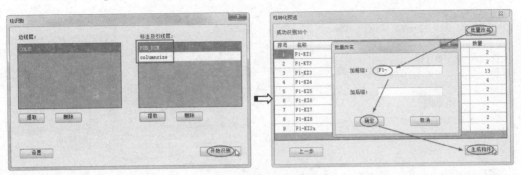

图 4-53 识别柱并批量改名

05 从自动生成的结构柱来看，柱底部并没有与承台基础连接，这是因为 CAD 图纸是默认放置在一层标高上的，所以与承台基础顶部还有 1200mm 的距离，如图 4-54 所示。

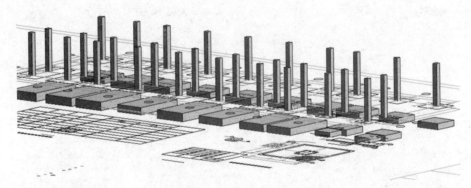

图 4-54 自动生成的一层结构柱

06 选中所有结构柱，然后在【属性】面板中修改【底部偏移】为【–1200】，如图 4-55 所示。

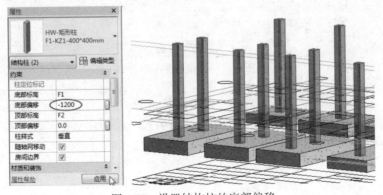

图 4-55 设置结构柱的底部偏移

技巧点拨

若要一次性选取所有结构柱，请先框选项目中的所有对象图元，然后单击图形区底部信息栏最右侧的【过滤器】图标 ，在【过滤器】对话框中选择需要过滤的项目，如图 4-56 所示。

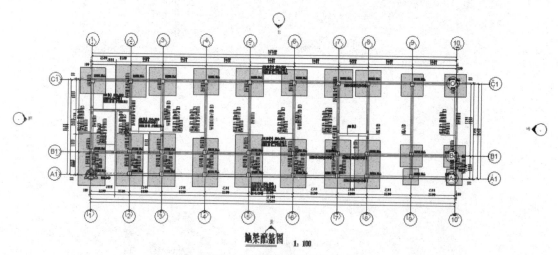

图 4-56　过滤选择图元

07 最后将【一层柱配筋平面布置图】图纸隐藏。

上机操作——第一层（地梁）与第二层梁转化

01 切换视图为结构平面的【场地】视图，单击【链接 CAD】按钮，打开本例【源文件 Ch03 \ 结构图纸 \ 地梁配筋图.dwg】图纸文件，链接的图纸如图 4-57 所示。

图 4-57　链接地梁配筋图

02 单击【梁转化】按钮，弹出【梁识别】对话框。单击【边线层】选项区域中的【提取】按钮，到图形区提取一层柱配筋平面布置图中柱的边线，如图 4-58 所示。按 Esc 键结束并返回到【梁识别】对话框中。

03 单击【标注及引线层】选项区域中的【提取】按钮，到图形区中提取梁的平法标注，并按 Esc 键返回到【梁识别】对话框，如图 4-59 所示。

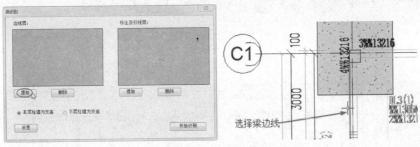

图 4-58 提取梁边线

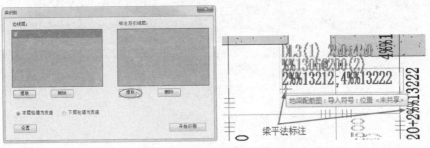

图 4-59 拾取梁平法标注

04 单击【开始识别】按钮，在【梁转化预览】对话框中列出所有梁的信息。修改所有梁的顶部偏移值为 -0.6m，如图 4-60 所示。

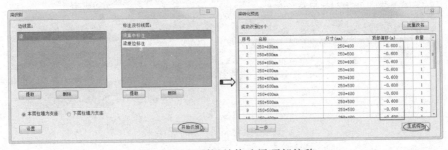

图 4-60 识别梁并修改梁顶部偏移

05 最后单击【生成构件】按钮，系统自动创建第一层的地梁，如图 4-61 所示。

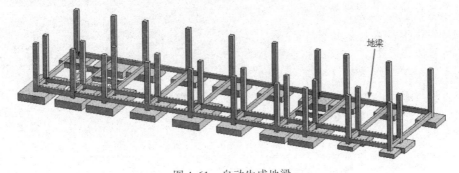

图 4-61 自动生成地梁

06 将地梁配筋图隐藏。切换到 F2 结构平面，链接 CAD 图纸【二层梁配筋图 . dwg】文件，如图 4-62 所示。

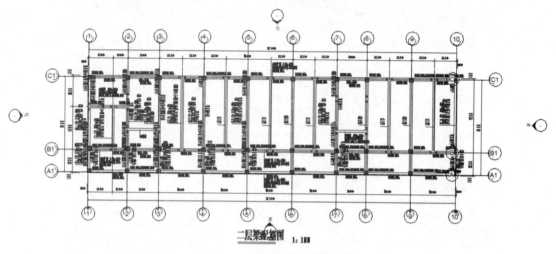

图 4-62 链接二层梁配筋图

07 然后按照地梁转化的操作步骤，完成二层结构梁的转化操作，结果如图 4-63 所示。

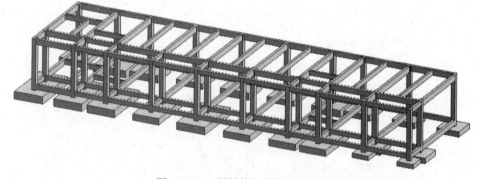

图 4-63 二层结构梁的转化结果

| 温馨提示 | 　　与地梁转化不同的是，在【梁识别】对话框中须选中【下层柱墙为支座】单选按钮。如果柱在梁之上，则应选中【本层柱墙为支座】单选按钮；如果柱在梁之下，则选中【下层柱墙为支座】单选按钮，如图 4-64 所示。此外，二层结构梁的顶部偏移为默认值。 | 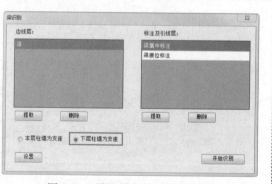
图 4-64 设置梁与柱的位置关系 |

4.2.3 结构楼板的快速生成

上机操作——二层楼板的【一键成板】操作

01 将【二层梁配筋图】图纸隐藏，切换视图为结构平面的 F2 视图。

02 在【建模大师（建筑）】选项卡的【CAD 转化】面板中单击【链接 CAD】按钮，打开本例【源文件 Ch03 \ 结构图纸 \ 二层板配筋图.dwg】图纸文件，如图 4-65 所示。

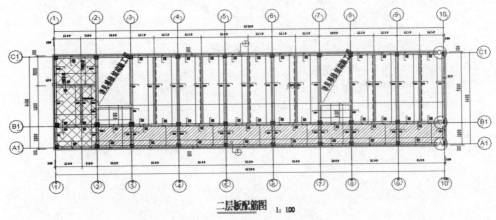

图 4-65 链接二层板配筋图

03 通过查看图纸中的【说明】，得知没有剖面线表达的楼板厚度为100mm。▨剖面线的楼板厚度为 100mm，但板面标高要下降 20mm；▨剖面线的楼板厚度也是100mm，板面标高则下降 50mm。

04 单击【一键成板】按钮，弹出【一键成板】对话框。在【框选成板】选项卡下为大面积相同标高及板厚的楼板进行设置与创建。在【点击成板】选项卡下可以单选某个房间来创建楼板。这里我们采用【点击成板】方式。在【点击成板】选项卡下设置各选项的参数，然后依次选择没有剖面线（楼梯间除外）的房间。系统会自动生成结构楼板，完成后关闭【一键成板】对话框即可，如图 4-66 所示。

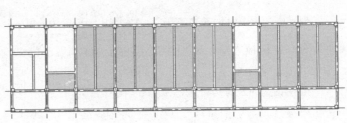

图 4-66 快速创建无高度偏移的楼板

05 同样的方法，创建高度偏移为 –20mm 的▨剖面线标注结构楼板，如图 4-67 所示。

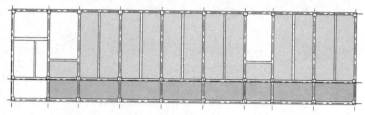

图 4-67　创建高度偏移为 −20mm 的结构楼板

06　继续创建高度偏移为 −50mm 的 剖面线标注结构楼板，如图 4-68 所示。

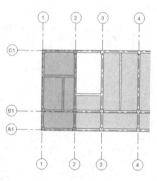

图 4-68　创建高度偏移为 −50mm 的结构楼板

07　最终完成的二层楼板效果，如图 4-69 所示。

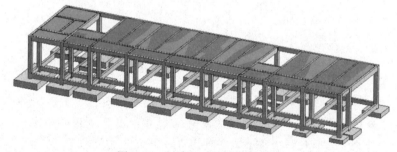

图 4-69　创建的二层楼板效果图

上机操作——三层楼板的【一键成板】操作

快速生成三层楼板之前，要创建二层的结构柱和三层的结构梁。结构柱和结构梁的转化前面已经介绍得非常详细了，在此将不再赘述。

01　切换视图为 F2 结构平面视图。链接【二层柱配筋平面布置图.dwg】图纸文件，然后通过【柱转化】工具，自动生成二层结构柱，如图 4-70 所示。

02　切换视图为 F3 结构平面视图。链接【三层梁配筋图.dwg】图纸文件，然后通过【梁转化】工具，自动生成三层结构梁，如图 4-71 所示。

03　第三层的楼板与第二层的楼板大部分相同，只有两个房间的楼板标高有变化。图 4-72 为二层楼板与三层楼板的布置对比图。

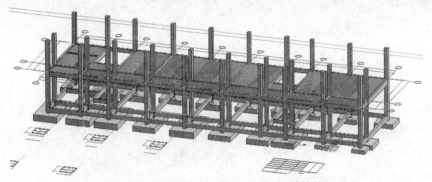

图 4-70　通过【柱转化】生成二层结构柱

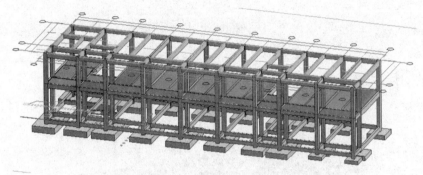

图 4-71　通过【梁转化】生成三层结构梁

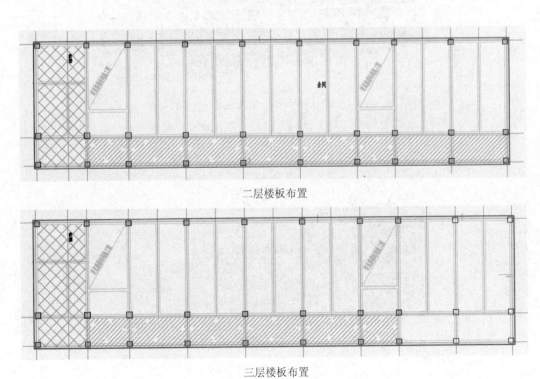

二层楼板布置

三层楼板布置

图 4-72　二层楼板与三层楼板的布置对比图

04 通过【一键成板】工具，快速生成三层结构楼板，完成结果如图 4-73 所示。

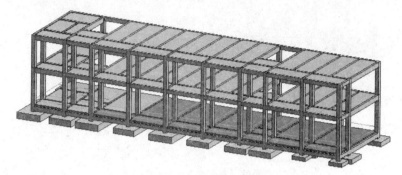

图 4-73　三层结构楼板

上机操作——顶层楼板的【一键成板】操作

01 切换视图为 F3 结构平面视图。链接【三层柱配筋平面布置图.dwg】图纸文件，然后通过【柱转化】工具，自动生成三层结构柱，如图 4-74 所示。

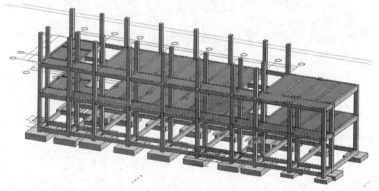

图 4-74　通过【柱转化】工具生成三层结构柱

02 切换视图为 F4 结构平面视图。链接【屋面梁配筋图.dwg】图纸文件，然后通过【梁转化】工具，自动生成顶层结构梁，如图 4-75 所示。

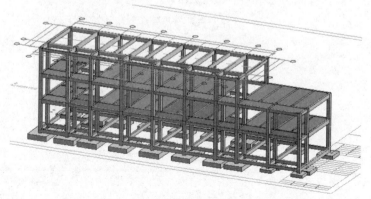

图 4-75　通过【梁转化】工具生成顶层结构梁

03　通过【一键成板】工具，框选顶层所有房间区域，快速生成顶层结构楼板，完成结果如图 4-76 所示。

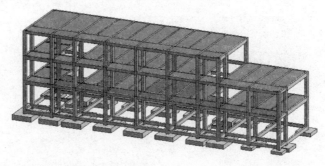

图 4-76　快速生成顶层结构楼板

 ### 4.2.4　墙与门窗的快速生成

前面介绍了整栋建筑的结构基础、柱、梁、楼板等构件类型的设计，最后利用【墙转化】工具，可以快速建立结构墙体或者建筑墙体。第一层生成结构墙体，其余楼层生成建筑墙体。

🌼 上机操作——生成一层结构墙与门窗 🌼

01　切换视图到 F1 结构平面视图。

02　在【建模大师（建筑）】选项卡下的【CAD 转化】面板中单击【链接 CAD】按钮 ，打开本例【源文件 Ch03 \ 建筑图纸 \ 一层平面图.dwg】图纸文件，然后利用【移动】工具将平面图移动到结构模型上，如图 4-77 所示。

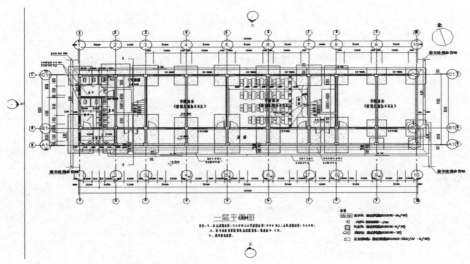

图 4-77　链接一层平面图

03　单击【墙转化】按钮 ，弹出【墙识别】对话框，单击【边线层】选项区域中的【提取】按钮，然后在图形区提取一条墙体边线，如图 4-78 所示。提取后按 Esc 键返回到【墙识别】对话框。

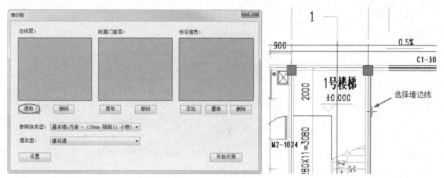

图 4-78 提取墙边线

04 单击【附属门窗层】选项区域中的【提取】按钮，然后在图形区提取墙体中的门窗与门窗标记，如图 4-79 所示。提取后按 Esc 键返回【墙识别】对话框。

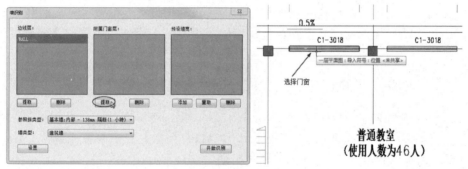

图 4-79 提取门窗

05 由于图中显示一层的墙体宽度不是完全相同的，需要测量。在【预设墙宽】选项区域中单击【量取】按钮，依次选取不同墙体进行尺寸识别。当然，如果知道墙宽尺寸，可以单击【添加】按钮，输入尺寸值即可，如图 4-80 所示。

06 在【墙识别】对话框的【参照族类型】列表中选择【基本墙：外部 – 200mm 混凝土】族类型，【墙类型】选择【结构墙】，最后单击【开始识别】按钮，如图 4-81 所示。

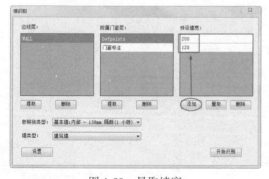

图 4-80 量取墙宽

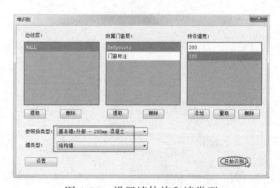

图 4-81 设置墙体族和墙类型

07 完成识别后，单击【墙转化预览】对话框中的【生成构件】按钮，系统自动生成一层所有墙体，如图4-82所示。

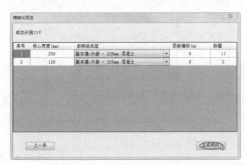

图4-82 自动生成一层墙体

08 由于墙体底部标高是参照F1，所以与地梁顶部还有一段间隙距离（-700mm），选中所有墙体，然后在【属性】面板中的【约束】选项组下修改【底部偏移】值为-700，如图4-83所示。

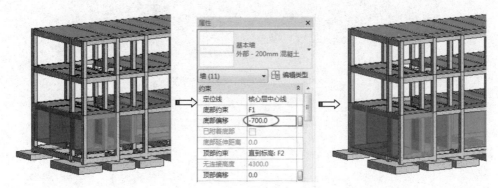

图4-83 修改墙体底部偏移

09 要在墙体中创建门窗构件，则单击【门窗转化】按钮，弹出【门窗识别】对话框，分别提取门窗边线和门窗标记，单击【开始识别】按钮，识别图纸中的门窗，如图4-84所示。

10 识别完成后，单击【门窗转化预览】对话框中的【生成构件】按钮，自动生成门窗构件，如图4-85所示。

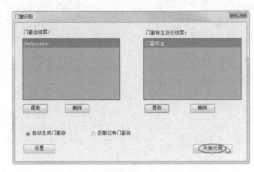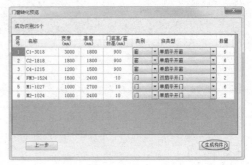

图4-84 提取门窗边线及门窗标记 　　　　 图4-85 识别并生成构件

11 查看一层墙体自动生成的门窗，如图4-86所示。

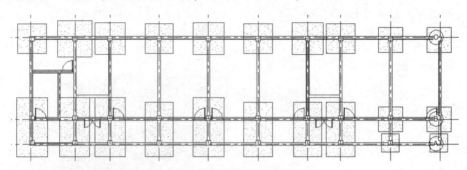

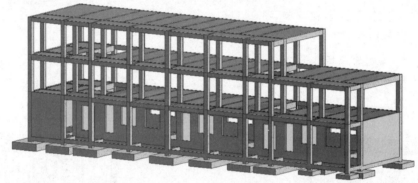

图4-86　自动生成的一层门窗构件

上机操作——生成二层和三层建筑墙与门窗

01 第二层为建筑墙，快速生成的步骤与一层结构墙是完全相同的，只是参照族类型选择为【基本墙：常规–200mm】、墙体类型选择为【建筑墙】，如图4-87所示。

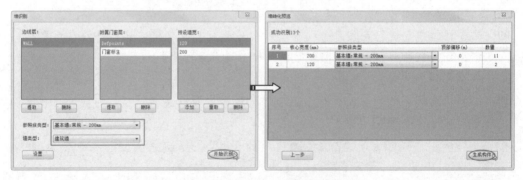

图4-87　二层建筑墙的识别与转化设置

02 链接【二层平面图.dwg】图纸文件后，在F2结构平面视图上生成的建筑墙如图4-88所示。

技巧 点拨	默认情况下，二层的墙体不可见，这跟【规程】设置有关系。在【属性】面板中设置不同视图的规程为【协调】，即可看见生成的墙体。

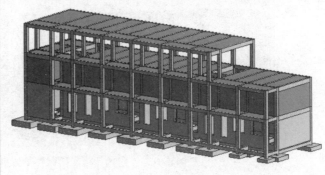

图 4-88　自动生成的二层建筑墙体

03　继续进行二层墙体中的门窗转化，结果如图 4-89 所示。

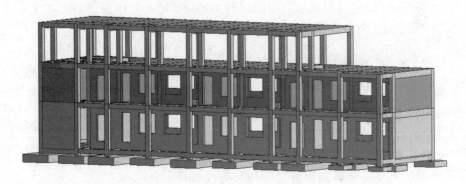

图 4-89　二层墙体中的门窗转化结果

04　在 F3 结构平面上链接【三层平面图.dwg】图纸文件，墙转化的效果如图 4-80
　　　所示。

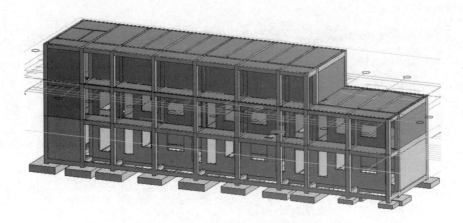

图 4-90　三层建筑墙的转化效果

05 接着完成三层墙体中门窗的转化，结果如图 4-91 所示。

图 4-91　三层墙体中的门窗转化效果

4.3　Revit 钢筋布置

在 Revit 中设计钢筋主要是通过自身的钢筋工具和速博插件中的钢筋工具来完成。建筑结构模型设计完成后，就可以为混凝土结构或构件放置钢筋了。

4.3.1　Revit 钢筋工具与钢筋设置

1. 钢筋工具

要使用 Revit 钢筋工具，用户可以在【结构】选项卡下的【钢筋】面板中进行选择，如图 4-92 所示。

用户可以先选中要添加钢筋的结构模型（有效主体），如墙、基础、梁、柱或楼板等，在相关的【修改】上下文选项卡中也会显示钢筋工具，根据选择的结构模型不同，显示的钢筋工具也会不同。如果选中结构楼板，将会显示如图 4-93 所示的上下文选项卡钢筋工具。

如果选中结构柱、结构基础或结构梁，将显示图 4-94 所示的钢筋工具。

图 4-92　【钢筋】面板

图 4-93　结构楼板上下文选项卡中的钢筋工具

图 4-94　其他结构模型所显示的钢筋工具

2. 钢筋设置

钢筋设置包括钢筋保护层的设置和钢筋设置。

为了防止钢筋与空气接触被氧化而锈蚀，在钢筋周围应留有一定厚度的保护层。保护层厚度是钢筋外表面至混凝土外表面的距离。一般梁、柱主筋取 25mm，板取 15mm，墙取 20mm，柱取 30~35mm。

在【钢筋】面板中单击 钢筋保护层设置 按钮，弹出【钢筋保护层设置】对话框，如图 4-95 所示。根据混凝土的强度 C 来设定钢筋保护层厚度。对话框中的值是默认设置，用户可根据建筑自身结构进行实际设置。

图 4-95 【钢筋保护层设置】对话框

钢筋设置是指定钢筋舍入值、区域钢筋、路径钢筋等参数，以便通过参照弯钩来确定形状匹配以及在区域和路径钢筋中显示独立钢筋图元。在【钢筋】面板中单击 钢筋设置 按钮，弹出【钢筋设置】对话框，如图 4-96 所示。

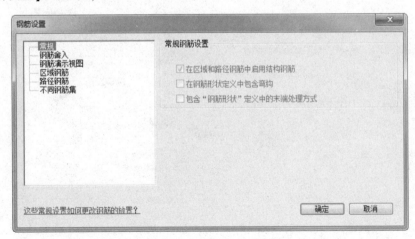

图 4-96 【钢筋设置】对话框

 ### 4.3.2 Revit Extensions 速博插件介绍

Revit Extensions 速博插件是 Revit 软件的扩展插件，可以快速、自动完成框架结构设计和钢筋设计。Revit Extensions 速博插件是一款免费插件（需要下载 REX_2018_Win_64bit_dlm. sfx. exe 插件程序），必须在 Revit 软件安装之后才能进行安装，安装过程是默认的且自动与 Revit 无缝连接。

安装完成并重新启动 Revit 2018，会发现功能区增加了 Extensions 选项卡，如图 4-97 所示。

图 4-97　Extensions 选项卡

Extensions 选项卡下的【建模】工具主要用来进行结构设计，包括椽框架、框架生成器、木制框架、屋顶桁架、轴网生成器等，如图 4-98 所示。

Extensions 选项卡下的【钢筋】工具主要用于设计各种楼地层板、楼梯、梁、柱、剪力墙、基础等钢筋，如图 4-99 所示。

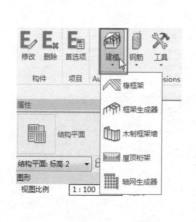

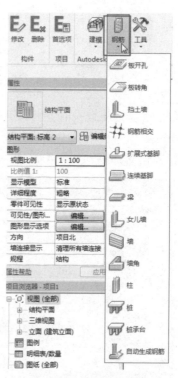

图 4-98　【建模】工具　　　　　　图 4-99　【钢筋】工具

4.4　实战案例——门卫岗亭建筑结构钢筋布置

本节以一个实战案例来说明 Revit 钢筋工具的基本用法。本例是一个学校门岗楼的结构设计，房屋主体结构已经完成，如图 4-100 所示。

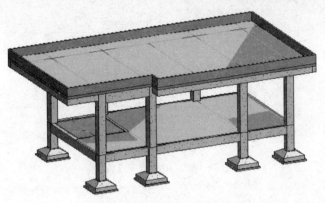

图4-100 门岗建筑结构

 4.4.1 添加基础钢筋

门岗楼的独立基础结构图与钢筋布置示意图，如图4-101所示。

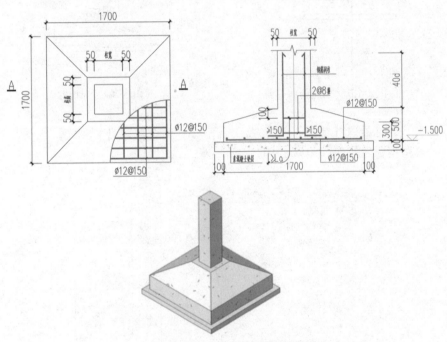

图4-101 独立基础钢筋结构图

 上机操作——添加基础钢筋

01 打开本例源文件【门卫岗亭结构.rvt】。

02 创建独立基础的剖面视图，则切换视图至东立面视图，如图4-102所示。

03 在【视图】选项卡下单击【剖面】按钮 ，在一个独立基础位置上创建一个剖面图，如图4-103所示。由于我们需要设置为水平方向，所以选中剖面图符号并旋转90°，得到正确的剖切方向，如图4-104所示。

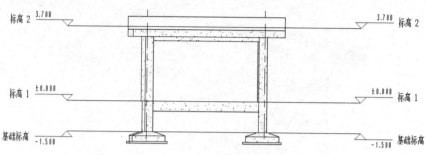

图 4-102　切换至东立面图

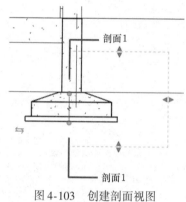

图 4-103　创建剖面视图

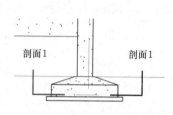

图 4-104　旋转剖切方向

04 在项目浏览器的【剖面】节点项目下可以看见新建的【剖面 1】视图，双击即可切换到剖面图视图，如图 4-105 所示。

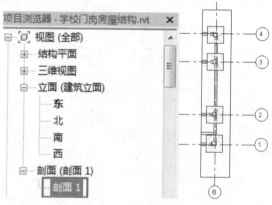

图 4-105　切换到剖面图

05 我们只需要为其中一个独立基础添加钢筋，其他独立基础进行复制即可。从前面提供的钢筋布置图中可以看出，底板 XY 方向配筋为 12 且间距为 150mm 进行配置。

06 要设置钢筋保护层，则在【钢筋】面板中单击【钢筋保护层设置】按钮，弹出【钢筋保护层设置】对话框，修改【基础有垫层】的厚度为 25mm，如图 4-106 所示。

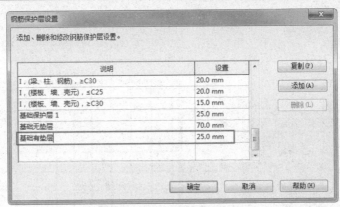

图 4-106 设置钢筋保护层

07 在【钢筋】面板单击【保护层】按钮，选中要设置保护层的独立基础，然后在列表中选择先前定义的保护层设置，如图 4-107 所示。

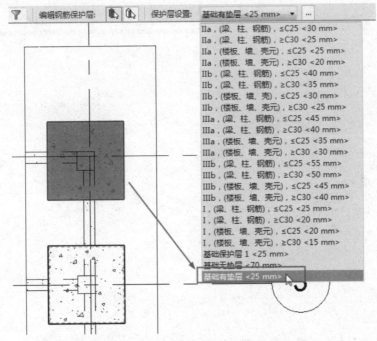

图 4-107 为基础选择保护层设置

> **技巧点拨** 设置钢筋保护层后，配置的钢筋在独立基础中均自动留出保护层厚度。

08 选中要添加钢筋的独立基础，然后在其【修改】上下文选项卡中单击【钢筋】按钮，在弹出的【钢筋形状浏览器】面板中选择不带钩的01#直筋，然后放置钢筋，如图 4-108 所示。

09 切换视图为三维视图，并选中一根钢筋，在【属性】面板中重新选择钢筋规格类型为 12HRB400，如图 4-109 所示。

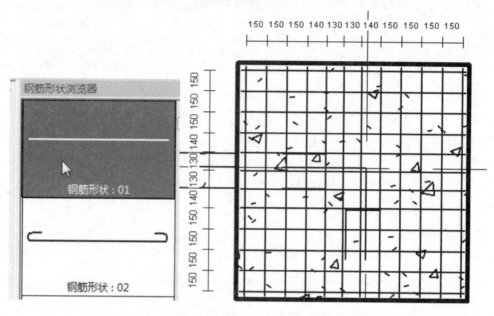

图 4-108　绘制钢筋布置草图

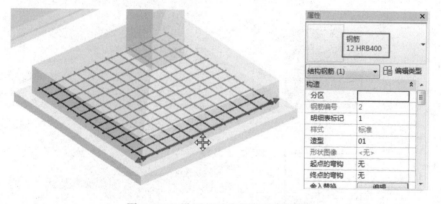

图 4-109　设置基础底板钢筋的规格

> **技巧点拨**　要想查看添加的钢筋，则在绘图窗口底部单击【视觉样式】按钮▢，选择其中的【图形显示选项】选项，在打开的【图形显示选项】对话框中设置模型显示的透明度即可。

10　接下来添加独立基础上的柱筋，首先切换到东立面图，将剖面图符号移动到独立基础的柱上，如图 4-110 所示。

11　切换到剖面 1 视图。选中独立基础，单击【钢筋】按钮，在【钢筋形状浏览器】面板中选择【钢筋形状 33】，然后添加箍筋到柱中，箍筋的规格为 8HRB400，如图 4-111 所示。

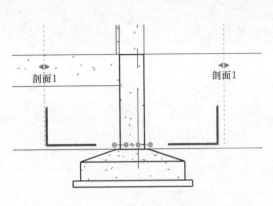

图 4-110　改变剖面剖切位置

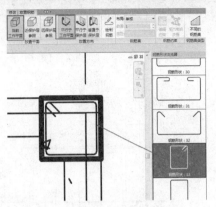

图 4-111　添加箍筋

12 接着选择【钢筋形状 09】，设置放置方向为【平行于保护层】，放置 4 条 L 形柱筋，如图 4-112 所示。放置后，将 4 条柱纵筋规格设置为 20HRB400，即直径为 20mm，混凝土强度为 HRB400（III 级）。

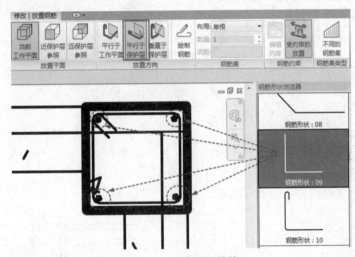

图 4-112　放置柱纵筋

13 切换到三维视图，可看到配置的柱筋和箍筋不在正确的位置上，需要在东立面图中整体向下移动，置于底板 XY 方向配筋之上，如图 4-113 所示。

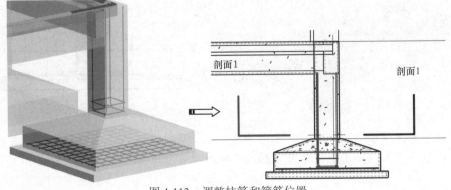

图 4-113　调整柱筋和箍筋位置

14 这时发现4条纵筋的底部方向全是向内的，需要调整方向全部向外。在东立面视图中调整剖面的剖切位置到底板，然后切换到剖面1视图中，将纵筋脚的方向全部调整为斜向外，如图4-114所示。

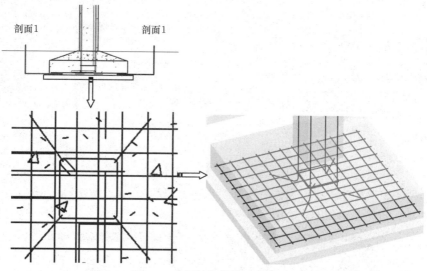

图4-114 调整柱纵筋的脚方向

<table>
<tr><td>技巧
点拨</td><td>在旋转时，把旋转点拖移到纵筋顶部中心点位置。</td></tr>
</table>

15 切换东立面视图，将4条纵筋依次选中并拖动控制点向上拉伸至超出结构梁，2条略长、另2条略短，如图4-115所示。

16 最后向上复制箍筋，如图4-116所示。

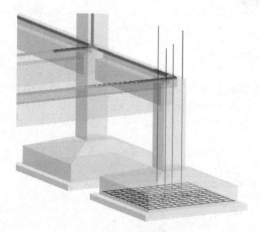

图4-115 拉伸纵筋长度

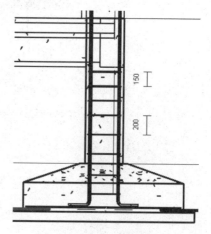

图4-116 复制箍筋

17 独立基础箍筋添加完成的效果如图4-117所示。切换到基础标高结构平面视图中，最后将添加的单条基础的所有钢筋复制到其余基础上。

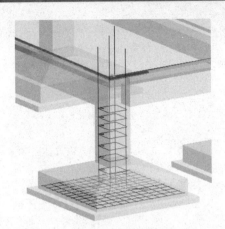

图 4-117　独立基础添加完成的钢筋

4.4.2　利用速博插件添加梁钢筋

用户还可以利用 Revit 提供的 Revit Extensions（速博插件）来设计钢筋，或进行结构钢架、屋顶、轴网等设计。利用此插件要比直接在 Revit 中添加钢筋容易得多。

上机操作——利用速博插件添加梁钢筋

01　首先选中一条结构梁，然后在 Extensions 选项卡下的 AutoCAD Revit Extensions 面板中展开【钢筋】工具列表，选择【梁】选项，弹出【梁配筋】对话框，如图 4-118 所示。

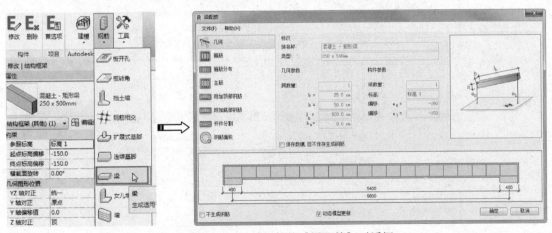

图 4-118　打开速博插件的【梁配筋】对话框

02　【几何】选项面板是 Revit 自动识别所选梁构建后得到的几何参数，后面的设置会根据几何参数进行钢筋配置。

03　选择箍筋选项，进入箍筋设置面板，设置的选项及参数如图 4-119 所示。

04　选择箍筋分布选项，进入箍筋分布设置面板，设置的参数及选项如图 4-120 所示。

05　选择主筋选项，进入主筋设置面板，设置的参数及选项如图 4-121 所示。

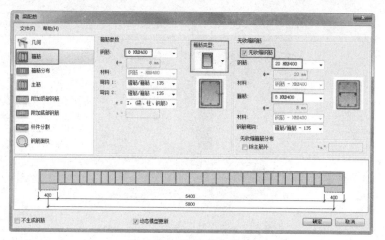

图 4-119 设置箍筋参数

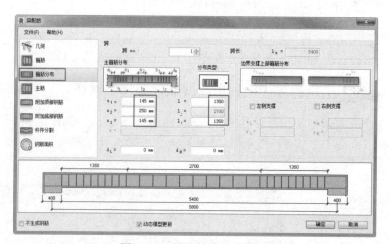

图 4-120 设置箍筋分布参数

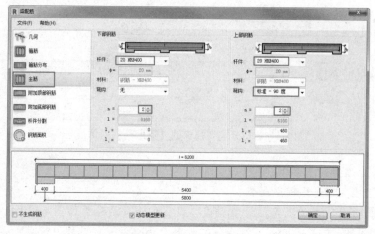

图 4-121 设置主筋参数

06 其他参数设置保持不变，直接单击对话框底部的【确定】按钮，或者按下 Enter 键，执行添加钢筋操作，如图 4-122 所示。

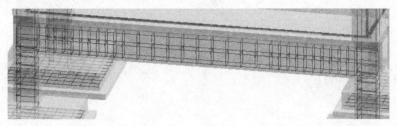

图 4-122 自动添加梁钢筋

07 同样的方法，选择第一层（标高 1）中其他相同尺寸结构梁来添加同样的梁筋。

 4.4.3 添加板筋

本案例的结构楼板板筋为 $\phi 8@200$，受力筋和分布筋间距均为 200mm。

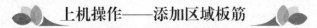

上机操作——添加区域板筋

01 首先为一层的结构楼板添加保护层。切换到标高 1 结构平面视图，选中结构楼板，并进行保护层设置，如图 4-123 所示。

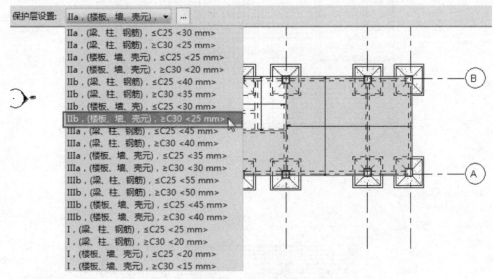

图 4-123 设置保护层

02 在【结构】选项卡下的【钢筋】面板中单击【区域】按钮▦，然后选择一层的结构楼板，在【属性】面板中设置板筋参数，本例楼层只设置一层板筋即可，如图 4-124 所示。

03 接着绘制楼板边界曲线作为板筋的填充区域，如图 4-125 所示。

04 单击【完成编辑模式】按钮☑完成板筋的添加，如图 4-126 所示。

05 同样的方法，再添加作为卫生间的楼板板筋，如图 4-127 所示。

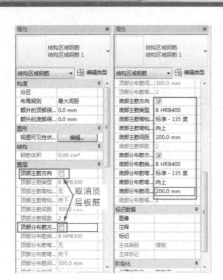

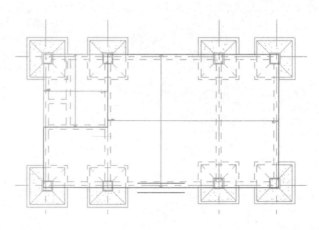

图 4-124　设置板筋参数　　　　　　　　　　图 4-125　绘制填充区域

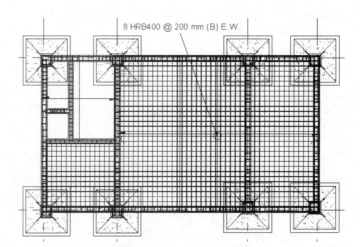

图 4-126　完成板筋的添加

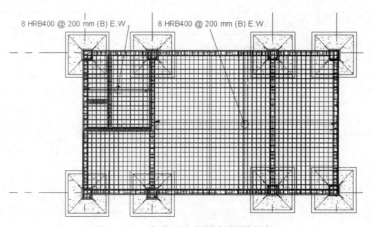

图 4-127　完成卫生间楼板板筋添加

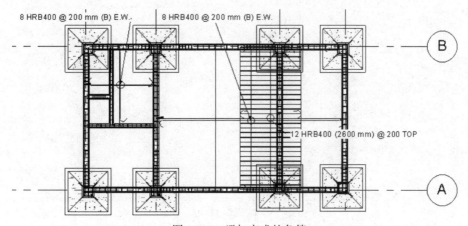

上机操作——添加负筋

当受力筋和分布筋设计完成后，还要添加支座负筋（常说的【扣筋】）。负筋是使用【路径】工具来创建的，下面仅介绍一排负筋的添加方法，负筋的参数为 φ10@200。

01 仍然在标高 1 平面视图上。在【钢筋】面板中单击【路径】按钮，然后选中一层的结构楼板作为参照。

02 首先在【属性】面板中设置负筋的属性，如图 4-128 所示。

03 然后在【修改 | 创建钢筋路径】上下文选项卡中使用【直线】工具来绘制路径曲线，如图 4-129 所示。

图 4-128　设置负筋参数

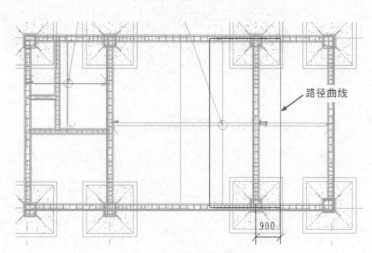

图 4-129　绘制路径曲线

04 退出上下文选项卡，完成负筋的添加，如图 4-130 所示。

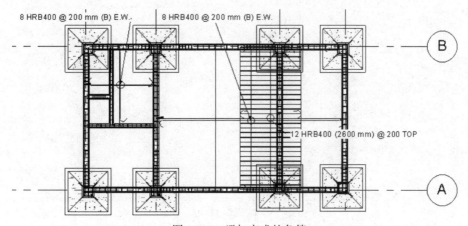

图 4-130　添加完成的负筋

05 同样的方法，添加其余梁跨之间的支座负筋（其他负筋基本参数一致，只是长度不同），完成结果如图 4-131 所示。

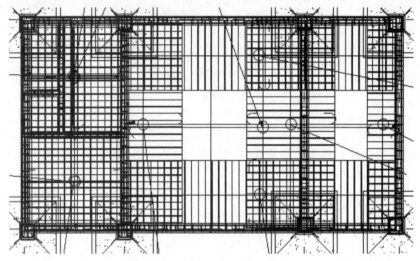

图 4-131　添加其他支座负筋

4.4.4　利用速博插件添加柱筋

使用速博插件来添加钢筋十分便捷，仅需设置几个基本参数即可。

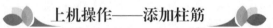上机操作——添加柱筋

01　首先选中一条结构柱，然后在 Extensions 选项卡的 AutoCAD Revit Extensions 面板中展开【钢筋】工具列表，选择【柱】选项，弹出【柱配筋】对话框，如图 4-132 所示。

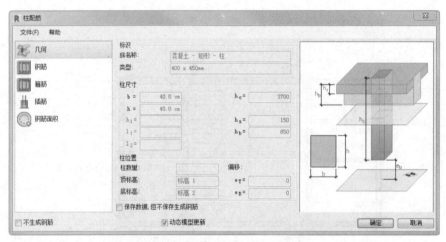

图 4-132　【柱配筋】对话框

02　进入【钢筋】设置面板，设置如图 4-133 所示的参数。

03　进入【箍筋】设置面板，设置如图 4-134 所示的箍筋参数。

04　在【插筋】面板中取消【插筋】复选框的勾选，即不设置插筋，如图 4-135 所示。

05　最后单击【确定】按钮，即可自动添加柱筋到所选的结构柱上，如图 4-136 所示。

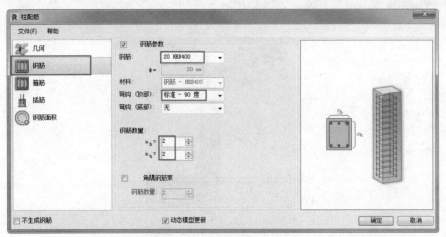

图 4-133 设置【钢筋】参数

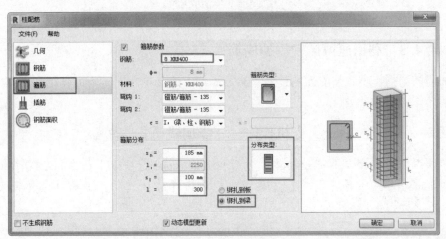

图 4-134 设置【箍筋】参数

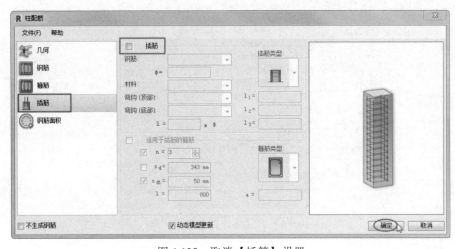

图 4-135 取消【插筋】设置

06 同样的方法，添加其余结构柱的柱筋。

图 4-136 添加的柱筋

 4.4.5 利用速博插件添加墙筋

添加墙筋的操作步骤与前面的柱筋、梁筋添加方法基本相同，下面介绍利用速博插件添加墙筋的操作方法。

上机操作——添加墙筋

01 选中门岗楼顶层的一段墙体，然后在 Extensions 选项卡下的 AutoCAD Revit Extensions 面板中展开【钢筋】工具列表，选择【墙】选项，弹出【墙体配筋】对话框，如图 4-137 所示。

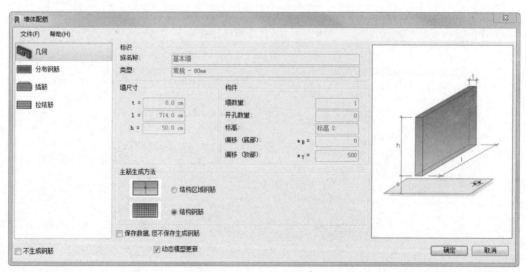

图 4-137 【墙体配筋】对话框

02 切换至【分布钢筋】面板，设置钢筋参数，如图 4-138 所示。

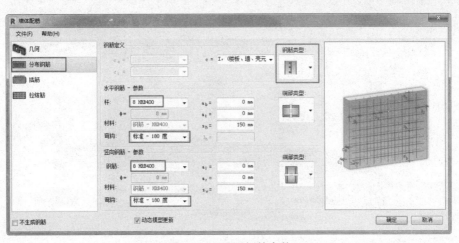

图 4-138　设置钢筋参数

技巧 点拨	由于墙厚度为 80mm，所有钢筋只能单层分布。

03 保留其余参数的默认设置，单击【确定】按钮完成墙筋的添加，如图 4-139 所示。

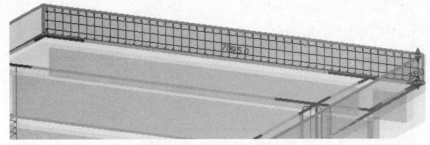

图 4-139　添加的墙筋效果

04 同样的方法，完成其余墙体墙筋的添加。

 ## 4.4.6　速博插件的【自动生成钢筋】功能

速博插件可以添加梁、柱、墙与基础的钢筋，因此用户可以使用【自动生成钢筋】工具快速添加同类型结构钢筋，而且能同时为多条梁、柱、基础及墙体添加相同参数的钢筋。

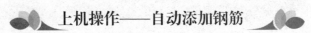

01 由于门岗建筑的一层结构柱有 400×400mm 和 400×450mm 两种尺寸。所以事先添加了两种尺寸的结构柱的柱钢筋，如图 4-140 所示。

02 选中 400×450mm 结构柱的柱筋，然后在 Extensions 选项卡下的【构件】面板中单击【修改】按钮 E，打开【柱配筋】对话框。此对话框中所设置的参数可以保存为固定的文件。

03 在【柱配筋】对话框中选择【文件】|【保存】命令，将所设置的参数及选项保

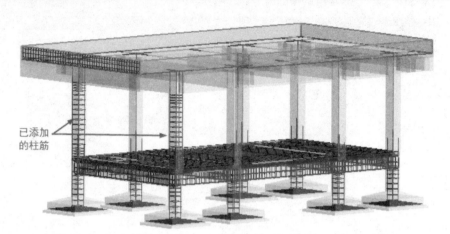

图 4-140　已经添加了柱筋的结构柱

存为【柱配筋 $400 \times 450mm. rxd$】，如图 4-141 所示。

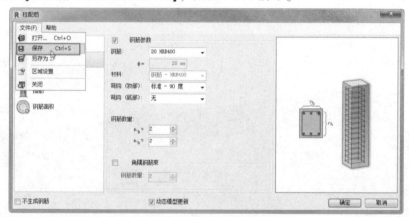

图 4-141　保存设置的钢筋参数

04　然后选中一层中所有的结构柱，再单击 AutoCAD Revit Extensions 面板中【钢筋】按钮，在列表中选择【自动生成钢筋】选项，程序开始计算所选的结构柱尺寸及数量，稍后弹出【自动生成钢筋】对话框，如图 4-142 所示。

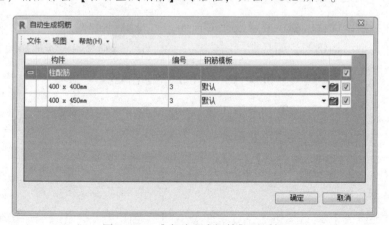

图 4-142　【自动生成钢筋】对话框

05 从对话框中可以看到两种尺寸的结构柱以及各自数量均为3。首先编辑400×400mm的钢筋模板，单击右侧的【编辑模板】按钮，再次打开【柱配筋】对话框，并选择【文件】|【打开】命令，将先前保存的文件打开即可，如图4-143所示。完成后关闭此对话框。

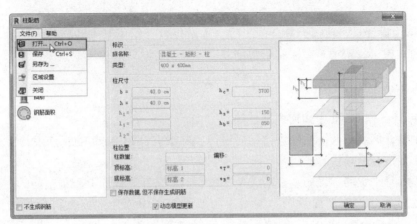

图4-143 打开保存的参数文件

06 同样的方法，对400×450mm钢筋模板进行相同的替换参数文件操作，结果如图4-144所示。

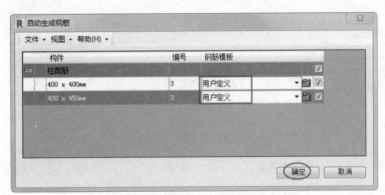

图4-144 替换完成的钢筋模板状态

07 单击【确定】按钮，Revit程序自动为所选的多条结构柱添加柱筋，如图4-145所示。

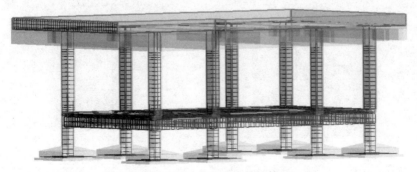

图4-145 自动生成的柱筋

08 同样的方法，为二层的结构梁也进行自动生成钢筋操作。选择一层中的任意一条结构梁的梁筋，将其梁配筋参数保存。鉴于时间关系此处就不重复阐述操作步骤了。

4.5 Revit 知识点及论坛帖精解

Revit 结构设计是一项颇为复杂的工程，本章仅仅介绍了基本的使用方法，下面列出一些技术性的知识点，希望对大家有所帮助。

4.5.1 Revit 知识点

知识点 01：在 Revit 中如何添加柱筋

本章主要介绍利用速博插件进行钢筋设计，并没有介绍 Revit 的钢筋设计方法，这里将对柱筋的添加进行简单讲解。

其实不管是平板筋、梁筋、柱筋或是基础筋，都是在其截面上布置钢筋的。这个截面怎么得到呢？那就是创建剖面视图。例如，在平面视图中创建剖面就得到梁的剖面图，如图 4-146 所示；若是在立面图中创建剖面（选择【详图视图】类型），即可得到柱的剖面图，如图 4-147 所示。

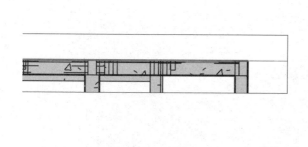

图 4-146　梁的剖面

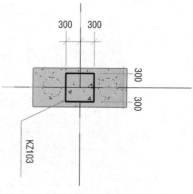

图 4-147　柱的剖面

在剖面图中，使用【结构】选项卡下的【钢筋】工具，通过【钢筋形状浏览器】选择钢筋形状后，放置在柱剖面图上即可得到钢筋，如图 4-148 所示。

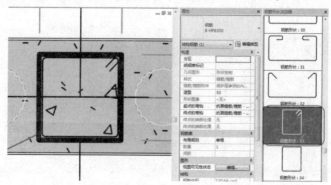

图 4-148　放置柱钢筋

知识点02：Revit 分离基础和结构柱

大家在平常的 Revit 操作中都知道，如果柱底加入了独立基础，那么此基础就被默认关联到了结构柱的底部，之后如果修改了柱底标高，基础也会同时进行修正，如图 4-149 所示。

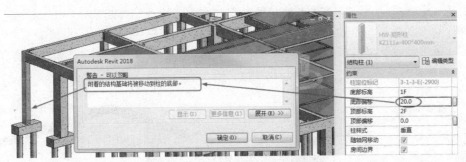

图 4-149　柱与基础的关联

有时候我们需要只编辑柱而不会影响到基础，该如何处理呢？

先修改基础的【自标高的高度偏移】值，只要不跟柱接触就行，如图 4-150 所示。然后再设置柱的底部偏移值，这样就不会弹出警告提示对话框了，如图 4-151 所示。

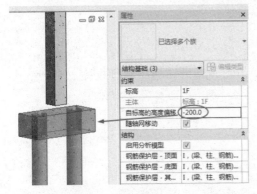

图 4-150　降低基础

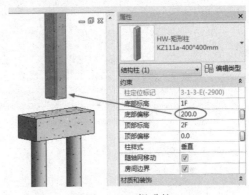

图 4-151　提升柱

知识点03：结构柱附着到屋顶出现的问题

一般情况下，将结构柱附着到屋顶时，会出现图 4-152 所示的结果。

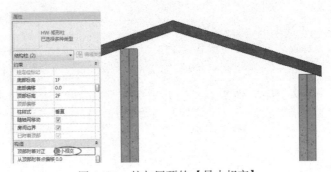

图 4-152　柱与屋顶的【最小相交】

用户会发现柱顶并没有完美地和屋顶斜面贴合在一起，其实这是结构柱附着时的对正问题导致的。在附着结构柱过程中，在【属性】面板的【构造】选项组下显示顶部附着对正方式为【最小相交】。

顶部附着对正方式介绍如下：

- 【最小相交】是柱与屋顶刚好接触的相交方式，不是完整相交；
- 【相交柱中线】是指结构柱中心线与屋顶相交，如图 4-153 所示；
- 【最大相交】是指柱与屋顶全面相交，如图 4-154 所示，这种相交方式正是我们需要的方式与结果。

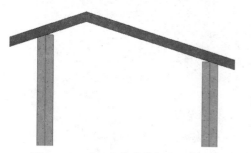

图 4-153 【相交柱中线】相交方式

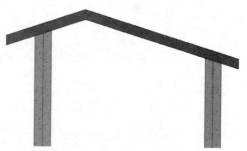

图 4-154 【最大相交】相交方式

 4.5.2 论坛求助帖

求助帖 1 画结构图时，在 3D 视角中可以用标高过滤所显示的内容吗

问题描述：在画结构图时，已经建完 7 层，在 3D 模式下可不可以全选后设置显示某一标高，其他标高都隐藏？如果可以怎么再调出来？

问题解决：这个问题很好解决，如果没有建模大师的【本层三维】工具，仅仅在 Revit 中通过常规操作也是可以办到。下面列举两种方法。

（1）使用【本层三维】工具

01 随意打开一栋高层建筑楼，如图 4-155 所示。首先切换视图到要单独显示三维视图的某层平面视图，本例中选择 F3 平面视图（共 5 层楼），如图 4-156 所示。

02 在【建模大师】选项卡下的【通用】面板中单击【本层三维】按钮 ，创建出 F3 楼层的三维视图，可以在项目浏览器【三维视图】节点中找到新建的【F3-本层三维】视图，如图 4-157 所示。

03 双击【F3-本层三维】视图，即可查看 F3 楼层的所有图元信息，如图 4-158 所示。

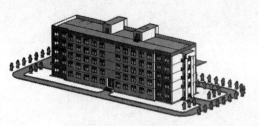

图 4-155　打开建筑模型

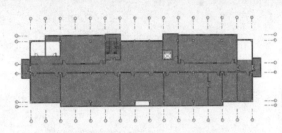

图 4-156　显示要单独显示三维的楼层平面视图

图 4-157　创建的【F3-本层三维】视图

图 4-158　显示【F3-本层三维】视图

（2）利用 ViewCube 查看某层三维视图

01　三维视图模式下，在图形区右上角的 ViewCube 上单击鼠标右键，在弹出的快捷菜单中选择【定向到视图】 | 【楼层平面】 | 【楼层平面 F3】命令，如图 4-159 所示。

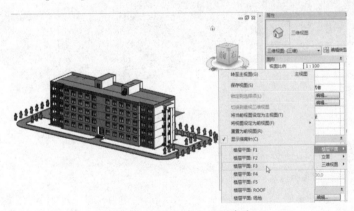

图 4-159　执行定向视图命令

02　此时图形区中显示 F3 楼层的三维视图，如图 4-160 所示。

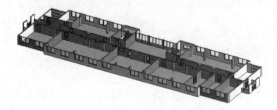

图 4-160　显示 F3 楼层的三维视图

03 从图中可见整层模型不完整，只有一半，这是因为在楼层平面视图中，【楼层平面：3F】的视图范围顶部只到2300，而三层的层高为3600，如图4-161所示。

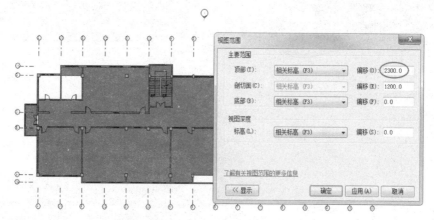

图4-161 F3楼层的视图范围

04 调整F3楼层平面视图的视图范围，顶部偏移量改成3450mm（为了不显示楼板，降低150mm）。调整视图范围后，重新定向到楼层平面视图，3D模型将更新，三层的3D模型如图4-162所示。

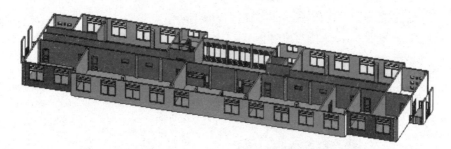

图4-162 更新后的F3楼层三维视图

求助帖2 怎样让楼板不剪切梁

问题描述： 梁与结构楼板之间剪切时，怎样做到梁切板，而不是板切梁，如图4-163所示。

问题解决： 用户可以在创建基础、结构柱、结构梁、结构楼板及其他结构构件后，使用建模大师的【一键剪切】工具，自动完成项目中所有相交结构构件的剪切，即可满足设计要求，如图4-164所示。

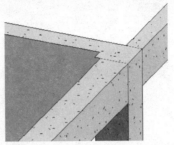

图4-163　板切梁（左）与梁切板（右）

图4-164　【一键剪切】工具的使用

第5章

建筑墙体、门窗与柱设计

建筑墙、建筑柱及门窗是建筑楼层中墙体的重要组成要素。Revit 中的建筑和结构设计都离不开一个重要的概念：族。建筑、结构设计环境就好比是装配车间，所有的构件是零配件，只是利用各种工具进行组装而已。本章我们将学习建筑墙、门窗及建筑柱设计过程和技巧。

案例展现
ANLIZHANXIAN

案 例 图	描 述
	幕墙系统由【幕墙嵌板】【幕墙网格】和【幕墙竖梃】3 部分构成 Revit Architecture 提供了幕墙系统 ▦（其实是幕墙嵌板系统）族类别，可以使用幕墙创建所需的各类幕墙嵌板
	门、窗是建筑设计中最常用的构件，Revit Architecture 提供的门、窗工具，用于在项目中添加门、窗图元。门、窗必须放置于墙、屋顶等主体图元上，这种依赖于主体图元而存在的构件称为【基于主体的构件】。若删除墙体，门窗也随之被删除
	建筑柱作为墙垛子时，不仅可以加固外墙的结构强度，也起到外墙装饰作用，有时用作大门外的装饰柱，承载雨篷

5.1 红瓦 – 族库大师简介

　　红瓦 – 族库大师是一款基于互联网的企业级 BIM 构件库管理平台。族库大师企业管理平台通过授权、共享、加密机制，协助建筑企业建立安全、高效的企业级 BIM 构件库，形成 BIM 基础数据标准，有效提升企业 BIM 核心竞争力。图 5-1 为族库大师（企业版）平台架构。

图 5-1　族库大师的平台架构

 5.1.1　使用族库大师的优势与应用亮点

　　族库大师有插件端、网页端、企业后台管理端 3 种，插件端提供高效便捷的操作体验，让查找族和建模的速度更快，如图 5-2 所示。

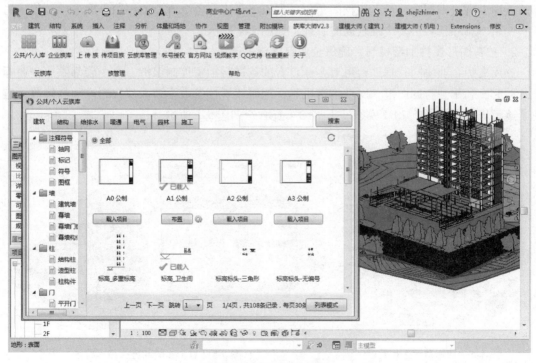

图 5-2　族库大师插件端

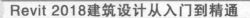

不用打开 Revit 软件，网页端族库大师支持轻量级浏览和相关族文件管理操作，如图 5-3所示。

企业后台管理端打通多个应用端，网页登录，可随时随地分配或收回授权。

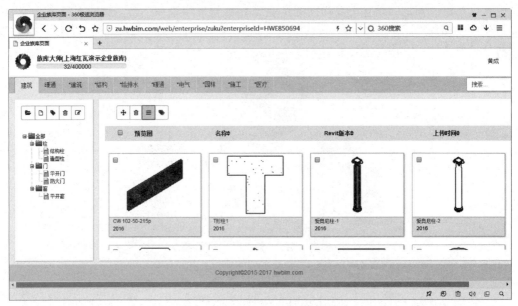

图 5-3　从网页端打开族库大师

使用族库大师有 6 大核心优势，下面分别进行介绍。

1. 设定企业族使用权限，形成企业 BIM 建模标准

族库大师可根据企业员工担任的角色，授权该员工在各个专业的浏览、载入、上传、另存、编辑、删除权限，多个维度同时管理，如图 5-4 所示。

2. 独有图形属性加密机制，确保企业自建族不流失

族库大师企业协同管理平台可对企业自有的族进行加密控制保护，每个族都添加企业标识。同时，利用独有的图形、属性加密机制，控制族属性参数不被未授权用户随意修改，避免了族流失，但不影响 BIM 模型的正常浏览查看，如图 5-5 所示。

图 5-4　授权员工进行管理

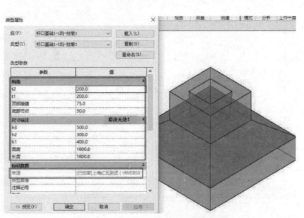

图 5-5　对企业的族进行加密管理

3. 积累并形成共享机制，建立企业 BIM 数据标准

族库大师可协助企业通过日常 BIM 建模工作的积累，逐步形成企业 BIM 族库。同时，通过企业共享机制提高 BIM 团队整体建模效率，避免建模人员因找族带来的效率损失。并通过不断积累企业标准族，建立 BIM 数据标准，如图 5-6 所示。

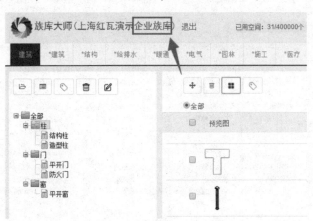

图 5-6 建立企业自己的族库

4. 8 大专业，7000＋品牌族，仅面向企业级客户免费解锁使用

除了近 10000 个免费公共族外，当前最新版族库大师企业协同管理平台用户还能专享 8 大专业，7000＋真实品牌族，涵盖常规项目 BIM 建模所需的绝大部分族，进一步解决找族难、族匮乏问题，如图 5-7 所示。

5. 一键载入、一键布置操作更方便，更高效

结合互联网技术提供更优的客户端操作体验，直接在 Revit 中对所需族进行一键载入、一键布置操作，两步完成族布置，与市面上同类族插件相比，操作更方便、更快捷，如图 5-8 所示。

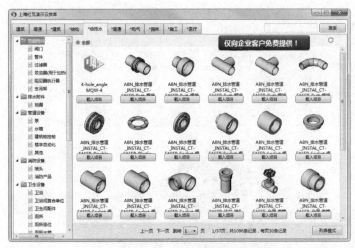

图 5-7 专业种类繁多的族类型

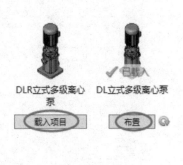

图 5-8 高效便捷载入族

6. 族文件本土化分类索引，支持模糊搜索，快速查找族

根据国内建模工程师使用习惯，对各专业、各种类型的族按层级结构分类索引。同时，

支持按关键词搜索匹配族，迅速找族，如图 5-9 所示。

图 5-9　快速查找功能帮助用户快速找到想要的族

 ### 5.1.2　族库大师的使用方法

要使用族库大师，用户首先需要到红瓦官网下载并安装 FamilyMasterV2.3.0.exe 程序，V2.3 族库大师为当前最新版，可以与 Revit 2014～Revit 2018 软件结合使用。安装成功后，会在 Revit 功能区中自动加载【族库大师 V2.3】选项卡，如图 5-10 所示。

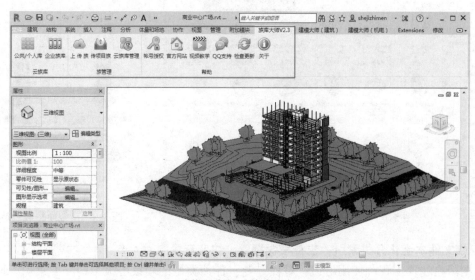

图 5-10　Revit 功能区中的【族库大师 V2.3】选项卡

如果是个人用户，请使用【公共/个人库】工具；若是企业用户，请使用【企业族库】工具，当然企业用户也可以使用【公共/个人库】工具。

下面仅以【公共/个人库】工具为例，简要介绍族库的使用方法。族库大师 V2.3 版最大亮点就是公共库和个人库的完美结合。

1. 公共族库

公共族库是通用的族库，包含了族库大师所有个人与企业用户可用的族。单击【公共/个人库】按钮，弹出【公共/个人云族库】窗口，如图 5-11 所示。

窗口中左侧为各种族类型树，族树节点下的每个子类型都包含数十个或上百个族供用户选择使用。窗口右侧显示的是详细的族，与族树中的族类型对应。族是以【卡片模式】默认显示的，单击右下角的【列表模式】按钮，可列表显示族，如图 5-12 所示。

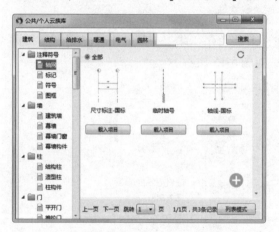

图 5-11 【公共/个人云族库】窗口

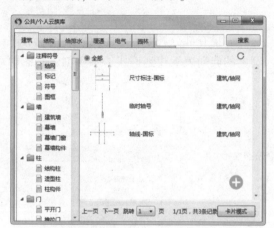

图 5-12 列表显示族

面对如此众多的族，一一寻找难免降低工作效率，用户可以在窗口顶部的搜索栏中输入关键字，通过检索找到所需的族。例如，输入【筒瓦】关键字，单击【搜索】按钮后系统自动检索，并将所有包含【筒瓦】关键字的族全部显示出来，如图 5-13 所示。

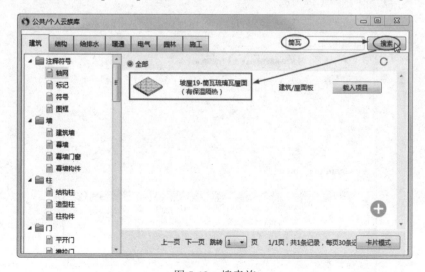

图 5-13 搜索族

找到所需的族后，单击【载入项目】按钮，将族载入到 Revit 建筑项目中。载入成功后，【载入项目】按钮将变成【布置】按钮，如图 5-14 所示。单击【布置】按钮，即可在楼层平面视图中放置族。

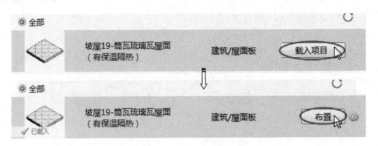

图 5-14　载入族及放置族

如果有部分族提示不能载入，说明 Revit 项目中已经存在此类型族，用户只需到项目浏览器的族列表下找到该族，手动创建实例即可，如图 5-15 所示。

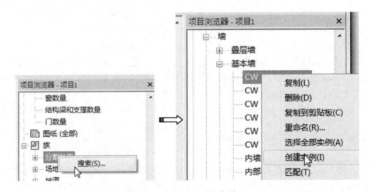

图 5-15　手动创建族

在【公共/个人云族库】窗口中，单击选中族的预览图例，弹出浏览器显示该族详细的参数及图形表达，如图 5-16 所示。

图 5-16　族的详细情况

2. 个人族库

族库大师充分考虑到个人用户在日常工作中累积了许多族模型，而且这些族又是反复要选用的，因此推出了个人族库功能。用户可以利用个人族库功能将自己创建的族上传到云库中，永久地使用。

创建属于自己的个人云族库，需要先注册一个红瓦账户，如图5-17所示。

注册完成后，单击【账号授权】按钮，在弹出的登录界面登陆个人云族库账号。

当需要上传自定义的族时，单击【上传族】按钮 ☁，选择上传位置，然后在弹出的【上传到我的族库云族库】对话框中单击【选择族文件】按钮，将用户定义的族添加进来，系统会自动升级模型并产生预览图，然后为载入的族添加所属分类（也就是族树中的族类别）。

最后单击【开始上传】按钮，即可将用户电脑中的本地族文件上传到个人云族库中，如图5-18所示。

图5-17 个人账号注册

图5-18 上传本地族文件到云族库

重新打开【公共/个人云族库】窗口，在保存的所属族类别中查看添加的族，如图5-19所示。个人族与公共族的区别是个人族的预览图上有一个 ⊙ 标记。

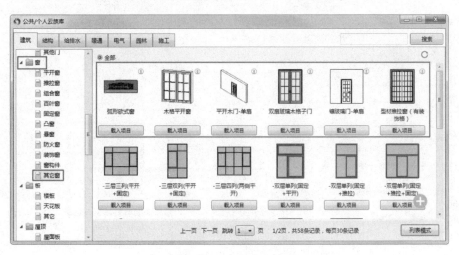

图5-19 查看个人族

5.2 建筑墙体设计

建筑墙的设计与结构墙的设计是完全相同的。在前一章的建筑结构设计中，我们使用的是建模大师（建筑）软件进行辅助建模，建模效率极高，也不会出现错误。

在 Revit 中，墙体设计包括基本墙、复合墙、叠层墙、面墙以及幕墙的设计。

 ### 5.2.1 基本墙、复合墙与叠层墙设计

1. 基本墙

下面以小案例来说明基本墙的设计过程，操作如下。

 上机操作——创建基本墙

01 新建建筑项目文件。

02 在项目浏览器中切换视图为【标高 1】楼层平面视图。

03 利用【建筑】选项卡下【基准】面板中的【轴网】工具，绘制如图 5-20 所示的轴网。

04 在【建筑】选项卡下【构建】面板中单击【墙】按钮，在【属性】面板的类型选择器中选择【基本墙：常规 – 200mm】类型，如图 5-21 所示。

05 在选项栏中设置墙高度为 4000，其余选项保持默认设置，然后在轴网中绘制基本墙体，如图 5-22 所示。

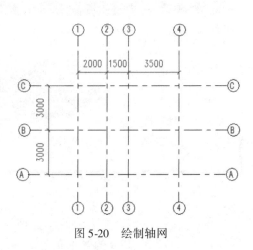

图 5-20　绘制轴网

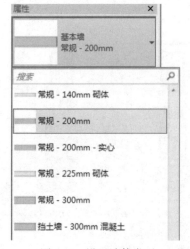

图 5-21　设置墙体类型

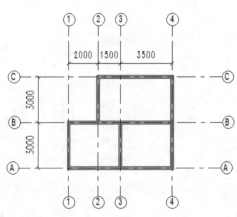

图 5-22　绘制基本墙体

06 切换至三维视图，查看绘制建筑砖墙的三维效果，如图 5-23 所示。

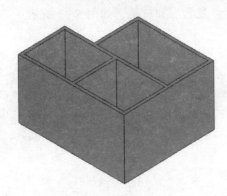

图 5-23 三维视图中的砖墙

2. 复合墙与叠层墙

复合墙与叠层墙是基于基本墙属性修改得到的。复合墙就像屋顶、楼板和天花板，即可包含多个水平层，也可包含多个垂直层或区域，如图 5-24 所示。

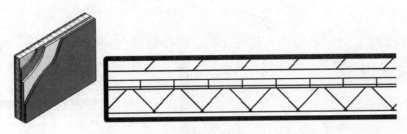

图 5-24 复合墙

在创建墙体时，用户可以从【属性】面板中选择复合墙的系统族来创建复合墙，如图 5-25 所示。

选择复合墙系统族后，可以单击 編辑类型 按钮，编辑复合墙的结构，如图 5-26 所示。

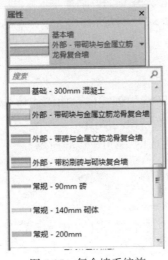

图 5-25 复合墙系统族

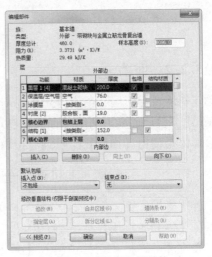

图 5-26 编辑复合墙结构

叠层墙是一种由若干个不同子墙（基本墙类型）相互堆叠在一起组成的主墙，可以在不同的高度定义不同的墙厚、复合层和材质，如图 5-27 所示。

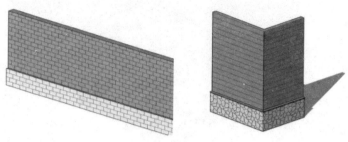

图 5-27　叠层墙

> **技巧点拨**　　复合墙的拆分是基于外墙涂层的拆分，并非墙体拆分。而叠层墙体是将墙体拆分成上下几部分。

在【属性】面板中也提供一种叠层墙系统族，如图 5-28 所示。其结构属性如图 5-29 所示。

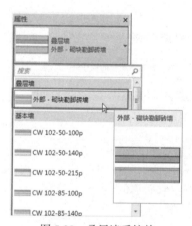

图 5-28　叠层墙系统族

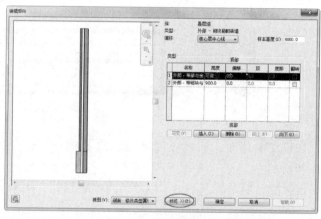

图 5-29　叠层墙结构

5.2.2　面墙

要创建斜墙或异形墙，用户可先在 Revit 概念体量环境中创建体量曲面或体量模型，然后在 Revit 建筑设计环境下利用【面墙】功能将体量表面转换为墙图元。

异形墙体是使用【面墙】工具通过拾取体量曲面生成的，如图 5-30 所示。

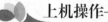 **上机操作——创建异形墙**

01　新建建筑项目文件。

02　在【体量和场地】选项卡下的【概念体量】面板中单击【内建体量】按钮，在打开的【名称】对话框中输入【异形墙】，单击【确定】按钮进入体量族编辑器模式，如图 5-31 所示。

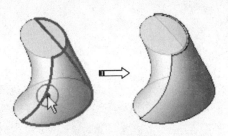

图 5-30 异形墙体

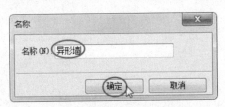

图 5-31 【名称】对话框

03 使用【绘制】面板中的【圆形】工具，在【标高 1】楼层平面视图中绘制截面 1，如图 5-32 所示。

04 再利用【圆形】工具在【标高 2】楼层平面视图中绘制截面 2，如图 5-33 所示。

图 5-32 绘制截面 1

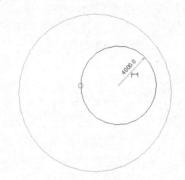

图 5-33 绘制截面 2

05 按 Ctrl 键选中两个圆形，在【修改 | 线】上下文选项卡下的【形状】面板中单击【创建形状】按钮，自动创建放样体量模型，如图 5-34 所示。单击【完成体量】按钮，退出体量创建与编辑模式。

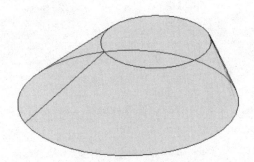

图 5-34 创建放样体量模型

06 在【建筑】选项卡下的【构建】面板中执行【墙】|【面墙】操作，切换到【修改 | 放置墙】上下文选项卡。

07 在【属性】面板的选择浏览器中选择墙体类型为【基本墙：面砖陶粒砖墙 250】，然后在体量模型上拾取一个面作为面墙的参照，如图 5-35 所示。

08 隐藏体量模型，查看异型墙的完成效果，如图 5-36 所示。

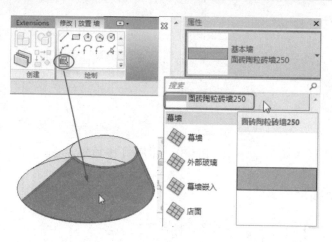

图 5-35　设置墙体类型并拾取参照面

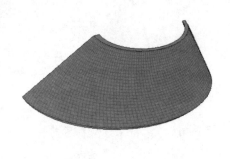

图 5-36　创建完成的异型墙

5.2.3　墙体的编辑

1. 墙连接与连接清理

当墙与墙相交时，Revit Architecture 通过控制墙端点处的【允许连接】方式，控制连接点处墙连接的情况。该选项适用于叠层墙、基本墙和幕墙等各种墙图元实例。

同样是绘制至水平墙表面的两面墙，允许墙连接和不允许墙连接的效果如图 5-37 所示。墙连接工具除可以通过控制墙端点的允许连接和不允许连接外，当两个墙相连时，还可以控制墙的连接形式。

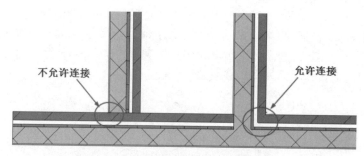

图 5-37　墙连接的两种形式

在【修改】选项卡下的【几何图形】面板中提供的墙连接工具，如图 5-38 所示。

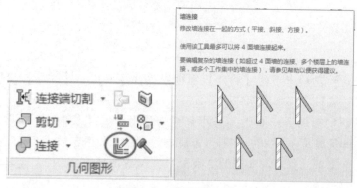

图 5-38　墙连接工具

使用墙连接工具，移动鼠标指针至墙图元相连接的位置，Revit Architecture 在墙连接位置显示预选边框。单击要编辑墙连接的位置，即可通过修改选项栏中的连接方式修改墙连接，如图5-39 所示。

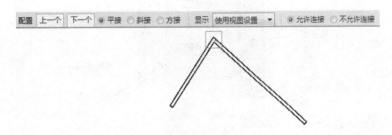

图 5-39 选项栏的连接方式设置

技巧 点拨	值得注意的是，当在视图中使用【编辑墙连接】工具单独指定了墙连接的显示方式后，视图属性中的墙连接显示选项将变为不可调节状态。必须确保视图中所有的墙连接均为默认的【使用视图设置】，视图属性中的墙连接显示选项才可以设置和调整。

2. 墙附着与分离

Revit Architecture 在【修改|墙】面板中，提供了【附着】和【分离】工具，用于将所选择墙附着至其他图元对象，如参照平面或楼板、屋顶、天花板等构件表面。图5-40 为墙与屋顶的附着。

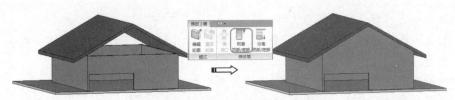

图 5-40 墙的附着

5.2.4 Revit Architecture 幕墙设计

幕墙按材料分为玻璃幕墙、金属幕墙和石材幕墙等类型，图5-41 为常见的玻璃幕墙。

图 5-41 玻璃幕墙

幕墙系统由【幕墙嵌板】、【幕墙网格】和【幕墙竖梃】3部分构成，如图5-42所示。

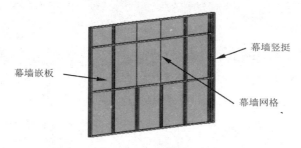

图 5-42　幕墙结构

Revit Architecture 提供了幕墙系统▦（其实是幕墙嵌板系统）族类别，可以使用幕墙创建所需的各类幕墙嵌板。

1. 幕墙嵌板设计

幕墙嵌板属于墙体的一种类型，用户可以在【属性】面板的选择浏览器中选择一种墙类型，也可以替换为自定义的幕墙嵌板族。幕墙嵌板的尺寸不能像一般墙体那样通过拖曳控制柄或修改属性来修改，只能通过修改幕墙来调整嵌板尺寸。

幕墙嵌板是构成幕墙的基本单元，幕墙由一块或多块幕墙嵌板组成。幕墙嵌板的大小和数量由划分幕墙的幕墙网格决定。下面介绍两个上机操作案例，一个是使用墙体系统族创建幕墙嵌板，另一个则是利用【幕墙系统】工具▦来创建幕墙嵌板。

🌸 上机操作——使用幕墙嵌板族 🌸

01 新建中国样板的建筑项目文件。

02 切换视图为三维视图，利用【墙】工具，以【标高1】为参照标高，在图形区中绘制墙体，如图5-43所示。

03 选中所有墙体，在【属性】面板的类型选择器中选择【外部玻璃】类型，基本墙体自动转换成幕墙，如图5-44所示。

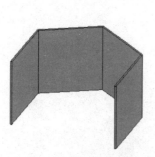

图 5-43　绘制墙体

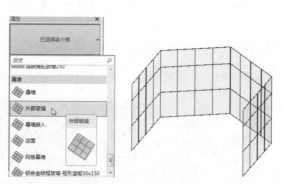

图 5-44　将基本墙体转换成幕墙

04 在项目浏览器的【族】|【幕墙嵌板】|【点爪式幕墙嵌板】节点下，右键单击选中【点爪式幕墙嵌板】族并在快捷菜单中选择【匹配】命令，然后选择幕墙系统中的一面嵌板进行匹配替换，如图5-45所示。

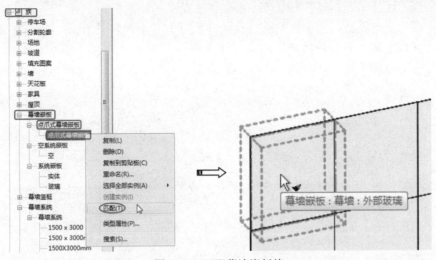

图 5-45　匹配幕墙嵌板族

05　随后幕墙嵌板被替换成项目浏览器中的幕点爪式幕墙嵌板，如图 5-46 所示。依次选择其余嵌板进行匹配，最终匹配结果如图 5-47 所示。

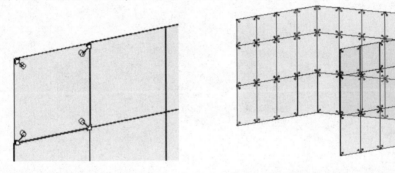

图 5-46　替换的幕墙嵌板　　　　　图 5-47　全部替换完毕的幕墙嵌板

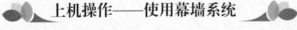

上机操作——使用幕墙系统

通过选择图元面，可以创建幕墙系统。幕墙系统是基于体量面生成的，具体操作如下。

01　新建 Revit 2018 中国样板的建筑项目文件。

02　切换视图为三维视图，选择【体量和场地】选项卡下的【内建体量】工具 ，进入体量设计模式，如图 5-48 所示。

03　在标高 1 的放置平面上绘制如图 5-49 所示的轮廓曲线。

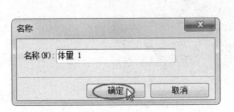

图 5-48　新建体量

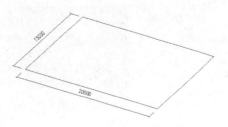

图 5-49　绘制轮廓

04 然后单击【创建形状】按钮，创建体量模型，如图5-50所示。

05 完成体量设计后，退出体量设计模式。在【建筑】选项卡下的【构建】面板中单击【幕墙系统】按钮后，再单击【选择多个】按钮，选择4个侧面作为添加幕墙的面，如图5-51所示。

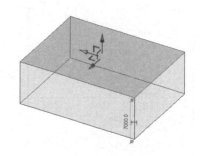
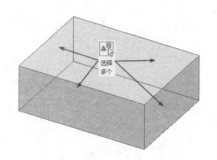

图5-50 创建体量模型　　　　图5-51 选择要添加幕墙的面

06 单击【修改|放置面幕墙系统】上下文选项卡下的【创建系统】按钮，自动创建幕墙系统，如图5-52所示。

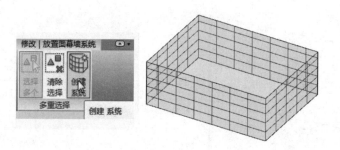

图5-52 创建幕墙系统（幕墙嵌板）

07 此时创建的是默认的【幕墙系统1500×3000】，用户可以从项目浏览器选择幕墙嵌板族来匹配幕墙系统中的嵌板。

2. 幕墙网格

【幕墙网格】工具的作用是重新对幕墙或幕墙系统进行网格划分（实际上是划分嵌板），将得到新的幕墙网格布局，有时也用作在幕墙中开窗、开门，如图5-53所示。在Revit Architecture中，用户可以手动或设置参数指定幕墙网格的划分方式和数量。

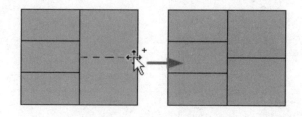

图5-53 划分幕墙网格

上机操作——添加幕墙网格

01 新建建筑项目文件。

02 在标高1楼层平面上绘制墙体，如图5-54所示。

03 将墙体的墙类型重新选择为【幕墙】，如图5-55所示。

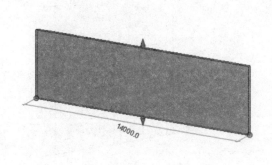

图5-54　绘制墙体　　　　　　　　　　图5-55　设置墙类型

04 单击【幕墙网格】按钮▦，激活【修改 | 放置 幕墙网格】上下文选项卡。首先利用【放置】面板中的【全部分段】工具，将光标靠近竖直幕墙边，然后在幕墙上建立水平分段线，如图5-56所示。

05 将光标靠近幕墙上边或下边，建立一条竖直分段线，如图5-57所示。

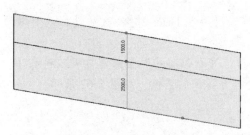

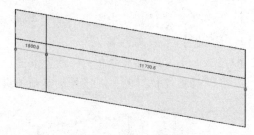

图5-56　建立水平分段线　　　　　　　图5-57　建立竖直分段线

06 同样的方法，完成其余的竖直分段线，每一段间距值相同，如图5-58所示。

07 单击【修改 | 放置 幕墙网格】上下文选项卡下【设置】面板中的【一段】按钮，然后在其中一幕墙网格中放置水平分段线，如图5-59所示。

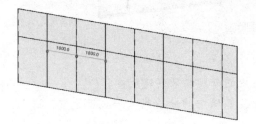

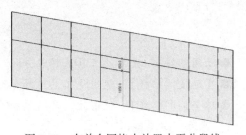

图5-58　完成其余竖直分段线的建立　　　图5-59　在单个网格内放置水平分段线

　　每建立一条分段线，就修改一次临时尺寸。不要等分割完成后再去修改尺寸，因为每个分段线的临时尺寸皆为相邻分段线的，一条分段线由2个临时尺寸控制。

08 然后竖直分段，结果如图5-60所示。最后再竖直分段两次，如图5-61所示。

图5-60　竖直分段

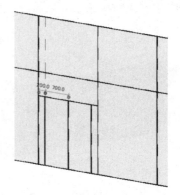

图5-61　完成所有分段

3. 幕墙竖梃

　　幕墙竖梃即幕墙龙骨，是沿幕墙网格生成的线性构件。删除幕墙网格时，依赖于该网格的竖梃也将同时删除。

上机操作——添加幕墙竖梃

01 以上一案例的结果作为本例的源文件。

02 在【建筑】选项卡下的【构建】面板中单击【竖梃】按钮，激活【修改 | 放置竖梃】上下文选项卡。

03 该上下文选项卡中有3种放置方法：网格线、单段网格线和全部网格线。利用【全部网格线】工具，一次性创建所有幕墙边和分段线的竖梃，如图5-62所示。

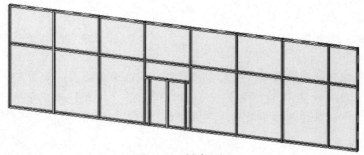

图5-62　创建竖梃

● 【网格线】：使用此工具选择长分段线来创建竖梃。

● 【单段网格线】：使用此工具选择单个网格内的分段线来创建竖梃。

● 【全部网格线】：使用此工具选择整个幕墙，幕墙中的分段线被一次性选中，进而快速地创建竖梃。

04 放大幕墙门位置，删除部分竖梃，如图5-63所示。

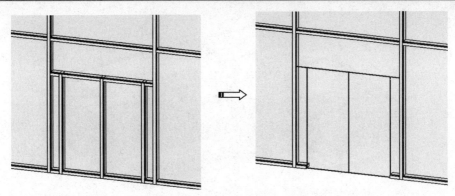

图 5-63　删除幕墙门部分的竖梃

5.3　建筑中门和窗的设计

在 Revit Architecture 中，门、窗、柱、梁及室内摆设等均为建筑构件，用户可以在 Revit 中在位创建体量族，也可以加载已经建立的构件族。

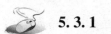

5.3.1　门设计

门、窗是建筑设计中最常用的构件。Revit Architecture 提供了门、窗工具，用于在项目中添加门、窗图元。门、窗必须放置于墙、屋顶等主体图元上，这种依赖于主体图元而存在的构件称为【基于主体的构件】。删除墙体，门窗也随之被删除。

Revit Architecture 中自带的门族类型较少，如图 5-64 所示。用户可以使用【载入族】工具将制作的门族载入到当前 Revit Architecture 环境中，如图 5-65 所示。或者通过红瓦族库大师的【公共/个人库】功能，将需要的族载入到当前项目并进行放置。

图 5-64　Revit 自带门族类型

图 5-65　载入门族

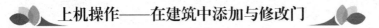
上机操作——在建筑中添加与修改门

01　打开本例源文件【别墅 – 1. rvt】，如图 5-66 所示。

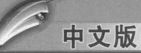
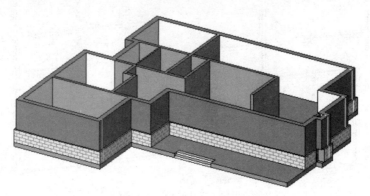

图 5-66　打开的项目模型

02 项目模型是别墅建筑的第一层砖墙，需要插入大门和室内房间的门。在项目浏览器中切换视图为【一层平面】。

03 由于 Revit Architecture 中门类型仅有一个，不适合做大门用，所以在放置门时须载入门族。单击【建筑】选项卡下【构建】面板中的【门】按钮，切换到【修改 | 放置门】上下文选项卡，如图 5-67 所示。

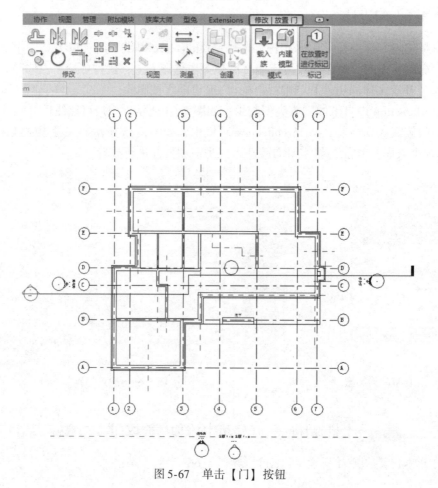

图 5-67　单击【门】按钮

04 单击【修改 | 放置门】上下文选项卡下【模式】面板中的【载入族】按钮 ，从本例源文件夹中载入【双扇玻璃木格子门.rfa】族，如图 5-68 所示。

图 5-68 载入族

05 Revit 自动将载入的门族作为当前要插入的族类型，此时可将门图元插入到建筑模型中有石梯踏步的位置，如图 5-69 所示。

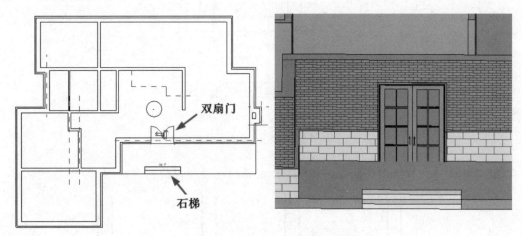

图 5-69 插入门图元

06 在建筑内部有隔断墙，也要插入门，门的类型主要是卫生间门和卧室门两种。继续载入门族【平开木门－单扇.rfa】和【镶玻璃门－单扇.rfa】，并分别插入到建筑一层平面图中，如图 5-70 所示。

技巧 点拨	放置门时注意开门方向，步骤是先放置门，然后指定开门方向。

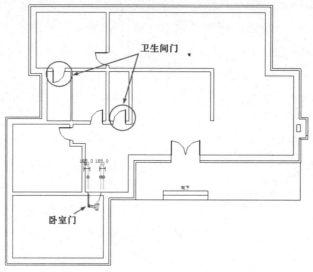

图 5-70　在室内插入卫生间门和卧室门

07　选中一个门图元，门图元被激活并切换至【修改 | 门】上下文选项卡，如图 5-71 所示。

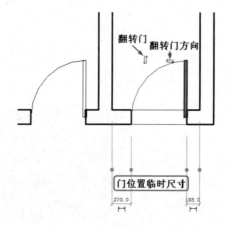

图 5-71　门图元激活状态

08　单击【翻转实例面】按钮 ⇕，可以翻转门（改变门的朝向），如图 5-72 所示。

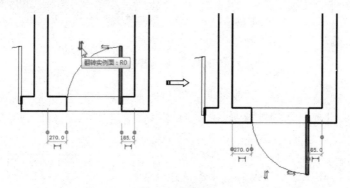

图 5-72　翻转门

09 单击【翻转实例开门方向】按钮 ⇆，可以改变开门方向，如图5-73所示。

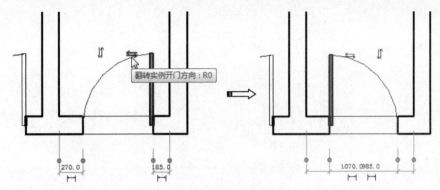

图5-73 改变开门方向

10 最后改变门的位置，一般情况下门到墙边是一块砖的间距，也就是120mm，因此更改临时尺寸即可改变门靠墙的位置，如图5-74所示。

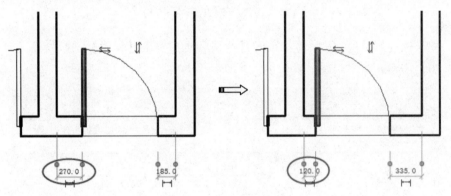

图5-74 改变门靠墙的位置

11 同样的方法，完成其余门图元的修改，最终结果如图5-75所示。

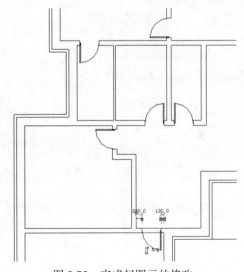

图5-75 完成门图元的修改

12 插入门后，通过项目浏览器将【注释符号】族项目下的【M_ 门标记】添加到平面图中的门图元上，如图 5-76 所示。

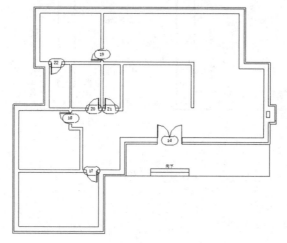

图 5-76 添加门标记

13 如果没有显示门标记，可以通过【视图】选项卡下【图形】面板中的【可见性/图形】工具，设置门标记的显示，如图 5-77 所示。

图 5-77 设置门标记的显示

14 当然，用户还可以利用【修改丨门】上下文选项卡下【修改】面板中的修改变换工具，对门图元进行对齐、复制、移动、阵列、镜像等操作，此类操作在本书第1章中已有详细介绍。

15 最后保存项目文件。

5.3.2　窗设计

建筑中的门和窗都是不可缺少的，带来空气流通的同时，也让明媚的阳光充分照射到房间中，因此窗的放置非常重要。

窗的插入和门相同，也需要事先加载与建筑匹配的窗族。

🌿　上机操作——在建筑中添加与修改窗　🌿

01　打开本例源文件【别墅－2. rvt】。

02　在【建筑】选项卡下的【构建】面板中单击【窗】按钮■，激活【修改 | 放置窗】上下文选项卡。单击【载入族】按钮，从本例源文件夹中首先载入【型材推拉窗（有装饰格）. rfa】族文件，如图 5-78 所示。

图 5-78　载入窗族

03　将载入的【型材推拉窗（有装饰格）】窗族放置于大门右侧，并列放置 3 个此类窗族，同时添加 3 个【M_ 窗标记】注释符号族，如图 5-79 所示。

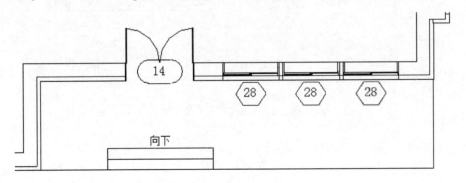

图 5-79　添加窗和窗标记

04 接着载入【弧形欧式窗.rfa】窗族（窗标记为29）并添加到一层平面图中，如图5-80所示。

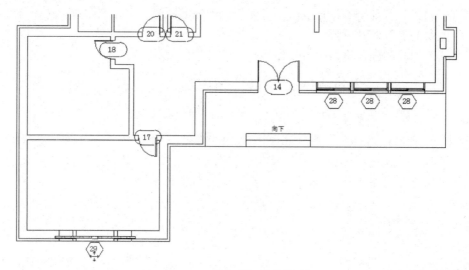

图5-80 添加第二种窗类型

05 接下来再添加第三种窗族【木格平开窗】（窗标记为30）到一层平面图中，如图5-81所示。

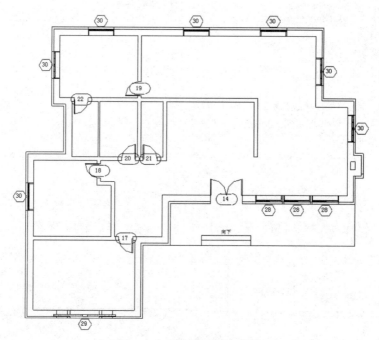

图5-81 添加第三种窗类型

06 最后添加Revit自带的窗类型【固定：1000×1200】，如图5-82所示。

07 首先将大门一侧的3个窗户位置重新设置，尽量放置在大门和右侧墙体之间，如图5-83所示。

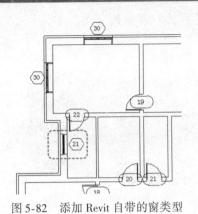

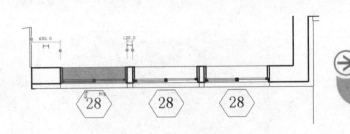

图5-82 添加Revit自带的窗类型　　　　图5-83 修改大门右侧窗的位置

08 其余窗户均按照在所属墙体中间放置原则，修改窗的位置，如图5-84所示。

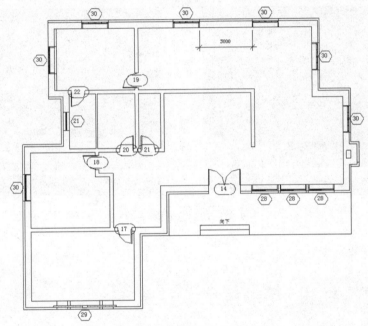

图5-84 修改其他窗户的位置

09 要确保所有窗的朝向为窗扇位置靠外墙。切换至三维视图，查看窗户的位置、朝向是否有误，如图5-85所示。

10 可见窗底边高度比叠层墙底层高度要低，这不太合理，要么对齐，要么高出一层砖的厚度。按住Ctrl键选中所有【木格平开窗】

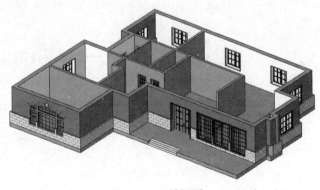

图5-85 三维视图

和【固定：1000×1200mm】窗类型，然后在【属性】面板的【限制条件】选项区中修改【底高度】的值为900，效果如图5-86所示。

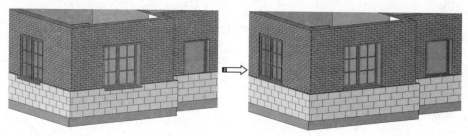

图 5-86　修改窗底高度

11　选中【弧形欧式窗】并修改其底高度的值为750，调整结果如图5-87所示。

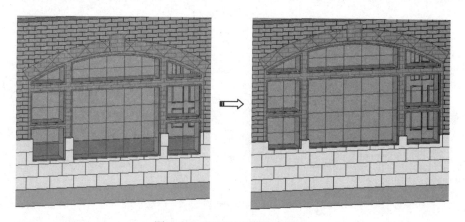

图 5-87　调整弧形窗的底高度

12　最后保存项目文件。

5.4　建筑柱设计

建筑柱作为墙垛子时，不仅可以加固外墙的结构强度，也起到外墙装饰作用，有时用作大门外的装饰柱或承载雨篷。下面通过两个小案例详解 Revit 族库及红瓦族库大师的建筑柱族添加过程。

🌸 上机操作——添加用作墙垛子的建筑柱 🌸

01　打开本例源文件【食堂.rvt】。

02　切换视图为 F1，在【建筑】选项卡下的【结构】面板中单击【建筑柱】按钮，激活【修改 | 放置柱】上下文选项卡。

03　单击【载入族】按钮，从 Revit 族库中载入【建筑 | 柱】文件夹中的【矩形柱.rfa】族文件，如图5-88所示。

04　在【属性】面板的选择浏览器中选择【矩形柱 500×500mm】规格的建筑柱，并取

图 5-88　载入建筑柱族

消【随轴网移动】和【房间边界】复选框的勾选，如图 5-89 所示。

05　然后在 F1 楼层平面视图中（编号 2 的轴线与编号 C 的轴线）轴线交点位置上放置
建筑柱，如图 5-90 所示。

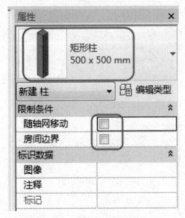

图 5-89　设置矩形柱的属性

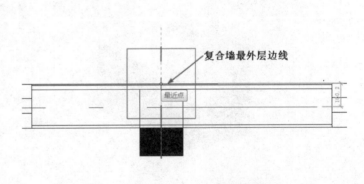

图 5-90　放置建筑柱

06　单击放置建筑柱后，建筑柱与复合墙墙体自动融合成一体，如图 5-91 所示。

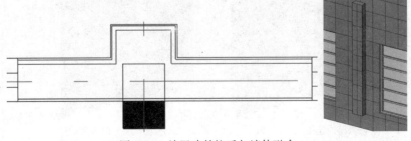

图 5-91　放置建筑柱后与墙体融合

07 同样的方法，分别在编号 3、编号 4、编号 B 的轴线上添加其余建筑柱，如图 5-92 所示。

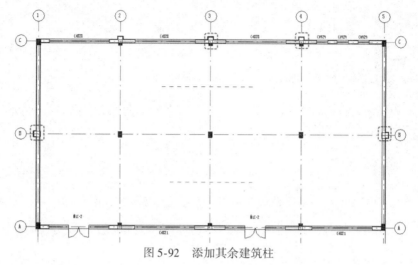

图 5-92　添加其余建筑柱

08 切换视图为三维视图，选中一根建筑柱，再执行右键菜单上的【选择全部实例】Ⅰ【在整个项目中】命令，然后在【属性】面板设置底部标高为"室外地坪"、顶部偏移为 2100，单击【应用】按钮应用属性设置，如图 5-93 所示。

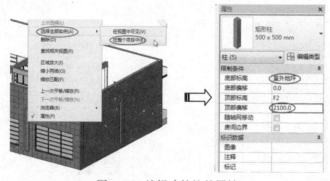

图 5-93　编辑建筑柱的属性

09 编辑属性前后的建筑柱对比，如图 5-94 所示。最后保存项目文件。

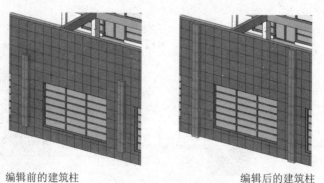

编辑前的建筑柱　　　　　　　　　　　编辑后的建筑柱

图 5-94　编辑建筑柱的前后效果对比

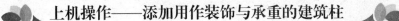

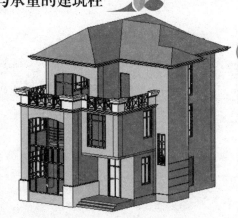

01 打开本例源文件【别墅.rvt】，如图 5-95 所示。

02 要在大门入口平台位置添加 1 根起到装饰和承重作用的建筑柱，则切换视图为【场地】，在【族库大师 V2.3】选项卡下单击【公共/个人库】按钮，打开【公共/个人云族库】窗口。

03 在【建筑】选项卡下选择【柱】|【造型柱】节点，展开造型柱所有类型，然后将【现代柱 - 3】族载入项目中，如图 5-96 所示。

图 5-95　打开练习模型

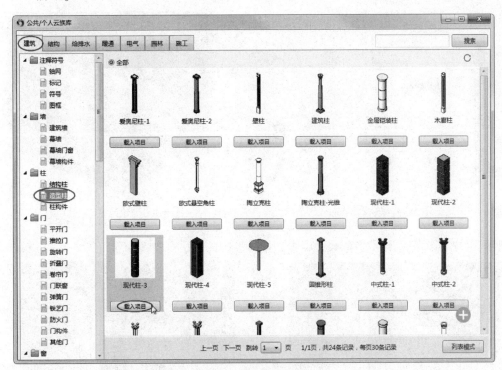

图 5-96　载入建筑柱族

04 载入的族可在项目浏览器的设置选项栏中的【族】|【柱】节点选项下找到，使用载入的族时，可以右击【现代柱 - 3】，选择快捷菜单中的【创建实例】命令，如图 5-97 所示。当然最快捷的方法是从【公共/个人云族库】窗口中直接单击【布置】按钮，开始使用载入的族，如图 5-98 所示。

05 在"场地"平面视图中放置建筑柱，如图 5-99 所示。

06 切换视图为三维视图，可以看见建筑柱没有与一层楼板边对齐，如图 5-100 所示。

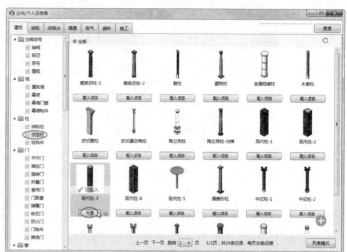

图 5-97　使用族的第一种方法　　　　　　　　图 5-98　使用族的第二种方法

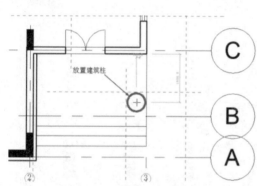

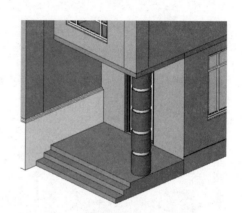

图 5-99　放置建筑柱　　　　　　　　　　　图 5-100　建筑柱的三维效果

07　选中建筑柱，手动修改放置尺寸，如图 5-101 所示。

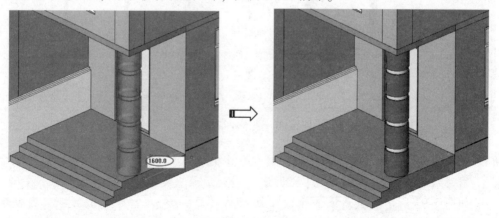

图 5-101　修改建筑柱的放置尺寸

08　最后保存项目文件。

5.5 Revit 知识点及论坛帖精解

在建筑墙体、门窗族及建筑柱设计过程中，容易出现一些细节问题，比如墙体的连接性、标高偏移、门窗的变换操作、建筑柱与梁的连接等，都是初学者极易碰到又不容易解决的问题，下面将对一些常见的问题进行讲解。

5.5.1 Revit 知识点

知识点01：墙和梁的正确剪切方法

在 Revit 里面，梁和墙的剪切方式是：墙把梁剪掉，墙是完整的。这种剪切方式在实际建筑工程施工中是错误的，如图 5-102 所示。

在绘制墙的时候，使用建模大师中的【一键剪切】工具，利用【结构墙切梁】方式完成正确的剪切操作，如图 5-103 所示。

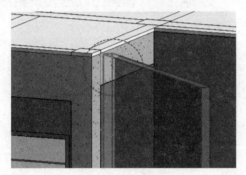
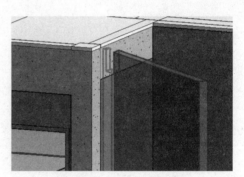

图 5-102　墙剪切梁　　　　　　　　图 5-103　正确剪切的效果

知识点02：创建叠层墙

下面介绍常见叠层墙的基本创建方法，具体步骤如下。

01　打开本例源文件【基本墙体.rvt】。

02　全选墙体，在【属性】面板的类型选择器中选择【叠层墙】类型，随后单击【编辑类型 I】按钮，如图 5-104 所示。

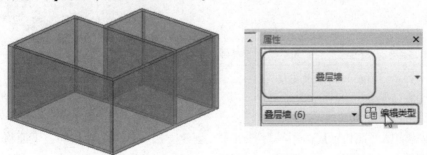

图 5-104　为基本墙体选择墙类型

03　打开【类型属性】对话框，单击【结构】右侧的【编辑】按钮，弹出【编辑部件】对话框，如图 5-105 所示。

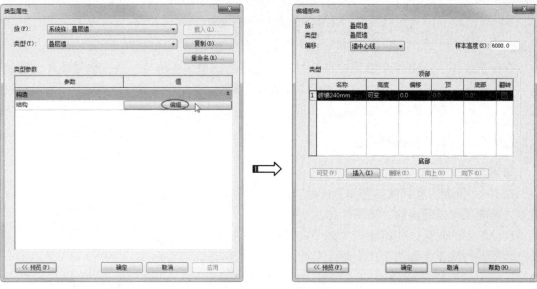

图 5-105　编辑【结构】参数

04 单击【插入】按钮，增加一个墙的构造层，选择名称为【外部－带砌块与金属立筋龙骨复合墙】类型，并设置第一个构造层的类型名称为【240涂料砖墙－黄】，高度为 2500，如图 5-106 所示。

05 依次单击【编辑部件】对话框和【类型属性】对话框中的【确定】按钮，完成叠层墙体的创建，效果如图 5-107 所示。

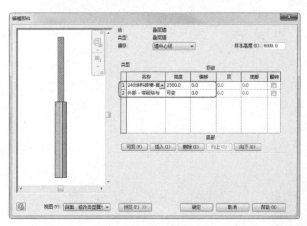

图 5-106　插入新构造层

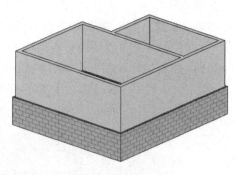

图 5-107　叠层墙体

知识点03：创建复合墙体

复合墙的墙体外部粉饰层由多种材料组成，创建方法与基本墙体相同，下面将对复合墙的设置方法进行详细介绍。

01 打开本例源文件【基本墙体.rvt】。

02 全选墙体，在【属性】面板中单击 田 编辑类型 按钮，打开【类型属性】对话框，单击【结构】右侧的【编辑】按钮，弹出【编辑部件】对话框，如图 5-108 所示。

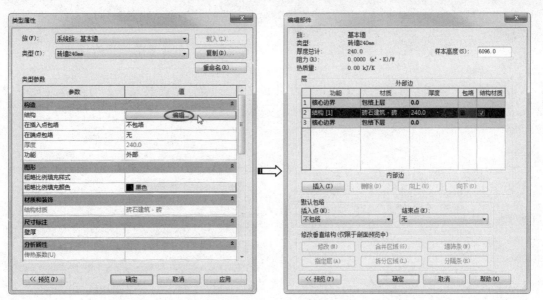

图 5-108 编辑【结构】参数

03 单击【插入】按钮增加一个墙的构造层，功能性为【面层 1 [4]】，如图 5-109 所示。

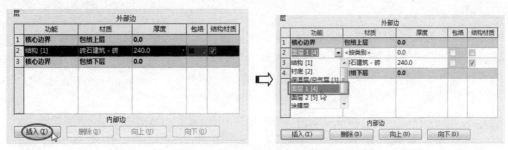

图 5-109 插入新层并选择功能性

04 在【材质】列单击浏览器按钮，设置新层的材质为砖石建筑–黄涂料，如图 5-110 所示。

图 5-110 设置新层材质

05 返回【编辑部件】对话框，设置结构层的厚度为30mm，如图5-111所示。

> **技术要点**　单击 向上(U) 、 向下(D) 按钮，可以改变新结构层在整墙体中的位置。

06 同样的方法，再插入一个功能性为【面2层［5］】的新构造层，材质为【砖石建筑－立砌砖层】。设置参数后单击 向下(D) 按钮，将此层置于【结构［1］】层之下，如图5-112所示。

图5-111　设置结构层厚度　　　　　　　图5-112　插入新构造层

07 依次单击【编辑部件】对话框和【类型属性】对话框的【确定】按钮，完成复合墙体的设置，效果如图5-113所示。

08 接下来对外层的黄色涂层进行区域划分，变成不同材质的外墙涂料层。再次选中所有墙体，打开【类型属性】对话框，单击【结构】栏的【编辑】按钮，打开【编辑部件】对话框。

图5-113　复合墙体

09 单击【编辑部件】对话框左下角的【预览】按钮展开预览区，然后在预览区下方设置视图为【剖面：修改类型属性】，如图5-114所示。

图5-114　展开预览窗口

10 单击对话框下方的【拆分区域】按钮，在外层（黄色涂层）上进行拆分，如图 5-115 所示。

技术要点	拆分的时候缩放图形，便于拆分操作。

11 然后在【面层 1［4］】构造层的基础上插入新构造层，新构造层的厚度暂时为 0，如图 5-116 所示。

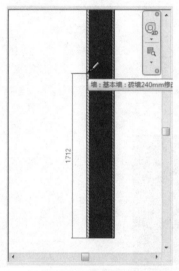

图 5-115　拆分区域

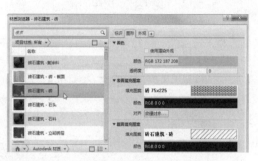

层		外部边	
	功能	材质	厚度
1	核心边界	包络上层	0.0
2	面层 1 [4]	砖石建筑 - 砖	0.0
3	面层 1 [4]	砖石建筑 - 黄涂	30.0
4	结构 [1]	砖石建筑 - 砖	240.0
5	面层 2 [5]	砖石建筑 - 立砌	30.0
6	核心边界	包络下层	0.0

图 5-116　插入新层

12 确认新构造层被选中，然后单击【指定层】按钮，在预览区中选择黄色涂层被拆分的下部分进行替换，如图 5-117 所示。此时，新构造层的厚度自动变为 30，与黄色涂层的厚度一致。

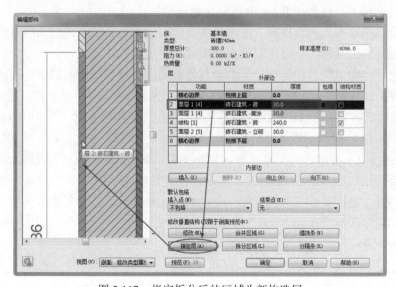

图 5-117　指定拆分后的区域为新构造层

13 最后单击对话框中的【确定】按钮，完成墙体编辑，最终效果如图 5-118 所示。

技术要点	复合墙的拆分是基于外墙涂层的拆分，并非是将墙体拆分。

图 5-118　最终完成编辑的复合墙体

5.5.2　论坛求助帖

求助帖 1　怎样创建房屋的散水

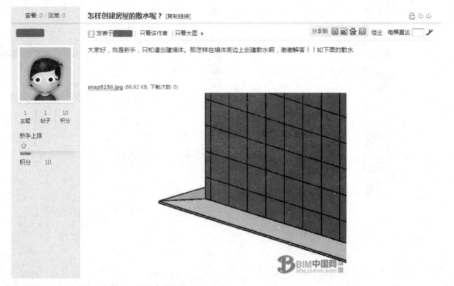

问题描述：如何在墙体上创建散水。

问题解决：其实要解决这个问题，首先要弄明白散水属于何种类型的构件，Revit 有没有相关的工具。其实，散水在 Revit 中称为【墙饰条】。

墙饰条是墙的水平或垂直投影，通常起装饰作用。墙饰条的示例包括沿着墙底部的踢脚板，或沿墙顶部的冠顶饰，可以在三维或立面视图中为墙添加墙饰条。

散水也属于墙饰条的一种类型。散水是与外墙勒脚垂直交接倾斜的室外地面部分，用以排除雨水，保护墙基免受雨水侵蚀。散水的宽度应根据土壤性质、气候条件、建筑物的高度和屋面排水形式确定，一般为 600～1000mm。当屋面采用无组织排水时，散水宽度应大于檐口挑出长度 200～300mm。为保证排水顺畅，一般散水的坡度为 3%～5% 左右，散水外缘高出室外地坪 30～50mm。散水常用材料为混凝土、水泥砂浆、卵石、块石等。设置散水的目的是为了使建筑物外墙勒脚附近的地面积水能够迅速排走，并且防止屋檐的滴水冲刷外墙四周地面的土壤，减少墙身与基础受水浸泡的可能，保护墙身和基础，可以延长建筑物的寿命。

下面介绍创建房屋散水的方法，具体如下。

01 打开本例素材源文件【职工食堂.rvt】。

02 单击【应用程序菜单】按钮，选择【新建】|【族】选项，打开【新族－选择样板文件】对话框，选择【公制轮廓.rft】族类型，如图 5-119 所示。

图 5-119 选择族样板文件

03 单击【打开】按钮,进入族编辑器,单击【详图】面板中的【直线】按钮,绘制如图 5-120 所示的散水轮廓。

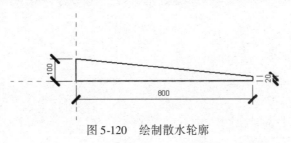

图 5-120 绘制散水轮廓

04 单击【保存】按钮,保存族文件【800 宽室外散水轮廓.rfa】。

05 单击【族编辑器】面板中的【载入到项目】按钮,直接载入到【职工食堂.rvt】项目中。

06 在默认三维视图中,切换至【建筑】选项卡,在【构建】面板中的【墙】下拉列表中选择【墙:饰条】选项,打开墙饰条的【类型属性】对话框,如图 5-121 所示。

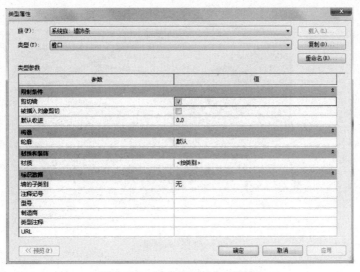

图 5-121 【类型属性】对话框

07 在该对话框中选择【类型】为【职工食堂-800宽室外散水】，并且设置对话框中的参数，如图5-122所示。

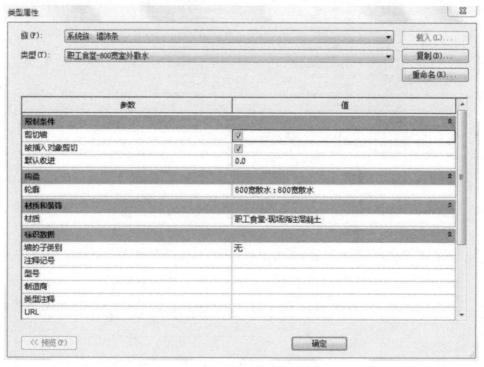

图5-122 设置类型属性

> **技术要点**　【材质】参数中的值设置，是在【材质浏览器】对话框中复制【混凝土-现场浇注混凝土】为【职工食堂-现场浇注混凝土】完成的。

08 确定【放置】面板中散水的放置方式为水平，依次单击墙体的底部边缘生成散水，如图5-123所示。

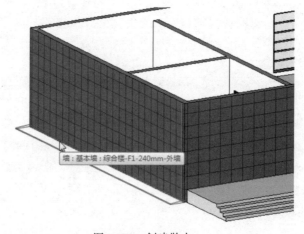

图5-123 创建散水

技术要点	在职工食堂北立面没有创建散水，是因为后期在该位置还要创建台阶图元。对于需要创建台阶图元的位置不需要创建散水，或者在后期修改散水的放置范围。

求助帖2　分割条有什么作用，怎么创建

问题描述：分隔条有何作用，如何创建？

问题解答：墙分隔条是墙中装饰性裁切部分，如图5-124所示。用户可以在三维或立面视图中为墙添加分隔缝，分隔缝可以是水平的，也可以是垂直的，下面介绍创建过程。

01 打开本例源文件【职工食堂–分隔缝.rvt】。

02 选中某一个外墙图元，打开相应的【类型属性】对话框，单击【结构】右侧的【编辑】按钮，继续单击【面层2［5］】中的【材质】浏览按钮，设置【表面填充图案】选项组中【填充图案】为【无】，如图5-125所示。

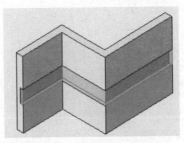

图5-124　墙分割条示意图

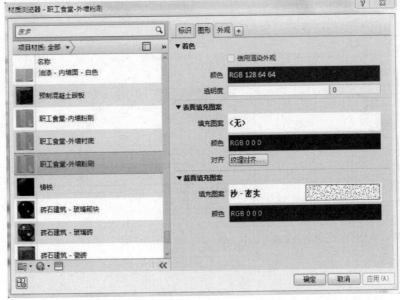

图5-125　设置外墙为无表面

03 切换至【插入】选项卡，单击【从库中载入】面板中的【载入族】按钮，将本例源文件中的【分隔缝30×20.rfa】族类型载入项目文件中，如图 5-126 所示。

04 在默认三维视图中，切换至【建筑】选项卡，单击【构建】面板中的【墙】下拉按钮，选择【墙：分隔缝】选项。在【属性】面板中单击【编辑类型】按钮，打开分割条的【类型属性】对话框，复制类型为【职工食堂–分隔缝】，并设置【轮廓】参数为刚刚载入的族文件，如图 5-127 所示。

图 5-126　载入族文件

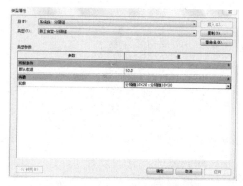

图 5-127　设置分隔缝类型属性

05 单击【确定】按钮后，在外墙适当高度位置单击，为光标所在外墙添加分隔缝。配合旋转视图功能，依次为其他 3 个方向的外墙添加分隔缝，如图 5-128 所示。

图 5-128　添加分隔缝效果

> **技术要点**
>
> 　　在默认三维视图中添加分隔缝时，Revit 会自动显示已经添加分隔缝的轮廓，所以不必担心分隔缝高度问题。

求助帖3　如何使强尺寸变成可编辑尺寸

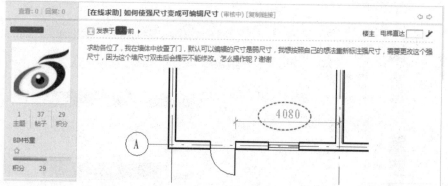

　　问题描述：用户在墙体中放置了门，默认可以编辑的尺寸是弱尺寸，现在想按照自己的想法重新标注强尺寸。需要更改强尺寸时，双击墙尺寸后提示不能修改，该怎么改为可编辑尺寸？

　　问题解决：该尺寸是构件放置尺寸，在墙体中添加门、窗及其他场地构件时会自动显示

Revit 弱尺寸，如图 5-129 所示。需要重新标注强尺寸时，双击强尺寸是不能编辑值的，只能使用实际的值，如图 5-130 所示。

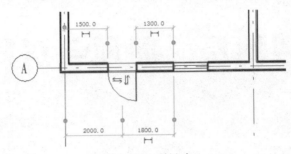

图 5-129　弱尺寸

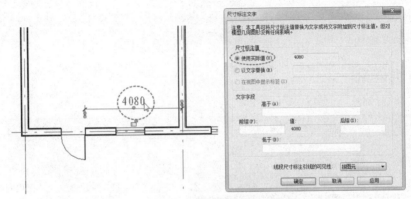

图 5-130　强尺寸值不能编辑

当然换一种方式还是可以编辑值的，即不双击尺寸文本，直接选择要编辑尺寸的门构件，这个时候强尺寸的文本变小了，也就是尺寸被激活了，如图 5-131 所示。再单击尺寸文本，即可修改强尺寸，如图 5-132 所示。

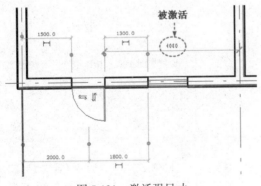

图 5-131　激活强尺寸

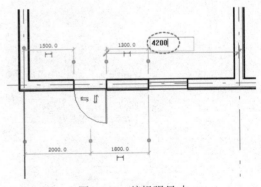

图 5-132　编辑强尺寸

第6章

建筑楼地层、屋顶与房间设计

本章导读

建筑楼地层与屋顶同属于建筑平面的构件设计。建筑的基本主体结构完成后，可以为各个房间添加房间标记、房间分割、房间面积计算等操作。

 案例展现

ANLIZHANXIAN

案 例 图	描 述
	在 Revit 中，建筑楼板的设计与结构楼板设计过程是完全相同的，但楼层的材料性质与结构不同。常见的结构楼板主要材料是钢筋混凝土结构形式，常见的建筑楼板主要是砂浆及地砖，或者龙骨与木地板结构形式
	迹线屋顶分为平屋顶和坡屋顶。平屋顶也称平房屋顶，为了便于排水，整个屋面的坡度应小于 10%。坡屋顶也是常见的一种屋顶结构，如别墅屋顶、人字形屋顶、六角亭屋顶等
	【屋檐：底板】工具用于创建坡度屋顶底边的底板，底板是水平的，没有斜度。对于屋顶材质为瓦的屋顶，需要做封檐板，其作用是支撑瓦和美观。檐槽是用于排水的建筑构件，在农村建房应用较广

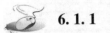

6.1　楼地层设计

建筑物中，楼地层作为水平方向的承重构件，起分隔、水平承重和水平支撑的作用。

6.1.1　楼地层概述

楼板层建立在二层及二层以上的楼层平面中。为了满足使用要求，楼板层通常由面层（建筑楼板）、楼板（结构楼板）、顶棚（屋顶装修层）3部分组成。多层建筑中，楼板层往往还需设置管道敷设、防水隔声、保温等各种附加层。图6-1为楼板层的组成示意图。

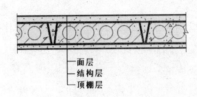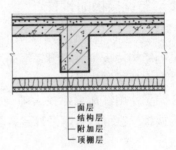

图6-1　楼板层的组成

- 面层（Revit 中称【建筑楼板】）：又称楼面或地面，起着保护楼板、承受并传递荷载的作用，同时对室内有很重要的清洁及装饰作用。
- 楼板（Revit 中称【结构楼板】）：是楼盖层的结构层，一般包括梁和板两部分，主要功能在于承受楼盖层上的全部静、活荷载，并将这些荷载传给墙或柱，同时还对墙身起水平支撑的作用，增强房屋刚度和整体性。
- 顶棚（Revit 中称【天花板】）：是楼盖层的下面部分。根据其构造不同，分为抹灰顶棚、粘贴类顶棚和吊顶棚3种。

根据使用的材料不同，楼板分为木楼板、钢筋混凝土楼板、压型钢板组合楼板等。

- 木楼板：是在墙或梁支承的木搁栅上铺钉木板，木搁栅间是由设置增强稳定性的剪刀撑构成的。木楼板具有自重轻、保温性能好、舒适、有弹性、节约钢材和水泥等优点。但是易燃、易腐蚀、易被虫蛀、耐久性差，需耗用大量木材。所以，此种楼板仅在木材采区使用。
- 钢筋混凝土楼板：具有强度高、防火性能好、耐久、便于工业化生产等优点。此种楼板形式多样，是我国应用最广泛的一种楼板。
- 压型钢板组合楼板：该楼板是用截面为凹凸形压型钢板与现浇混凝土面层组合形成整体性很强的一种楼板结构。压型钢板的作用既为面层混凝土的模板，又起结构作用，从而增加楼板的侧向和竖向刚度，使结构的跨度加大，梁的数量减少，楼板自重减轻，加快施工进度，在高层建筑中得到广泛的应用。

在建筑物中，除了楼板层还有地坪层，楼板层和地坪层统称为楼地层。在 Revit Architecture 中都可以使用建筑楼板或结构楼板工具进行创建。

地坪层主要由面层、垫层和基层组成，如图6-2所示。

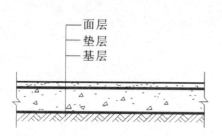 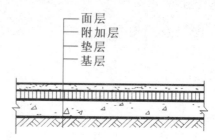

图 6-2　地坪层的组成

 ## 6.1.2　建筑楼板的设计

在 Revit 中，建筑楼板的设计与结构楼板设计过程是完全相同的，但楼层的材料性质与结构不同。常见的结构楼板主要材料是钢筋混凝土结构形式，常见的建筑楼板主要是砂浆及地砖，或者龙骨与木地板结构形式。

在第 4 章介绍了使用红瓦 – 建模大师（建筑）软件进行快速【一键成板】操作，不光是快速设计结构楼板，也可以快速设计建筑楼板。下面将介绍如何利用 Revit 的楼板工具手动创建建筑楼板。

❀ 上机操作——别墅建筑楼板设计 ❀

01 打开本例练习项目源文件【别墅.rvt】，如图 6-3 所示。

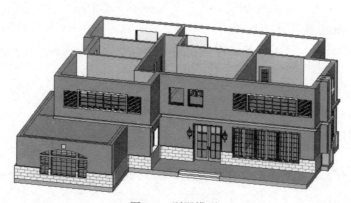

图 6-3　别墅模型

02 本例仅在主卧和卧室卫生间构建建筑楼板，切换视图为【二层平面】平面视图，通过【视图】选项卡下【图形】面板中的【可见性/图形】工具，打开【可见性/图形替换】对话框，在【注释类别】选项卡下取消【在此视图中显示注释类型】复选框的勾选，隐藏所有的注释标记，如图 6-4 所示。

03 在【建筑】选项卡下【构建】面板中单击【楼板：建筑】按钮，在【属性】面板的选择浏览器中选择【楼板：常规 – 150mm】楼板类型，设置标高为参照为 F2，勾选【房间边界】复选框，如图 6-5 所示。

04 单击【属性】面板中的【编辑类型】按钮，打开【类型属性】对话框，复制现有类型并重命名为【卧室木地板 – 100mm】，如图 6-6 所示。

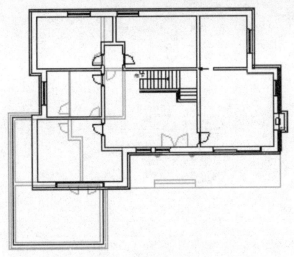

图 6-4　隐藏注释标记

图 6-5　设置楼板类型及限制条件　　　　　图 6-6　复制新类型

05 单击【类型属性】对话框中【结构】右侧【编辑】按钮，打开【编辑部件】对话框，设置地坪层的相关层，并设置各层的材质和厚度，如图 6-7 所示。

> **技巧点拨**　室内木地板结构主要是木板和骨架，骨架分木质骨架和合金骨架。

06 单击【确定】按钮关闭对话框。在视图中利用【直线】工具绘制沿墙体内侧来创建建筑楼板的边界线，如图 6-8 所示。

07 单击【修改 | 创建楼层边界】上下文选项卡下【模式】面板中的【完成编辑模式】按钮 ✔，完成卧室建筑楼板的构建，结果如图 6-9 所示。

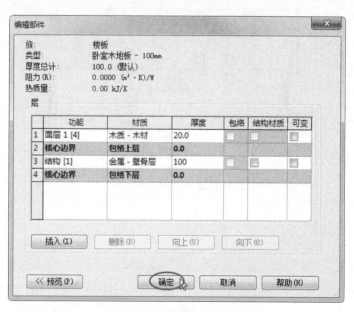

图 6-7　编辑地坪层各层材质和厚度

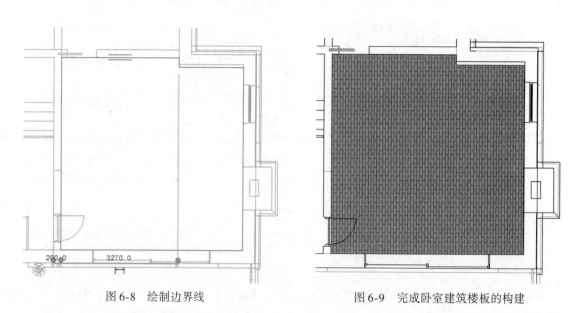

图 6-8　绘制边界线　　　　　　　图 6-9　完成卧室建筑楼板的构建

08 接下来创建主卧卫生间的建筑楼板。在【建筑】选项卡下【构建】面板中单击【楼板：建筑】按钮，在【属性】面板的选择浏览器中选择【楼板：常规 – 150mm】楼板类型，设置标高参照为 F2，勾选【房间边界】复选框。

09 单击【属性】面板中的【编辑类型】按钮，打开【类型属性】对话框，复制现有类型并重命名为【卫生间木地板 – 100mm】，如图 6-10 所示。

10 单击【类型属性】对话框中【结构】右侧的【编辑】按钮，打开【编辑部件】对话框，设置地坪层的相关层，并设置各层的材质和厚度，如图 6-11 所示。

图6-10 复制新类型

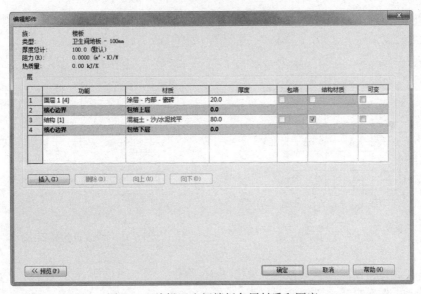

图6-11 编辑卫生间楼板各层材质和厚度

技巧点拨

原则上卫生间的地板要比卧室地板低50～100mm左右，防止卫生间的水流进卧室。由于卫生间的结构楼板没有下沉50mm，所有只能通过调整建筑楼板的整体厚度以形成落差。卫生间地板结构为【混凝土 – 沙/水泥找平】和【涂层 – 内部 – 瓷砖】层。

11 单击【确定】按钮关闭对话框。在视图中利用【直线】工具绘制沿墙体内侧来创建建筑楼板的边界线，如图6-12所示。

12 单击【修改 | 创建楼层边界】上下文选项卡下【模式】面板中的【完成编辑模

式】按钮✅，完成卫生间建筑楼板的构建，结果如图 6-13 所示。

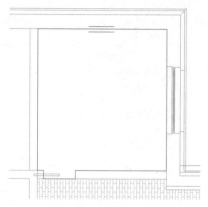
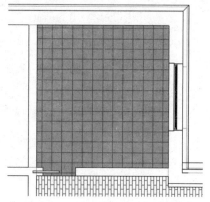

图 6-12 绘制边界线　　　　图 6-13 完成卫生间建筑楼板的构建

13 卫生间地板中间部分比周围要低，利于排水，因此需要编辑卫生间地板。选中卫生间建筑地板，激活【修改 | 楼板】上下文选项卡。

14 单击【添加点】按钮，在卫生间中间添加点，如图 6-14 所示。

15 按 Esc 键结束添加点，随后单击点，修改该点的高程值为 5，如图 6-15 所示。

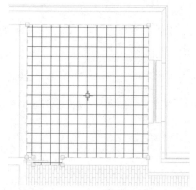
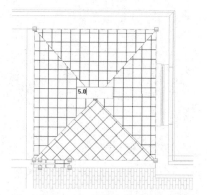

图 6-14 添加点　　　　图 6-15 修改点的高程

16 修改卫生间建筑楼板的效果，如图 6-16 所示。

17 最后，保存项目文件。

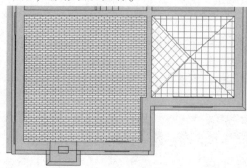
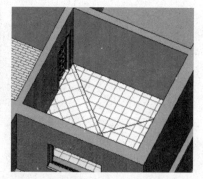

图 6-16 修改卫生间建筑楼板的效果

6.2　屋顶设计

不同的建筑结构和建筑样式，会有不同的屋顶结构，如别墅屋顶、农家小院屋顶、办公楼屋顶、迪士尼乐园建筑屋顶等。

针对不同屋顶结构，Revit 提供了不同的屋顶设计工具，包括迹线屋顶、拉伸屋顶、面屋顶、房檐等工具。

 ### 6.2.1　迹线屋顶

迹线屋顶分平屋顶和坡屋顶。平屋顶也称平房屋顶，为了便于排水，整个屋面的坡度应小于10%。坡屋顶也是常见的一种屋顶结构，如别墅屋顶、人字形屋顶、六角亭屋顶等。

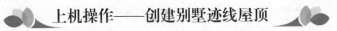

上机操作——创建别墅迹线屋顶

01 打开本例源文件【别墅–1.rvt】，如图6-17所示。为别墅第四层（屋顶平面）创建迹线屋顶。

02 切换视图为【屋顶平面】，在【建筑】选项卡下【构建】面板中单击【迹线屋顶】按钮，激活【修改 | 创建屋顶迹线】上下文选项卡。

03 在【属性】面板中选择【基本屋顶：白色屋顶】类型，设置底部标高为F3，取消【房间边界】复选框的勾选，如图6-18所示。

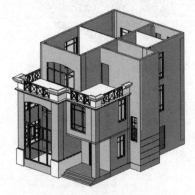

图6-17　别墅模型

图6-18　设置限制条件

04 在选项栏中勾选【定义坡度】复选框，并输入悬挑值为600，如图6-19所示。

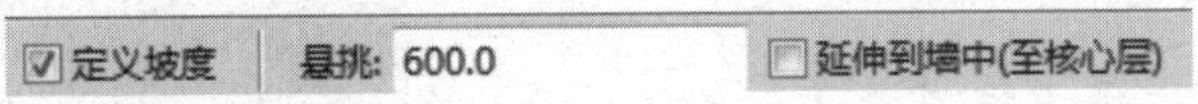

图6-19　设置选项栏中参数

05 单击【绘制】面板中的【拾取墙】按钮，然后拾取楼层平面视图中第三层的墙体，以创建屋顶迹线，如图6-20所示。

06 设置【属性】面板中【尺寸标注】区域的【坡度】值为30°。单击【完成编辑模式】按钮，完成坡度屋顶的创建，如图6-21所示。

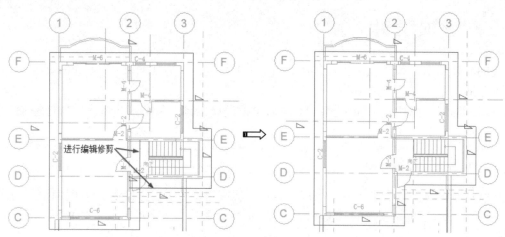

图6-20　创建屋顶迹线

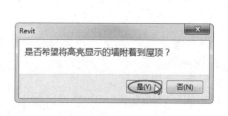

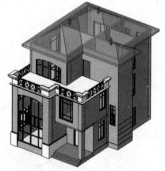

图6-21　完成坡度屋顶的创建

🌸 上机操作——创建坡度屋顶（反口） 🌸

01 接下来创建坡度屋顶，首先打开本例源模型【别墅－2.rvt】文件，如图6-22所示。

02 单击【迹线屋顶】按钮，设置选项栏和【属性】面板中的参数后，利用【拾取线】工具拾取F3屋顶的边线，偏移量为0，如图6-23所示。

03 接着在选项栏设置偏移量为－1200，选取相同的屋顶边，绘制出内部的边线，如图6-24所示。然后按Esc键结束绘制。

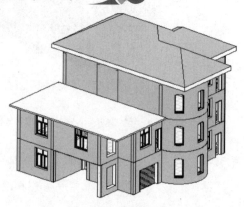

图6-22　别墅模型

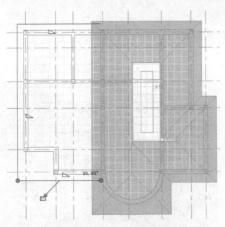

图 6-23　拾取第一条屋顶边线

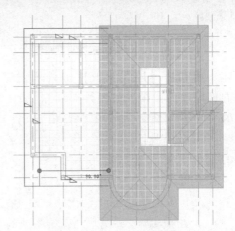

图 6-24　拾取第二条屋顶边线

04 拖曳线端点编辑内偏移的边界线，如图 6-25 所示。

05 最后利用【直线】工具封闭外边界线和内边界线，得到完整的屋顶边界线，如图 6-26 所示。

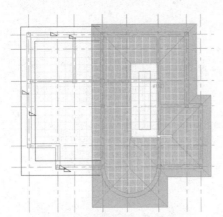

图 6-25　拖曳端点编辑内边界线

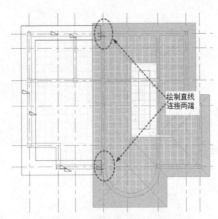

图 6-26　绘制线完整边界线

06 选中内侧所有的边界线，然后在【属性】面板中取消【定义屋顶坡度】复选框的勾选，如图 6-27 所示。

07 单击【完成编辑模式】按钮，完成第一层坡度屋顶的创建，如图 6-28 所示。

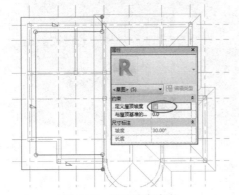

图 6-27　设置限制条件

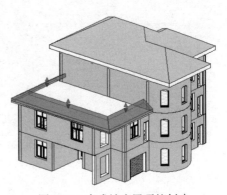

图 6-28　完成坡度屋顶的创建

08 最后，保存项目文件。

上机操作——创建平屋顶

本例将利用【迹线屋顶】工具来创建比较平直的屋顶，操作步骤如下。

01 打开本例源文件【办公楼.rvt】，如图 6-29 所示。

02 切换视图为 Level 5 楼层平面视图，单击【迹线屋顶】按钮，激活【修改 | 创建屋顶迹线】上下文选项卡。设置属性选项的限制条件，利用【拾取墙体】工具拾取墙体并绘制出如图 6-30 所示的屋顶边界线。

03 单击【完成编辑模式】按钮 ✓，完成平屋顶的创建，如图 6-31 所示。

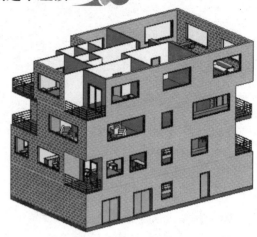

图 6-29 办公楼模型

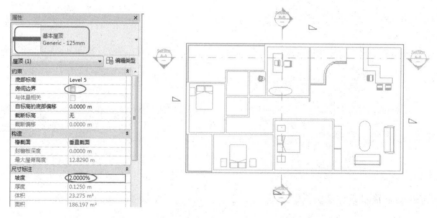

图 6-30 设置限制条件并绘制屋顶边界线

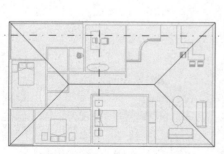

图 6-31 完成平屋顶的创建

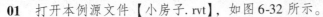

上机操作——创建人字形迹线屋顶

01　打开本例源文件【小房子.rvt】，如图 6-32 所示。

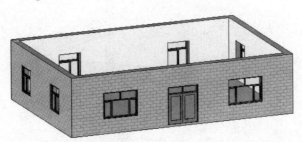

图 6-32　小房子

02　切换视图为【标高 2】楼层平面视图，单击【迹线屋顶】按钮，激活【修改 | 创建屋顶迹线】上下文选项卡。

03　设置选项栏中的悬挑为 600，如图 6-33 所示。

图 6-33　设置选项栏参数

04　利用【矩形】工具，绘制如图 6-34 所示的屋顶边界。

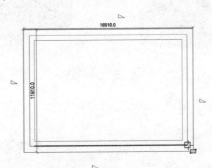

图 6-34　绘制屋顶边界

05　按 Esc 键结束绘制。选中两条短边边界线，然后在【属性】面板中取消【定义屋顶坡度】复选框的勾选，如图 6-35 所示。

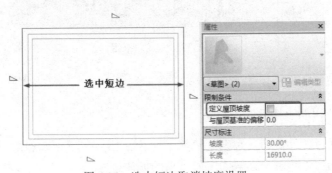

图 6-35　选中短边取消坡度设置

06 单击【完成编辑模式】按钮☑️，完成人字形屋顶的创建，如图 6-36 所示。

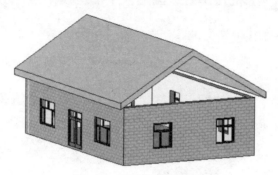

图 6-36　创建人字形屋顶

07 选中四面墙，激活【修改 | 墙】上下文选项卡，单击【修改墙】面板中的【附着顶部/底部】按钮🔲，再选择屋顶，随后两面墙自动延伸并与拉伸屋顶相交，结果如图 6-37 所示。

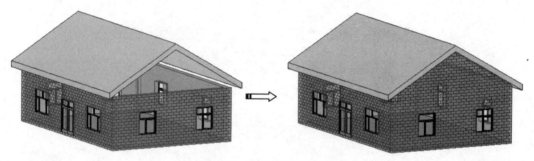

图 6-37　墙附着屋顶效果

08 最终完成的拉伸屋顶及效果图，如图 6-38 所示。

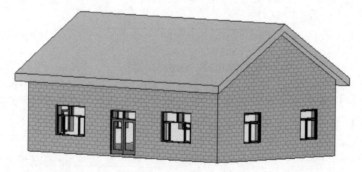

图 6-38　完成效果图

09 最后，保存建筑项目文件。

 ### 6.2.2　拉伸屋顶

拉伸屋顶是通过拉伸截面轮廓来创建简单屋顶，如人字屋顶、斜面屋顶、曲面屋顶等。下面以农家小院的房子为例，详解人字形屋顶的创建过程。

上机操作——创建拉伸屋顶

01 打开本例源文件【迪士尼小卖部.rvt】，如图6-39所示。

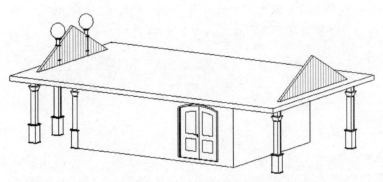

图6-39 迪士尼小卖部

02 在【建筑】选项卡下的【构建】面板中单击【拉伸屋顶】按钮 ![] 拉伸屋顶，弹出【工作平面】对话框，选中【拾取一个平面】单选按钮，然后拾取楼板侧面作为工作平面，如图6-40所示。

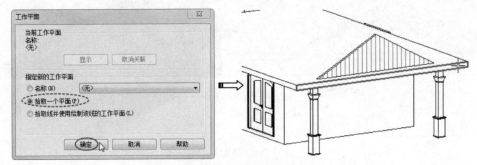

图6-40 拾取工作平面

03 随后再设置标高和偏移值，如图6-41所示。

04 切换到西立面图，激活【修改 | 创建拉伸屋顶轮廓】上下文选项卡。在【属性】面板中选择【基本屋顶：保温屋顶－木材】类型，并设置限制条件，如图6-42所示。

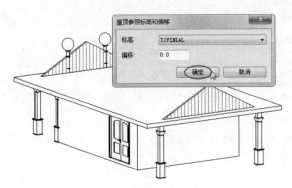

图6-41 设置标高和偏移

图6-42 设置【属性】面板参数

技巧 | 关于选项栏的偏移值，用户可以单击【编辑类型】按钮，查看保温屋顶的
点拨 | 厚度。

05 利用【直线】工具绘制两条轮廓线（沿着三角形墙面的斜边），如图6-43所示。

06 将两端的线延伸至与水平面相交，如图6-44所示。

图6-43 绘制轮廓线

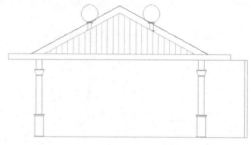

图6-44 延伸轮廓线

07 单击【完成编辑模式】按钮☑，Revit自动创建拉伸屋顶，如图6-45所示。

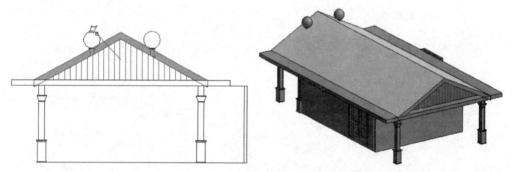

图6-45 创建完成的拉伸屋顶

08 最后，保存建筑项目文件。

6.2.3 面屋顶

利用【面屋顶】工具可以将体量建筑中楼顶平面或曲面转换成屋顶图元，其制作方法与面楼板完全相同。

🌸🌿 **上机操作——创建面屋顶** 🌿🌸

01 打开本例源文件模型【商业中心体量模型.rvt】，如图6-46所示。

02 单击【面屋顶】按钮🔲，在【属性】面板中选择屋顶族类型，并设置基本参数，如图6-47所示。

03 选取商业中心的屋面平面，然后单击【修改 | 放置面屋顶】上下文选项卡中的【创建屋顶】按钮🔲，自动创建屋顶，结果如图6-48所示。

04 最后，保存项目结果。

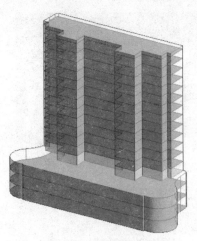

图6-46　体量模型

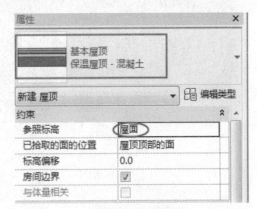

图6-47　设置属性

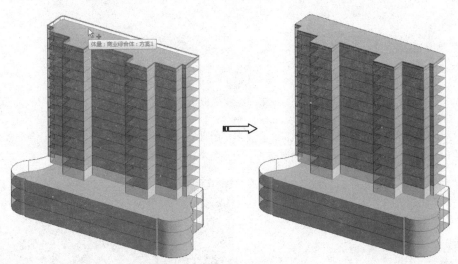

图6-48　选取屋面自动创建屋顶

 6.2.4　屋檐工具

有些民用建筑创建屋顶后，还要创建屋檐。Revit Architecture提供了屋檐底板、屋顶封檐板和屋顶檐槽3种屋檐工具。

1.【屋檐：底板】工具

【屋檐：底板】工具用于创建坡度屋顶底边的底板，底板是水平的，没有斜度。

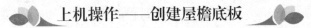 **上机操作——创建屋檐底板**

01 打开本例练习源文件【别墅－3. rvt】，此别墅大门上方需要修建遮雨的坡度屋顶和屋檐底板。图6-49为别墅建筑创建屋檐的前后对比效果。

02 切换视图为【二层平面】，单击【屋檐：底板】按钮，利用【矩形】工具绘制底板边界线，如图6-50所示。

创建屋檐前　　　　　　　　　　　　创建屋檐后

图 6-49　别墅模型

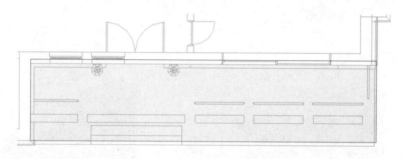

图 6-50　绘制底板边界线

03 设置【属性】面板的参数，如图 6-51 所示。单击【完成编辑模式】按钮✔，完成
屋檐地板的创建，如图 6-52 所示。

图 6-51　设置属性的参数

图 6-52　创建屋檐地板

04 接下来使用【迹线屋顶】工具创建斜度房檐，首先切换视图为【二层平面】平面
视图，单击【迹线屋顶】按钮，利用【矩形】工具绘制楼顶边界线，如图 6-53
所示。

05 在【属性】面板中设置屋顶坡度为 20°（4 条边界线，仅仅设置外侧的一条直线具
有坡度，其余 3 条不设置），如图 6-54 所示。

06 单击【完成编辑模式】按钮✔，完成坡度屋檐的创建，如图 6-55 所示。

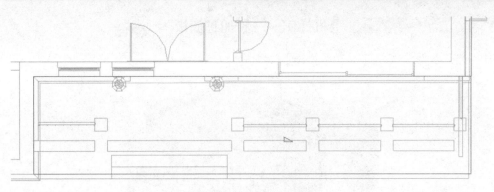

图 6-53　绘制屋顶边界线

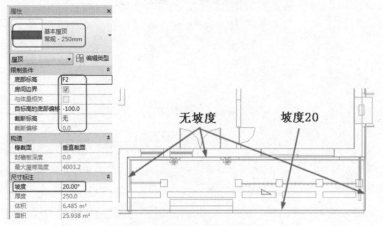

图 6-54　设置属性参数

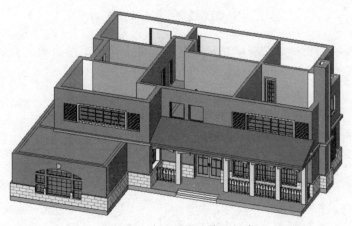

图 6-55　完成坡度屋檐的创建

07 最后，保存建筑项目文件。

2. 【屋顶：封檐板】工具

对于材质为瓦的屋顶，需要做封檐板，其作用是对瓦起支撑作用，也使建筑更美观。

01 打开本例源文件【别墅－4.rvt】，如图6-56所示。

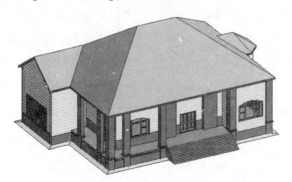

图6-56　别墅模型

02 切换视图为F2楼层平面，单击【屋檐：底板】按钮 屋檐:底板，然后绘制底板轮廓线，如图6-57所示。

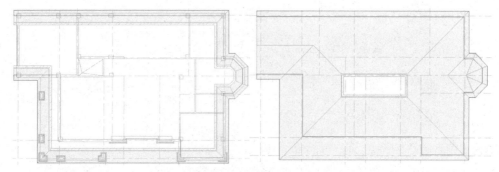

图6-57　绘制底板轮廓线

03 选择【屋檐底板：常规－100mm】类型，单击【完成编辑模式】按钮 ，自动创建屋檐底板，如图6-58所示。

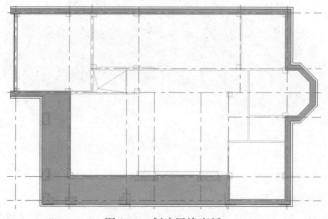

图6-58　创建屋檐底板

04 切换视图为三维视图，在【建筑】选项卡下的【构建】面板中单击【屋顶：封檐板】按钮，激活【修改 | 放置封檐板】上下文选项卡。

05 保留【属性】面板中的默认设置，然后选择人字形屋顶的侧面底边线，随后自动创建封檐板，如图 6-59 所示。

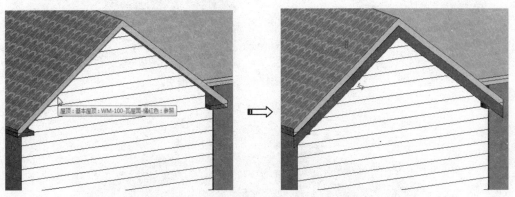

图 6-59 选择屋顶侧面底边自动创建封檐板

06 单击【编辑类型】按钮，在【类型属性】对话框的【类型参数】区域中设置【轮廓】值为【封檐带 – 平板：19×89mm】，如图 6-60 所示。

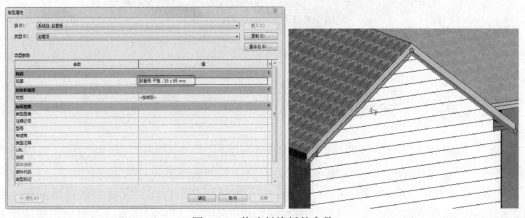

图 6-60 修改封檐板的参数

3.【屋顶：檐槽】工具

檐槽是用于排水的建筑构件，在农村建房时应用较广。下面以具体案例说明添加檐槽的操作步骤。

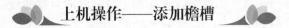
上机操作——添加檐槽

01 接上一案例。在【建筑】选项卡下的【构建】面板中单击【屋顶：檐槽】按钮 🌱 屋顶:檐槽，激活【修改 | 放置檐槽】上下文选项卡。

02 保留【属性】面板中的默认设置，然后选择迹线屋顶的底部边线，随后自动创建檐槽，如图 6-61 所示。

03 依次选择迹线屋顶的底部边线，自动创建檐槽，完成效果如图 6-62 所示。

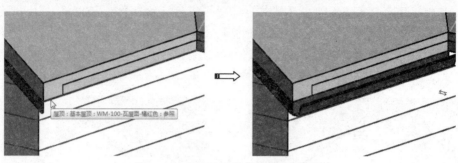

图 6-61　选择屋顶底边线并放置檐槽

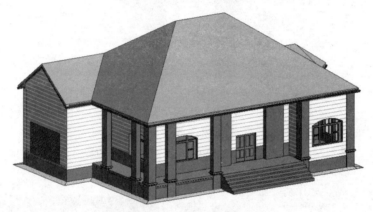

图 6-62　檐槽创建完成效果

6.3　房间与面积

建筑模型创建完成后，为表示设计项目的房间分布、房间面积等房间信息，可以使用 Revit Architecture 的房间工具进行房间标记，或使用明细表视图统计项目房间信息。

此外，Revit 还提供了面积工具，用于创建专用面积平面视图，统计项目占地面积、套内面积和户型面积等信息。用户可以根据房间边界、面积边界自动搜索并在封闭空间内生成房间和面积。

 ### 6.3.1　房间、房间分隔与标记房间

房间是基于图元（例如墙、楼板、屋顶和天花板）对建筑模型中的空间进行细分的部分，只有具有封闭边界的区域才能创建房间对象。当室内的客厅与餐厅共同拥有一个房间，做标记时，先对房间进行分隔。

上机操作——房间、房间分隔与标记房间的应用

01　打开本例练习模型【别墅－5. rvt】。

02　切换到【标高 2】楼层平面，单击【房间】按钮，然后在二层房间中拖动光标检查有没有封闭的房间，查看墙体连接是否完全，并及时进行调整。再检查房间有没

有分割，如图6-63所示。此时可以发现客厅、走廊及楼梯间并没有分隔开。

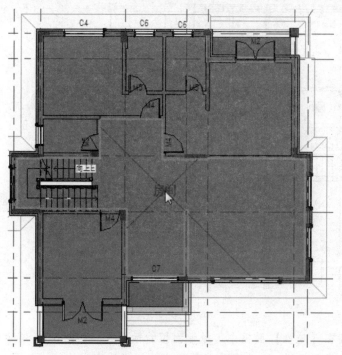

图6-63　没有分割的房间

03 退出【房间】功能。单击【房间分割】按钮 ，然后利用【直线】工具绘制两条房间分割线，将一个房间分成3个房间，如图6-64所示。

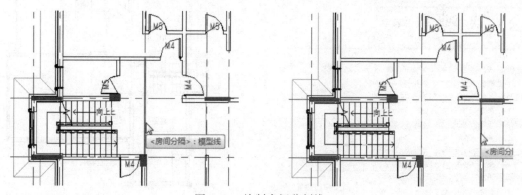

图6-64　绘制房间分割线

04 按Esc键自动将房间分割。重新单击【房间】按钮 ，在【修改 | 放置房间】上下文选项卡中单击【自动放置房间】按钮 ，系统自动创建二层中所有房间，并进行标记，如图6-65所示。

> **温馨提示**　用户也可以手动创建房间，如果没有在创建房间时放置标记，可以退出【房间】功能，再单击【标记房间】按钮 ，手动标记房间名即可。

05 此时会发现，创建的房间中并没有标记出面积，这是由于默认房间标记族类型不带

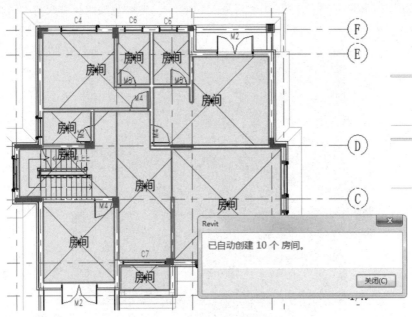

图 6-65　自动创建房间

面积，则在【属性】面板中选择带面积的标记族，如图 6-66 所示。

06　最后双击房间标记，修改每个房间的名称，修改完成的结构如图 6-67 所示。

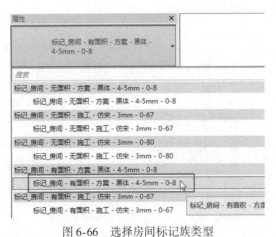

图 6-66　选择房间标记族类型

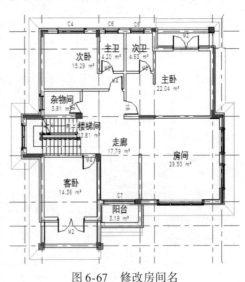

图 6-67　修改房间名

07　完成本例操作后，保存项目文件。

　6.3.2　计算房间面积并作标记

在 Revit 2018 中，用户可以使用【面积平面】工具在项目中创建面积平面，通过自动搜索或绘制面积边界显示项目各类面积，如占地面积、楼层平面面积等。Revit Architecture 将自动计算面积边界范围内的面积。Revit Architecture 可以根据面积平面的类型将【面积平面】工具创建的视图组织在不同的面积平面视图类别中。用户可以继续建筑创建面积平面，以计算综合楼项目的占地面积，其创建过程与【房间】的创建过程相似，这里不再过多阐述。

6.4 创建洞口

在 Revit 中，用户可以通过编辑楼板、屋顶、墙体的轮廓来实现开洞口，但软件提供了专门的洞口工具来创建面洞口、垂直洞口、竖井洞口和老虎窗洞口等，操作更便捷，图 6-68 为洞口工具。

图 6-68　洞口工具

6.4.1　创建竖井洞口

建筑物中有各种各样常见的【井】，例如天井、电梯井、楼梯井、通风井、管道井等。这类结构的井，可以在 Revit 中通过【竖井】洞口工具创建。

下面以某建筑大楼的楼梯井为例，详解【竖井】洞口工具的应用。

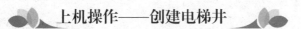
上机操作——创建电梯井

01　打开本例源文件中的【综合楼.rvt】项目文件，如图 6-69 所示。

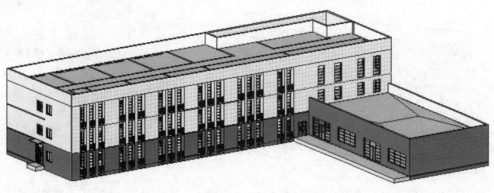

图 6-69　综合楼

技巧点拨	楼梯间的洞口大小由楼梯上、下梯步的宽度和长度决定，当然也包括楼梯平台或中间的间隔。实际工程中楼梯洞口周边要么是墙体，要么是结构梁。

02 综合楼模型中已经创建了楼梯模型，按建筑施工流程来说，每一层应该是先有洞口后有楼梯，如果是框架结构，楼梯和楼板则一起施工与设计。在本例中先创建楼梯是为了便于能看清洞口的所在位置，起参考作用。

03 在【属性】面板中的【范围】选项区域中勾选【剖面框】复选框，模型中显示剖面框，便于用户创建活动剖面，以此看清内部结构，如图 6-70 所示。

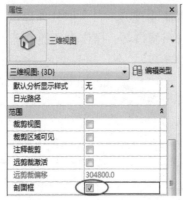
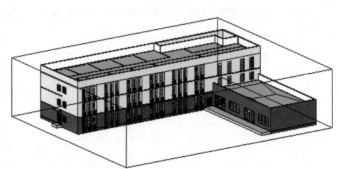

图 6-70　显示剖面框

04 选中剖面框，拖动控制手柄，将活动剖面拖动到楼梯位置，如图 6-71 所示。

05 楼层共有 3 层，其中第一层的建筑地板是不需要创建洞口的，也就是在第二层楼板和第三层楼板上创建楼梯间洞口，如图 6-72 所示。

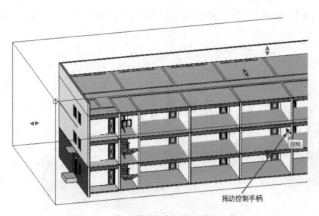

图 6-71　拖动控制手柄控制剖面位置

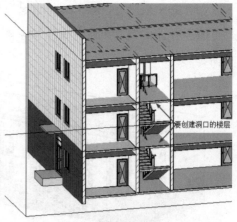

图 6-72　要创建洞口的楼板示意图

06 切换视图为 F1 楼层平面视图，在【建筑】选项卡下的【洞口】面板中单击【竖井】按钮，激活【修改 | 创建竖井洞口草图】上下文选项卡。

07 在【属性】面板中设置如图 6-73 所示的选项和参数。

08 利用【矩形】工具绘制洞口边界（轮廓草图），如图 6-74 所示。

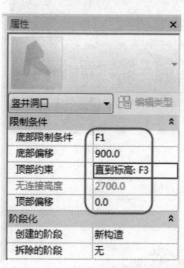

图 6-73　设置属性和参数

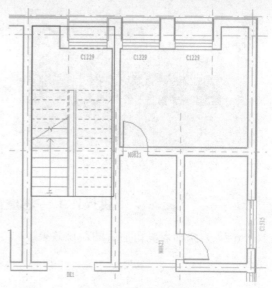

图 6-74　绘制洞口草图

09　单击【完成编辑模式】按钮✅，完成竖井洞口的创建，如图 6-75 所示。

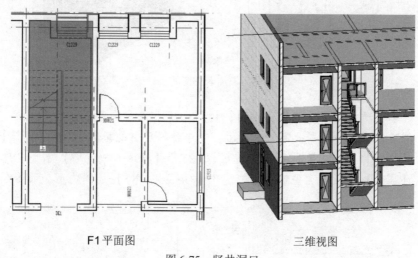

F1平面图　　　　　　　　　三维视图

图 6-75　竖井洞口

10　最后，保存项目文件。

 6.4.2　创建老虎窗洞口

　　老虎窗也叫屋顶窗，最早在我国出现，其作用是透光和加速空气流通。后来上海的洋人带来了西式建筑风格，其顶楼也开设了屋顶窗，英文的屋顶窗叫 Roof，译音跟【老虎】近似，所以有了【老虎窗】一说。

　　中式的老虎窗如图 6-76 所示，主要在中国农村地区的建筑中存在。西式的老虎窗在别墅类的建筑中都有开设，如图 6-77 所示。

图 6-76　中式农村建筑老虎窗

图 6-77　西式别墅的老虎窗

上机操作——老虎窗洞口的创建

图 6-78 为添加老虎窗前后的对比效果。

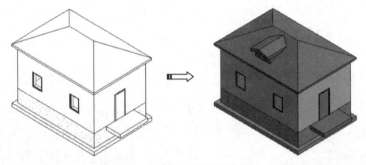

图 6-78　添加老虎窗前后对比

01 打开本例项目文件【储藏室.rvt】，如图 6-78 中的左图所示。

02 要创建墙体，必须先设置工作平面（或者选择已有的标高）。在【建筑】选项卡下的【构建】面板中单击【墙】按钮 ，打开【修改 | 放置墙】上下文选项卡。

03 在【属性】面板的类型选择器中选择【Generic - 8"】墙体类型，如图 6-79 所示。

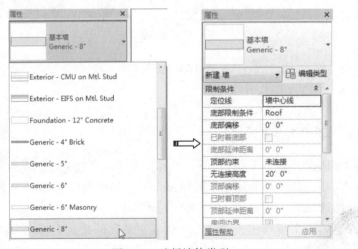

图 6-79　选择墙体类型

> **技巧**
> **点拨**
> 　　这里值得注意的是，用户必须先选择墙体类型，否则将不能按照设计要求来设置墙体的相关参数。

04 在选项栏中设置如图 6-80 所示的选项及墙参数。

| 修改 \| 放置 墙 | 标高: Roof ▼ | 高度: ▼ 未连接 ▼ 5' 0" | 定位线: 墙中心线 ▼ | ☑ 链 偏移量: 0' 0" |

图 6-80　设置墙选项及参数

> **技巧**
> **点拨**
> 　　在本例中，用户将在 Roof 屋顶标高位置创建墙体，因此在创建墙体时可选择标高作为新工作平面的名称。否则，可用其他两种方式来设置新工作平面。

05 在绘图区右上角的指南针上选择【上】视图方向，将视图切换为如图 6-81 所示的俯视图。

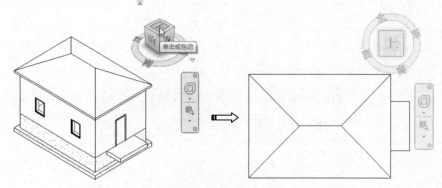

图 6-81　切换视图方向

06 在【修改 | 放置墙】上下文选项卡下的【绘制】面板中单击【直线】按钮，绘制出如图 6-82 所示的墙体。绘制墙体后，连续两次按 Esc 键结束绘制。

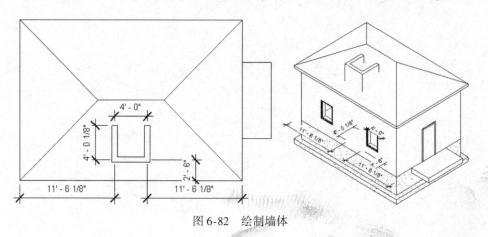

图 6-82　绘制墙体

07 在【建筑】选项卡下的【工作平面】面板中单击【设置】按钮，打开【工作平面】对话框，选中【拾取一个平面】单选按钮，再单击【确定】按钮，选择如

图6-83所示的墙体侧面作为新工作平面。

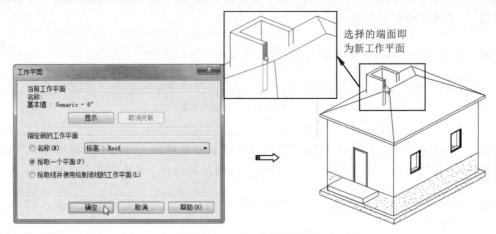

图6-83　指定工作平面

08　在【建筑】选项卡下的【构建】面板中单击【屋顶】按钮，选择【拉伸屋顶】选
　　项，打开【屋顶参照标高和偏移】对话框，保留默认设置并单击【确定】按钮，
　　关闭此对话框，如图6-84所示。

图6-84　设置屋顶参照标高和偏移

09　在指南针上选择前视图方向，然后利用【直线】工具绘制人字形屋顶轮廓线，绘
　　制步骤如图6-85所示。

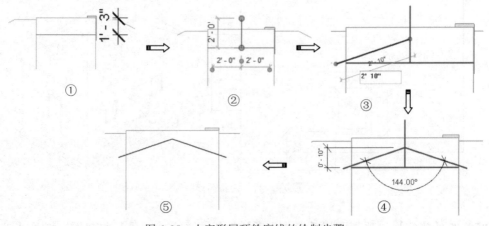

图6-85　人字形屋顶轮廓线的绘制步骤

| 技巧
点拨 | 在图 6-84 中，步骤①绘制的是辅助线，用于确定中心线位置；步骤②是选取水平线的中点来绘制中心线，此中心线的作用是确定人字形轮廓的顶点位置，其次是作为镜像中心线；步骤③是绘制人字形轮廓的一半斜线；步骤④为镜像斜线得到完整的人字形轮廓；步骤⑤是人字形轮廓的结果。 |

10 在【属性】面板中选择基本屋顶类型为 Generic – 9，如图 6-86 所示。单击【编辑类型】按钮 ![编辑类型]，打开【类型属性】对话框，如图 6-87 所示。

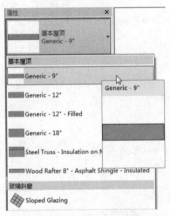

图 6-86　选择基本屋顶类型

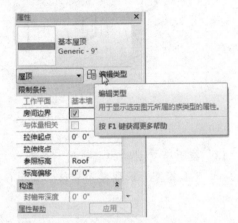

图 6-87　单击【编辑类型】按钮

11 在【类型参数】选项区域的【结构】右侧单击【编辑】按钮，打开【编辑部件】对话框，将厚度尺寸修改为 0′6″，然后单击【确定】按钮完成编辑，如图 6-88 所示。

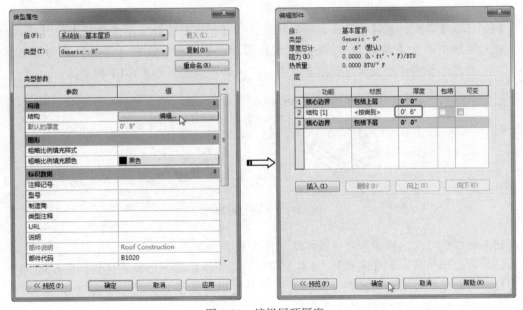

图 6-88　编辑屋顶厚度

12 在【修改 I 创建拉伸屋顶轮廓】上下文选项卡下的【模式】面板中单击【完成编辑模式】按钮，完成人字形屋顶的创建，结果如图 6-89 所示。

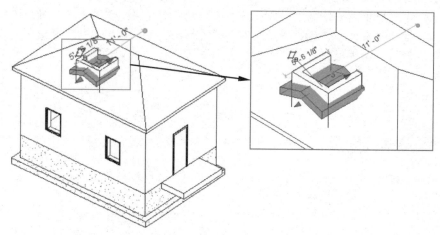

图 6-89　创建人字形屋顶

13 接下来对创建的墙体进行修剪。在绘图区中，将光标移动到墙体上，亮显后再按 Tab 键配合选取整个墙体，如图 6-90 所示。

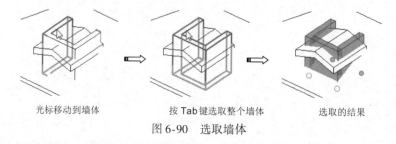

光标移动到墙体　　　　　按 Tab 键选取整个墙体　　　　　选取的结果

图 6-90　选取墙体

14 选取墙体后，墙体模型处于编辑状态，在【修改 I 墙】上下文选项卡的【修改墙】面板中单击【附着 顶部/底部】按钮，在选项栏中选中【顶部】单选按钮，最后再选择人字形屋顶作为附着对象，完成修剪操作，如图 6-91 所示。

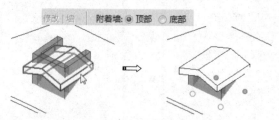

图 6-91　完成修剪操作

15 同样的方法，将修剪后的墙体重复修剪操作，但附着对象变更为小房子的大屋顶，附着墙位置设为【底部】，修剪屋顶斜面以下墙体部分的操作流程如图 6-92 所示。

16 接着编辑人字形屋顶部分，首先选中人字形屋顶使其变成可编辑状态，同时打开【修改 I 屋顶】上下文选项卡。

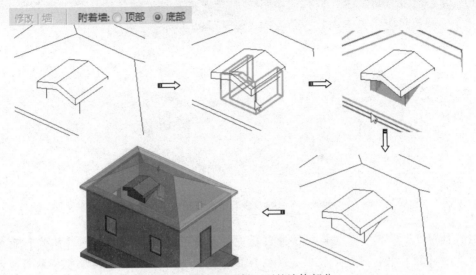

图 6-92 修剪屋顶斜面下的墙体部分

17 在【几何图形】面板中单击【连接/取消连接屋顶】按钮，按信息提示先选取人字形屋顶的边以及大屋顶斜面作为连接参照，随后自动完成连接，结果如图 6-93 所示。

选取屋顶边   选取连接参照   连接结果

图 6-93 编辑人字形屋顶的过程

18 要创建大屋顶上的老虎窗，则先在【建筑】选项卡下的【洞口】面板中单击【老虎窗】按钮，再选择大屋顶作为要创建洞口的参照。

19 将视觉样式设为【线框】，然后选取老虎窗墙体内侧的边缘，如图 6-94 所示。利用【修改】面板中的【修剪/延伸单个图元】工具，修剪选取的边缘，效果如图 6-95 所示。

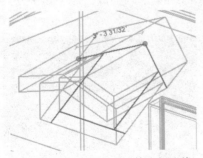

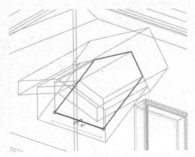

图 6-94 选取老虎窗墙体内侧边缘   图 6-95 修剪选取的边缘

20　单击【完成编辑模式】按钮，完成老虎窗洞口的创建，隐藏老虎窗的墙体和人
　　字形屋顶图元，查看老虎窗洞口，如图 6-96 所示。

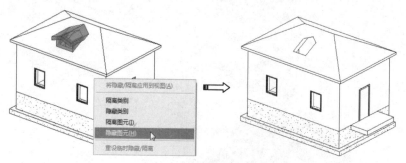

图 6-96　查看老虎窗洞口

21　最后添加窗模型，切换视图为前视图，在【建筑】选项卡下的【构建】面板中单
　　击【窗】按钮，然后在【属性】面板中选择 fixed 16" ×24" 规格的窗模型，并
　　将其添加到墙体中间，如图 6-97 所示。

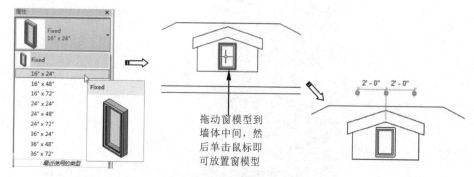

拖动窗模型到
墙体中间，然
后单击鼠标即
可放置窗模型

图 6-97　添加窗模型到墙体上

22　添加窗模型后，连续两次按 Esc 键结束操作。至此，完成了利用工作平面添加屋顶
　　老虎窗的所有步骤。

6.4.3　其他洞口工具

1.【按面】洞口工具

利用【按面】洞口工具可以创建出与所选面法向垂直的洞口，如图 6-98 所示。创建过
程与【竖井】洞口工具相同。

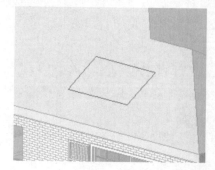
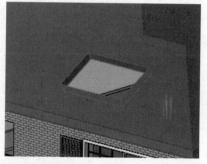

图 6-98　用【按面】工具创建的洞口

2. 【墙】洞口工具

利用【墙】洞口工具可以在墙体上开出洞口，如图6-99所示。且墙体不管是常规墙（直线墙）还是曲面墙，其创建过程都相同。

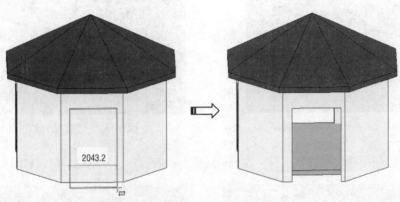

图6-99　创建【墙】洞口

3.【垂直】洞口工具

【垂直】洞口工具也是用于创建屋顶老虎窗的工具。垂直洞口和按面洞口的切口方向不同。垂直洞口的切口方向为面的法向，按面洞口的切口方向为楼层竖直方向。图6-100为【垂直】洞口工具在屋顶上开洞的应用。

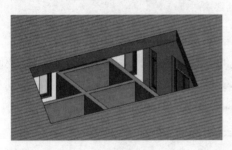 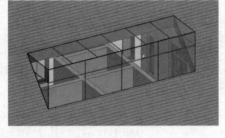

垂直洞口　　　　　　　　　　　　　　　　添加幕墙

图6-100　【垂直】洞口工具的应用

6.5 Revit 知识点及论坛帖精解

初学者学习本章内容时遇到的困难应该是比较多的，常见的主要有各型屋顶的创建方法。其中，迹线屋顶由于其功能强大，学习时更是存在这样那样的问题，接下来将对一些典型的问题进行解答。

6.5.1　Revit 知识点

知识点01：Revit 不同楼层插入窗洞口未剪切

在不同的楼层中插入窗户时，窗户只会对一层的墙体进行剪切，如图6-101所示。

在这种情况下，用户可以先对两层的墙体进行连接，窗洞会自动创建，如图6-102所示。

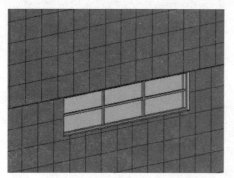

图 6-101 未剪切的墙体窗洞

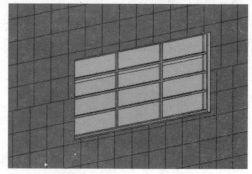

图 6-102 连接墙体改变窗洞

用户也可以利用【墙洞口】工具，在上层墙体上沿着窗户边界创建洞口，如图 6-103 所示。

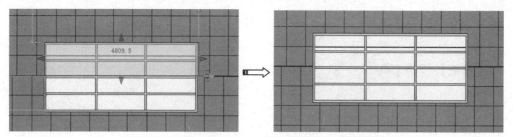

图 6-103 创建墙洞口

知识点 02：层间复制房间标记

最近很多用户遇到无法层间复制房间标记的问题，这里具体介绍一下原因以及解决办法。首先注意的是，房间标记不是独立存在的图元，它的主体是房间，不能脱离房间单独复制。单独复制房间标记，会弹出警告对话框，如图 6-104 所示。

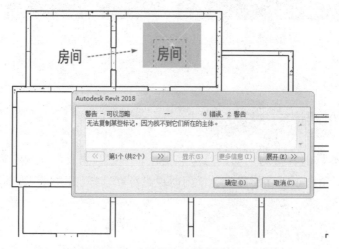

图 6-104 不能单独复制房间标记

用户在添加房间的时候，实际上是添加了两种图元，一个是房间，一个是房间标记，如图 6-105 所示。

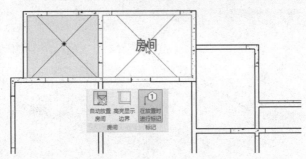

图 6-105 房间及房间标记的创建

所以想要层间复制，必须同时选中房间和房间标记，然后进行层间复制，才可以实现。

知识点 03：在 Revit 中绘制梁构件随坡屋面附着

在 Revit 中，因为【墙与柱】构件是一种基于面拉伸高度产生构件形式，有一个附着命令，对于一些坡屋面的时候，这个命令非常好用，前面解决了完美附着的问题。但是结构梁构件就没有这种功能了，因为"梁"是一种基于线放样生成的构件形式，因此就有所约束。

在某些情况下，坡度屋面框架梁标高都是不给出具体尺寸的，是参照屋面坡度来创建的，但是对于一些中式建筑或者欧式建筑多坡屋面时，这个问题就变得很棘手，如图 6-106 所示。

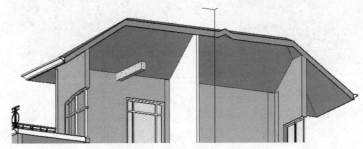

图 6-106 坡度屋顶与结构梁

如果需要绘制屋面梁，可能需要各种剖面、各种辅助线来完成测量尺寸，但是这样测量的数据可能是小数位数的，不是很精确。虽然这种方法也可以满足要求，但是有没有另外一种方式对这样的屋面梁进行所谓的"附着"呢？下面进行尝试。

01 首先选中结构梁，在【修改 | 结构框架】上下文选项卡中单击【拾取新的】按钮，并在选项栏中选择【拾取】选项，如图 6-107 所示。

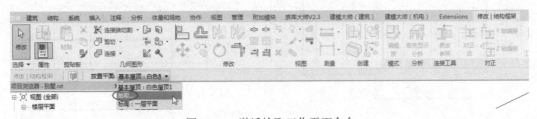

图 6-107 激活拾取工作平面命令

02 在弹出的【工作平面】对话框中选择【拾取一个平面】单选按钮，单击【确定】按钮后，拾取坡度屋顶上的斜面作为新的放置平面，如图 6-108 所示。

图 6-108　选择新放置平面

03 重新放置梁后，方向和位置都发生了变动，需要手动拖动造型控制柄改变方位，如图 6-109 所示。

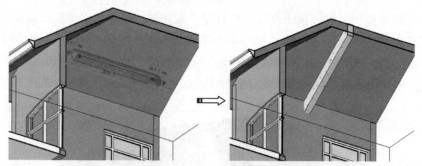

图 6-109　手动改变结构梁的方位

知识点 04：创建复杂坡度屋顶（迹线屋顶）

按照图 6-110 所示的图纸绘制屋顶，屋顶厚度为 400，其他建模尺寸可参考平、立面图自定。

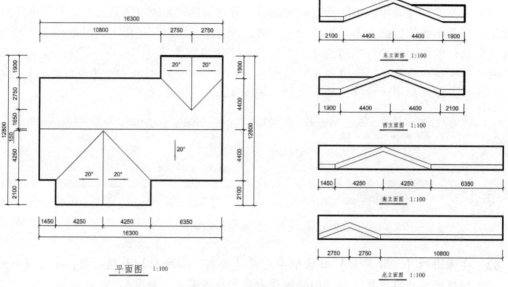

图 6-110　坡度屋顶图纸

01 新建建筑项目文件，在【标高 2】平面视图中，单击 按钮，绘制平面图轮廓，如图 6-111 所示。

02 保持【属性】面板中的默认参数，单击【完成编辑模式】按钮 ，看看完成效果，如图 6-112 所示。

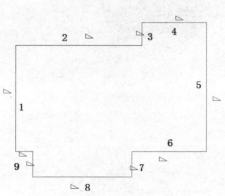

图 6-111　绘制迹线屋顶的轮廓　　　　　　　　　图 6-112　创建的迹线屋顶效果

03 此时会发现不是图纸中所要求的效果，怎么回事呢？原来，是在绘制轮廓时没有分段绘制，也没有办法设置坡度。从图纸来看，至少有 3 个方向的坡度是为 0，才会形成【人】字屋顶。

04 接下来双击屋顶返回到编辑迹线状态，利用【拆分图元】工具 将部分轮廓先拆分成两段或多段，如图 6-113 所示。

05 然后按照编号将 1 和 2、5 和 6、8 和 9、12 和 13 轮廓线的【定义屋顶轮廓】选项取消，取消坡度符号的效果如图 6-114 所示。

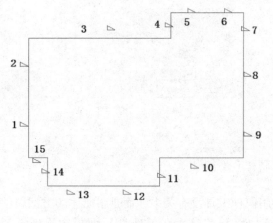
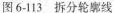
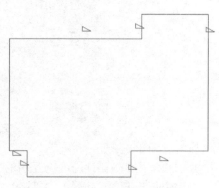

图 6-113　拆分轮廓线　　　　　　　　　　图 6-114　取消部分轮廓的屋顶定义

06 最后单击【完成编辑模式】按钮查看效果已完全符合要求，如图 6-115 所示。

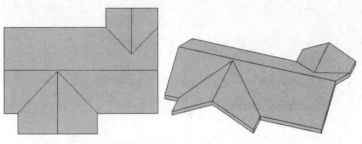

图 6-115 最终完成的效果

6.5.2 论坛求助帖

求助帖1 请问在 Revit 中如何创建剪力墙

问题描述： 请问各位前辈，Revit 的剪力墙是需要用户自己创建，还是直接使用 Revit 自带的系统墙？但是我没找到，难道剪力墙在 Revit 里面是别的叫法？

问题解决： 这个学员仅仅接触过建筑设计，估计还没有接触到结构设计模块。在 Revit 建筑设计环境下的【墙：建筑】工具就是创建装饰墙的工具，【墙：结构】工具是用于创建剪力墙的工具。这个与结构设计环境下的墙体工具是相同的，如图 6-116 所示。

图 6-116 墙体工具

其实这两个墙体工具是可以互用的，跟使用何种工具没有关系，而是跟墙体的类型属性有关。例如使用【墙：建筑】工具建立的【叠层墙】墙体，在【属性】面板中重新选择【挡土墙 – 300mm 混凝土】类型，那么建筑墙体立马变成了结构墙体了。同理，使用结构墙工具也可以创建建筑墙。但尽量使用【墙：建筑】工具或者【墙：结构】工具来创建剪力墙（结构墙），然后使用建模大师中的【面装饰】工具来创建结构墙面上的装饰层，如图 6-117所示。

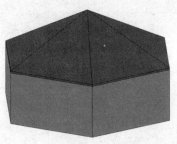

图 6-117　使用建模大师【面装饰】工具添加装饰层

求助帖 2　如何为 Revit 中的柱子附面层

问题描述：在 Revit 建模时，先用结构绘制了框架，包括结构柱。现在想要将结构柱赋予粉刷面层，发现只能更改柱子材质，不能像墙、板一样赋予面层。一般大家是如何处理柱子材质问题的？还是说一开始就用建筑柱绘制，让墙的材质连接过去？

问题解决：在没有建模大师之前，我们通常会创建一个公制轮廓族，然后再载入到项目中，通过墙饰条工具编辑类型属性，将轮廓族调出来，然后完成面层的创建。当然使用建模大师的【面装饰】工具可以非常快速地放置面层到结构墙体上。

下面介绍基本步骤。

01　图 6-118 为任意创建的小型建筑作为测试用，设置墙顶标高高度值为 4000，以便在轮廓族使用。

02　新建一个【公制轮廓族】文件，在族编辑器模式中利用【线】工具绘制一个矩形，并进行尺寸标注，如图 6-119 所示。

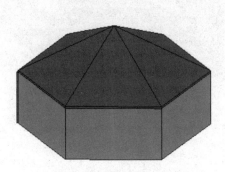

这个值必须跟墙体标高保持一致，否则贴面后会超出墙高。

此厚度值表示面层的厚度，可以自定义。

图 6-118　创建测试用的小建筑　　图 6-119　绘制轮廓族的轮廓

03 标注尺寸后,选中尺寸文本,然后在【修改|尺寸标注】上下文选项卡下的【标签尺寸标注】面板中单击【创建参数】按钮 📷 ,创建一个尺寸参数,如图6-120所示。

04 同样的方法,为另一个厚度尺寸创建参数并命名为【面层厚】,如图6-121所示。

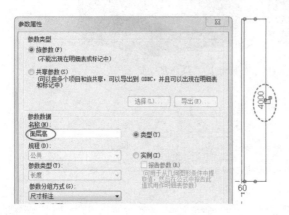

图6-120 创建尺寸参数 图6-121 创建完成的尺寸参数

05 将族保存并命名为【面层】,然后单击【载入到项目】按钮 📷 ,载入到小建筑项目中。

06 切换到三维视图,在【建筑】选项卡中执行【墙】|【墙:饰条】操作,先不要放置默认的墙饰条。在【属性】面板中单击【编辑类型】按钮,在弹出的【类型属性】对话框中复制并重命名【墙饰条–面层】,在【轮廓】选项区域选择保存的【面层族】,材质可以任意设置,如图6-122所示。

07 接下来就可以在墙体上放置面层族了,如图6-123所示。

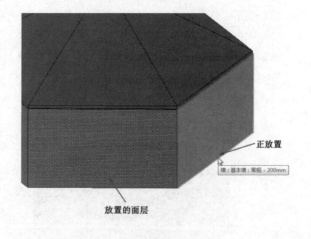

图6-122 新建类型并设置类型参数 图6-123 放置面层族

求助帖 3 Revit 中的建模问题

问题描述：结构建模已绘制了结构楼板，建筑建模时绘制楼板会不会重复，可不可以直接在建筑样板中绘制结构？

问题解决：用户首先要弄懂什么是建筑楼板，什么是结构楼板。结构楼板通常是钢筋混凝土材质或者钢结构梁与钢板的组合体，是承重的。而建筑楼板仅仅是一个装饰面层而已，也就是我们买了清水房，清水房的地板就是结构楼板，需要室内装修才可以入住，那么室内装修的地板装修就相当于在创建建筑楼板，他们是不会重合的。建筑楼板有的薄有的厚，这要看装修的材质和施工方法。这里笔者建议，做建筑楼板时不要使用【楼板：建筑】工具，使用建模大师的【面装饰】工具不但快速而且还不会出错。

第7章

建筑楼梯、坡道及雨篷设计

本章导读

　　楼梯、坡道及雨篷是建筑物中不可或缺的重要组成单元，因使用功能不同，其设计细则也不同。在本章中，我们将学习如何利用 Revit 软件合理地设计楼梯、坡道及雨篷等建筑构件。

案例展现

ANLIZHANXIAN

案 例 图	描　　述
	室外楼梯的设计一般不受空间大小限制，仅受楼层标高限制，所以设计起来比室内楼梯要容易许多。在设计时，用户可以采用构件的形式设计一部从一层到四层的直线楼梯，以及一部四层到五层的直线楼梯
	使用 Revit 的【坡道】工具可以为建筑添加坡道，创建方法与楼梯相似。用户可以根据需要定义直梯段、L 形梯段、U 形坡道和螺旋坡道，或通过修改草图来更改坡道的外边界，还可以使用族库大师快速设计坡道
	在 Revit 中设计雨篷有两种途径：一是通过建筑【墙饰条】工具放置雨篷构件；另一种是通过族库大师加载雨篷族，放置雨篷构件。前一种方法仅能创建基本的悬挑式雨篷，后一种则可以创建出多样的悬挂式雨篷

7.1 楼梯与坡道设计

建筑空间的竖向组合交通联系,依托于楼梯、电梯、自动扶梯、台阶、坡道以及爬梯等竖向交通设施,而楼梯是建筑设计中一个非常重要的构件,且形式多样,造型复杂。扶手是楼梯的重要组成部分。坡道主要设计在住宅楼、办公楼等大门前,作为车道或残疾人安全通道。

 ### 7.1.1 楼梯设计基础

在建筑设计中,解决垂直交通和高差常采用以下措施。

(1) 坡道;
(2) 台阶;
(3) 楼梯;
(4) 电梯;
(5) 自动扶梯;
(6) 爬梯。

1. 楼梯的组成

楼梯一般由楼梯段、平台和栏杆扶手 3 部分组成,如图 7-1 所示。

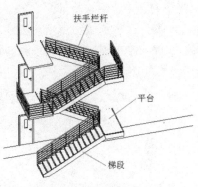

图 7-1 楼梯的组成

- 楼梯段:设有踏步和梯段板(或斜梁),供层间上下行走的通道构件称为梯段。踏步由踏面和踢面组成;梯段的坡度由踏步的高宽比确定。
- 平台:是供人们上下楼梯时调节疲劳和转换方向的水平面,也称缓台或休息平台。平台有楼层平台和中间平台之分,与楼层标高一致的平台称为楼层平台,介于上下两楼层之间的平台称为中间平台。
- 栏杆(或栏板)扶手:是设在楼梯段及平台临空边缘的安全保护构件,以保证人们在楼梯处通行的安全。栏杆扶手必须坚固可靠,并保证有足够的安全高度。扶手是设在栏杆(或栏板)顶部,供人们上下楼梯倚扶用的连续配件。

2. 楼梯结构类型

常见的楼梯有11种类型,详见表7-1。

表 7-1 楼梯类型

楼梯代号	适 用 范 围		是否参与结构整体抗震计算
	抗震构造措施	适用结构	
AT	无	框架、剪力墙、砌体结构	不参与
BT			
CT	无	框架、剪力墙、砌体结构	不参与
DT			

(续)

楼梯代号	适用范围		是否参与结构整体抗震计算
	抗震构造措施	适用结构	
ET	无	框架、剪力墙、砌体结构	不参与
FT			
GT	无	框架结构	不参与
HT		框架、剪力墙、砌体结构	
ATa	有	框架结构	不参与
ATb			不参与
ATc			参与

注：1. ATa 低端设滑动支座支承在梯梁上；ATb 低端设滑动支座支承在梯梁的挑板上。

　　2. ATa、ATb、ATc 均用于抗震设计，设计者应指定楼梯的抗震等级。

（1）AT～ET 型板式楼梯

AT～ET 型板式楼梯代号代表一段上下支座的梯板，梯板的主体为踏步段（梯段），还包括上、中、下平板（平台）。

● AT 型梯板全由踏步段构成，如图 7-2 所示。

● BT 型梯板由低端平板和踏步段构成，如图 7-3 所示。

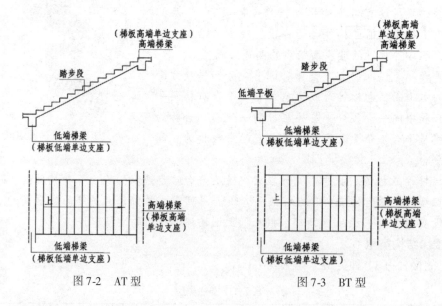

图 7-2　AT 型　　　　　图 7-3　BT 型

● CT 型梯段由踏步段和高端平板构成，如图 7-4 所示。

● DT 型梯板由低端平板、踏步段和高端平板构成，如图 7-5 所示。

● ET 型梯板由低端踏步段、中位平板和高端踏步段构成，如图 7-6 所示。

（2）FT～HT 型板式楼梯

FT～HT 型板式楼梯的每个代号代表两跑踏步段和连接它们的楼层平板及层间平板。其中，FT、GT 型由层间平板、踏步段和楼层平板构成，HT 型由层间平板和踏步段构成。

● FT 型：梯板一端的层间平板采用三边支承，另一端的楼层平板也采用三边支承，如图 7-7 所示。

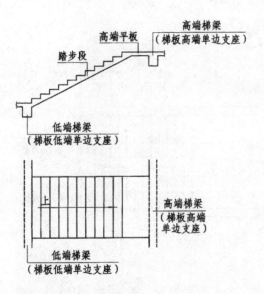

图 7-4 CT 型

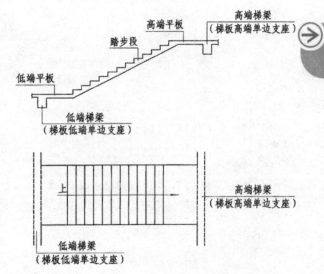

图 7-5 DT 型

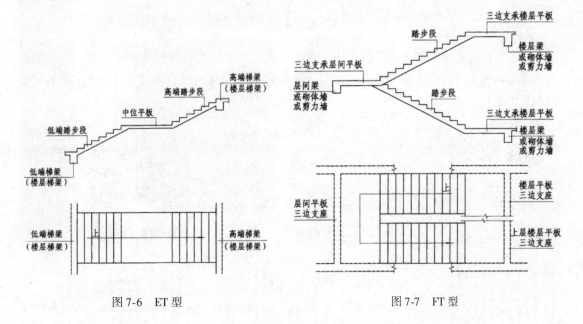

图 7-6 ET 型

图 7-7 FT 型

● GT 型：梯板一端的层间平板采用单边支承，另一端的梯层平板采用三边支承，如图 7-8 所示。

● HT 型：梯板一端的层间平板采用三边支承，另一端的梯板段采用单边支承（在梯梁上），如图 7-9 所示。

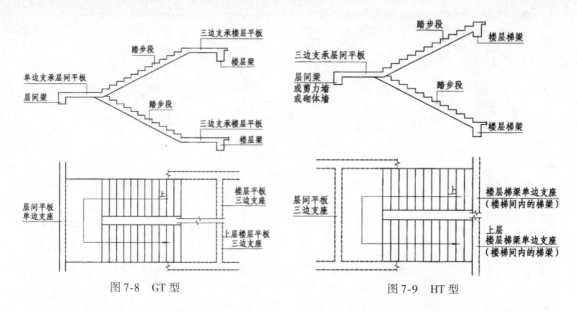

图 7-8　GT 型　　　　　　　　　　　图 7-9　HT 型

（3）ATa、Atb 型板式楼梯

ATa、ATb 型板式楼梯为带滑动支座的板式楼梯，梯板全部由踏步段构成，其支承方式为梯板高端均支承在梯梁上。

● ATa 型：梯板低端带滑动支座支承在梯梁上，如图 7-10 所示。

● ATb 型：梯板由低端带滑动支座支承在梯梁的挑板上，如图 7-11 所示。

（4）ATc 型板式楼梯

ATc 型板式楼梯全部由踏步段构成，其支承方式为梯板两端均支承在梯梁上。楼梯平台与主体结构可整体连接，也可脱开连接。梯板两侧设置边缘构件（暗梁），边缘构件的宽度取 1.5 倍板厚，如图 7-12 所示。

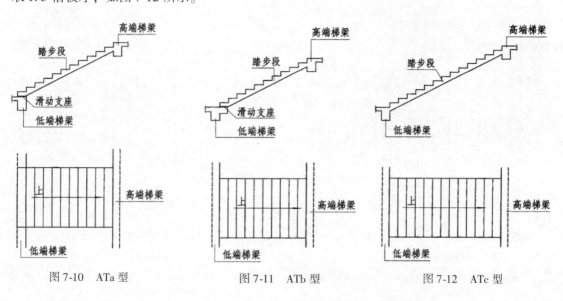

图 7-10　ATa 型　　　　　　图 7-11　ATb 型　　　　　　图 7-12　ATc 型

3. 楼梯尺寸及计算

（1）楼梯坡度

楼梯坡度一般为20°~45°，其中以30°左右较为常用。楼梯坡度的大小由踏步的高宽比确定。

（2）踏步尺寸

通常踏步尺寸按2h+b=600~620mm的经验公式确定，如图7-13所示。

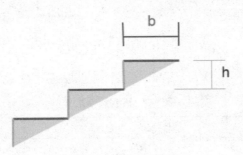

图7-13 踏步设计公式

楼梯间各尺寸计算参考示意图，如图7-14所示。

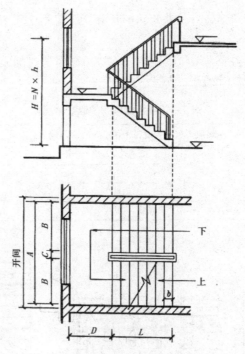

图7-14 楼梯间尺寸计算

A：楼梯间开间宽度；B：梯段宽度；C：梯井宽度；D：楼梯平台宽度；H：层高；

L：楼梯段水平投影长度；N：踏步级数；h：踏步高；b：踏步宽

在设计踏步尺寸时，由于楼梯间进深所限，当踏步宽度较小时，可采用踏面挑出或踢面倾斜（角度一般为1°~3°）的办法，增加踏步宽度，如图7-15所示。

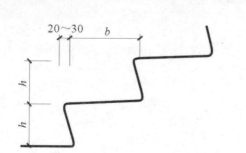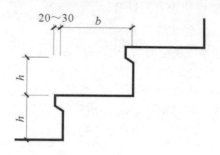

图 7-15 增加踏步宽度的两种方法

表 7-2 为各类型建筑常用的踏步尺寸。

表 7-2 适宜踏步尺寸

楼梯类型	住宅	学校办公楼	影剧院会堂	医院	幼儿园
踏步高（mm）	156～175	140～160	120～150	150	120～150
踢面深（mm）	300～260	340～280	350～300	300	280～260

（3）梯井

两个梯段之间的空隙叫梯井。公共建筑的梯井宽度应不小于 150mm。

（4）梯段尺寸

梯段宽度是指梯段外边缘到墙边的距离，取决于同时通过的人流股数和消防要求。有关的规范限定见表 7-3 和图 7-16 所示。

表 7-3 楼梯梯段宽度设计依据

每股人流量宽度为 550mm +（0～150mm）		
类　别	梯段宽	备　注
单人通过	≥900	满足单人携带物品通过
双人通过	1100～1400	
多人通过	1650～2100	

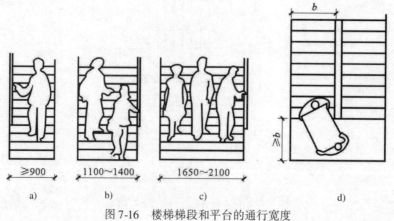

图 7-16 楼梯梯段和平台的通行宽度

a）单人通过　b）双人通过　c）多人通过　d）特殊需要

（5）平台宽度

楼梯平台有中间平台和楼层平台之分。为保证正常情况下人流通行和非正常情况下安全疏散，以及搬运家具设备的方便，中间平台和楼层平台的宽度均应等于或大于楼梯段的宽度。

在开敞式楼梯中，楼层平台宽度可利用走廊或过厅的宽度，但为防止走廊上的人流与从楼梯上下的人流发生拥挤或干扰，楼层平台应有一个缓冲空间，其宽度不得小于500mm，如图7-17所示。

（6）栏杆扶手高度

扶手高度是指踏步前缘线至扶手顶面之间的垂直距离。

扶手高度应与人体重心高度协调，避免人们倚靠栏杆扶手时因重心外移发生意外。

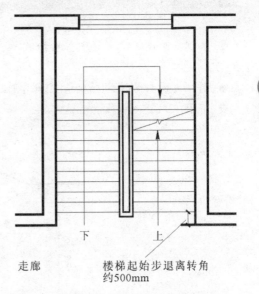

走廊　　　　楼梯起始步退离转角
　　　　　　　约500mm

图7-17　开敞式楼梯间转角处的平面布置

一般扶手高度为900mm，供儿童使用的楼梯扶手高度为500～600mm，如图7-18所示。

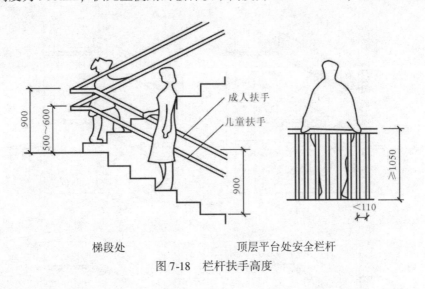

梯段处　　　　　　顶层平台处安全栏杆

图7-18　栏杆扶手高度

（7）楼梯的净空高度

楼梯的净空高度是指平台下或梯段下竖向净高。

平台下净高是指平台或地面到顶棚下表面最低点的垂直距离；梯段下净高是指踏步前缘线至梯段下表面的铅垂距离。

平台下净高应与房间最小净高一致，即平台下净高不应小于2000mm；梯段下净高由楼梯坡度不同而有所不同，其净高不应小于2200mm，如图7-19所示。

当在底层平台下做通道或设出入口，楼梯平台下净空高度不能满足2000mm的要求时，可采用以下办法解决。

● 将底层第一跑梯段加长，底层形成踏步级数不等的长短跑梯段，如图7-20（a）所示；

● 各梯段长度不变，将室外台阶内移，降低楼梯间入口处的地面标高，如图7-20（b）所示；

● 将上述两种方法结合起来，如图7-20（c）所示；

● 底层采用直跑梯段，直达二楼，如图7-20（d）所示。

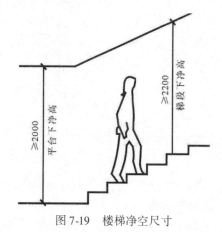

图 7-19　楼梯净空尺寸

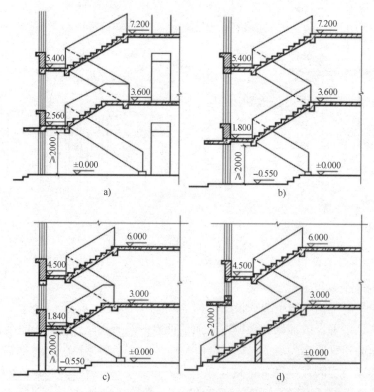

图 7-20　底层平台下做出入口时满足净高要求的几种方式

a）将双跑梯段设计成长短跑形式　b）降低底层平台下室内地面标高；

c）前两种相结合　d）底层采用直跑梯段

7.1.2 Revit 楼梯设计

Revit Architecture 提供了标准楼梯和异形楼梯的创建工具。在【建筑】选项卡下的【楼梯坡道】面板中单击【楼梯】按钮，进入【修改 | 创建楼梯】上下文选项卡，楼梯设计的相关工具如图 7-21 所示。

Revit Architecture 中规定了楼梯的构成，如图 7-22 所示。默认情况下，栏杆扶手随着楼梯自动载入并创建。

图 7-21 楼梯设计工具

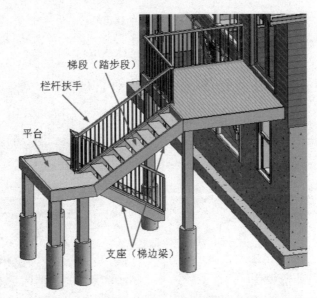

图 7-22 Revit Architecture 中楼梯的组成

从形状上讲，Revit Architecture 楼梯包括标准楼梯和异形楼梯两种。标准楼梯设计是通过装配楼梯构件的方式进行的，而异形楼梯是通过草图形式绘制截面形状来设计的。

梯段有 5 种标准形式和一种草图形式（异形梯段），如图 7-23 所示。平台的创建有拾取梯段创建平台形式和草图形式（异形平台），如图 7-24 所示。支座的创建是通过拾取梯段及平台的边完成的，如图 7-25 所示。

图 7-23 梯段创建方式

图 7-24 平台创建方式

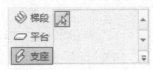

图 7-25 支座创建方式

1. 标准楼梯设计（装配构件形式）

标准楼梯不仅包含了前面介绍的楼梯结构类型中的所有板式楼梯（直楼梯），还包括螺旋楼梯、L 型转角楼梯及 U 型转角楼梯等结构构件形式。图 7-26 为标准楼梯的梯段类型。

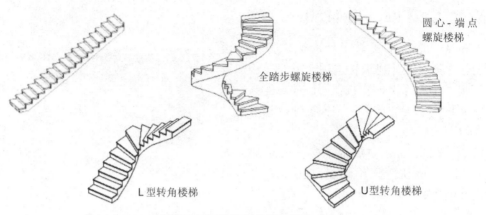

图 7-26　标准楼梯的梯段形状

下面通过实例操作演示创建室外楼梯和室内楼梯的方法。

上机操作——创建室外直楼梯

室外楼梯的设计一般不受空间大小限制，仅受楼层标高限制，所以设计起来比室内楼梯要容易许多。在本例中，我们将采用构件形式设计一部从一层到四层的直线楼梯，以及一部四层到五层的直线楼梯。图 7-27 为某酒店创建完成的室外楼梯效果。

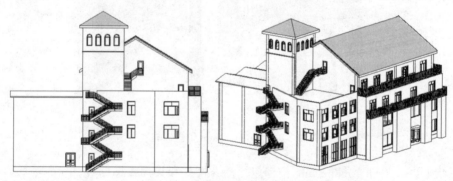

图 7-27　设计完成的楼梯效果

01　打开本例练习模型【酒店 – 1. rvt】，如图 7-28 所示。

02　切换到西立面视图，可以看出将从 L1 标高开始到 L4 设计第一部楼梯，再从 L4 到 L5 设计第二部楼梯。每一层楼层标高均为 3.6m，如图 7-29 所示。

03　由于室外楼梯不受空间限制，因此仅根据楼层标高和表 7-2 提供的踏步参数（140mm ~ 160mm），将踏步的高度设计为 150mm、踢面深度为 300mm、平台深度为 1200mm 的 AT 型双跑结构形式。

04　切换到楼层平面的 L1 平面视图，室外楼梯创建时需要有起点和终点参考，这里我们创建垂直与墙的参照平面。单击【建筑】选项卡下【工作平面】面板中的 参照平面按钮，然后绘制两个参考平面，如图 7-30 所示。

05　单击【楼梯】按钮 ，在【属性】面板中选择【组合楼梯：酒店 – 外部楼梯150 *

图7-28　打开模型

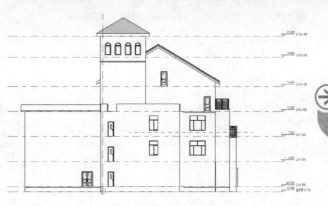

图7-29　切换到西立面视图

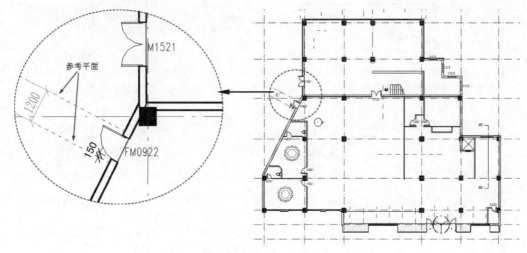

图7-30　创建2个参考平面

300】族类型，在【尺寸标注】区域中设置所需踢面数为24，实际踏板深度为300，如图7-31所示。

> **温馨提示**　踢面数包括了中间平台面和顶端平台面，所以在楼层平面视图中绘制梯段时，上跑梯段的踢面数确定为11个即可，下跑楼梯也是11个踢面。

06 单击【编辑类型】按钮，在弹出的【类型属性】对话框中查看【最小梯段宽度】是否为1200，如果不是，请设置为1200，完成后单击【应用】按钮，如图7-32所示。

07 将参考平面作为楼梯起点，拖出11个踢面，查看创建的上半跑楼梯效果，如图7-33所示。单击结束上半跑梯段的创建。

08 利用光标捕捉到第11个踢面边线的延伸线，作为下半跑的起点，如图7-34所示。

09 同样方法拖出11个踢面，单击鼠标左键结束上半跑梯段的创建，如图7-35所示。

10 选中梯段，在【属性】面板中发现梯段的实际宽度变成了1500，需要手动设置为1200，如图7-36所示。

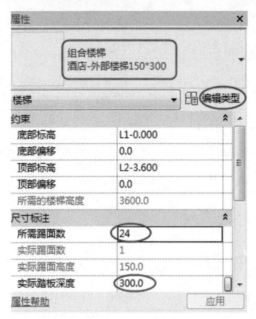

图 7-31 设置楼梯类型及尺寸

图 7-32 设置最小梯段宽度

图 7-33 拖出 11 个踢面创建上半跑

图 7-34 捕捉踢面边线的延伸线

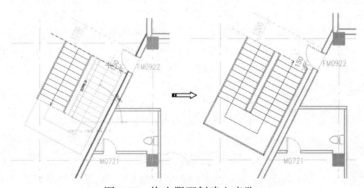

图 7-35 拖出踢面创建上半跑

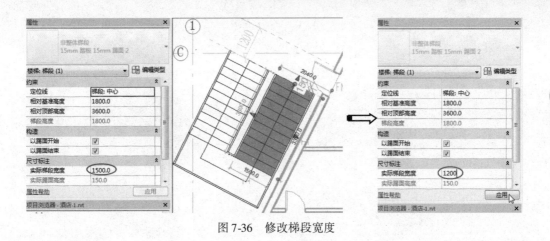

图 7-36 修改梯段宽度

11 同样的方法，对另半跑梯段宽度也进行修改，选中平台，将平台深度也修改为 1200，如图 7-37 所示。

12 单击【对齐】按钮，将上半跑梯段边与外墙边对齐，如图 7-38 所示。

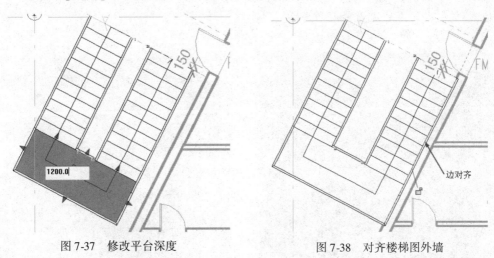

图 7-37 修改平台深度　　　　　　　图 7-38 对齐楼梯图外墙

13 使用【测量】面板中的【对齐尺寸标注】工具，标注上半跑与下半跑梯段之间的间隙距离，如图 7-39 所示。按 Esc 键结束标注。

14 选中下半跑梯段，然后修改刚才标注的间隙尺寸为 200，如图 7-40 所示。

15 单击【修改 | 创建楼梯】上下文选项卡下的【完成编辑模式】按钮，完成楼梯的创建，如图 7-41 所示。

16 由于一层楼梯与二层、三层楼梯是完全相等的，因此只需要进行复制粘贴操作即可。在三维视图中，切换到左视图。

17 选中整个楼梯及栏杆扶手，按 Ctrl + C 快捷键执行复制操作，再按 Ctrl + V 快捷键执行粘贴操作，同时在信息栏选择标高为【L2-3.600】，复制的楼梯自动粘贴在 L2 标高楼层上，如图 7-42 所示。

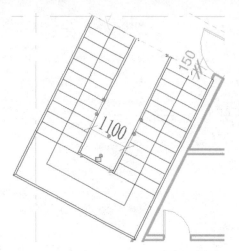

图 7-39　标注上、下半跑梯段的间隙距离　　　　　图 7-40　修剪间隙距离

> **技巧**
> **点拨**　　设置楼层标高后，要确定放置的左右位置，则输入左右移动的尺寸为 0，即可保持与一层楼梯是竖直对齐的。

图 7-41　创建的楼梯　　　　　　　　　图 7-42　复制粘贴楼梯

18　同样的方法，继续执行粘贴操作，即可复制出第三层的楼梯，如图 7-43 所示。

19　单击【楼梯】按钮⬚，在【修改 | 创建楼梯】上下文选项卡下单击【平台】按钮 ⬚平台，接着再单击【创建草图】按钮 ✎，利用【直线】工具绘制如图 7-44 所示的平台草图。

20　在【属性】面板中设置底部偏移为 −1950，单击【完成编辑模式】按钮 ✔，完成平台的创建，如图 7-45 所示。

21　选中所有栏杆扶手，在【属性】面板中重新选择扶手类型为【栏杆扶手：900mm 圆管】，结果如图 7-46 所示。

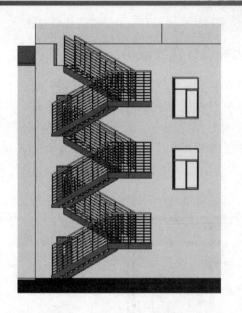

图 7-43　复制出第三层的楼梯

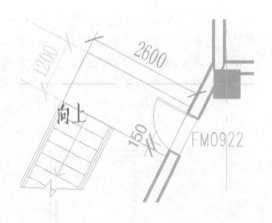

图 7-44　绘制平台草图

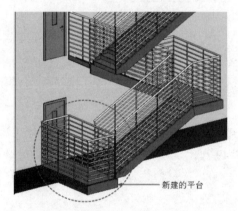

图 7-45　新建平台

图 7-46　修改平台扶手类型

22 如果有些楼梯及平台上的栏杆扶手是不需要的，可以双击栏杆扶手族图元，将不要的栏杆扶手的路径曲线删除即可。图 7-47 为平台删除部分栏杆扶手的操作示意图。

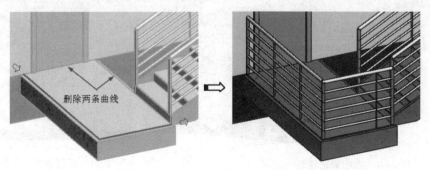

图 7-47　删除栏杆扶手

23 最后，将一层平台复制到第二层、第三层及第四层中，即可完成外部直线楼梯设计。

上机操作——利用族库大师设计直线楼梯

01 继续上一案例，首先切换视图为 L1 楼层平面。

02 单击族库大师选项卡下的【公共/个人库】按钮 ，找到【AT 双跑平行梯 – 首层】族，单击 载入项目 按钮载入到当前项目中，载入后单击 布置 按钮，随后在楼层平面中以轴线编号 E 的轴线作为楼梯踏步起始点（尽量捕捉房间宽度的中间点），往对面墙拖出踢面，如图 7-48 所示。

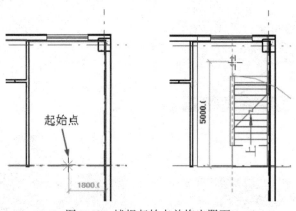

图 7-48 捕捉起始点并拖出踢面

> **技巧点拨** 拖出踢面时，一定要垂直拖出，不要有角度。

03 按 Esc 键完成楼梯构件的装配。切换到三维视图，选中楼梯构件族，在【属性】面板中单击【编辑类型】按钮，如图 7-49 所示。在弹出的【类型属性】对话框中修改踏步宽度为 300，修改楼梯高度为 3600，其余参数为默认，单击【确定】按钮完成楼梯属性编辑。

04 切换到三维右视图，将一层楼梯复制到二层和三层，如图 7-50 所示。

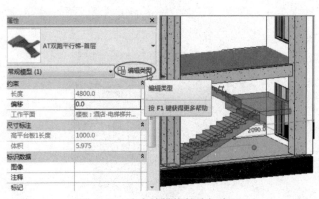

图 7-49 选中楼梯构件编辑类型

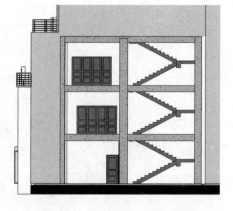

图 7-50 复制楼梯到其余楼层

05 至此，完成室内楼梯构件的装配。从使用族库大师设计楼梯的效果看，效率确实非常高，略有遗憾的是，楼梯族还不全面。

上机操作——创建室内【圆心 – 端点】螺旋楼梯

01 打开本例源文件【平房.rvt】，如图 7-51 所示。

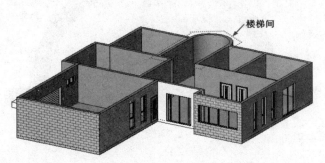

楼梯间

图 7-51　平房模型

02 要合理地设计这种绕楼梯间内墙旋转的楼梯，必须现场进行测量，至少要获得楼层标高与楼梯间空间尺寸两个重要数据。首先切换到南立面视图，查看楼层标高，如图 7-52 所示。

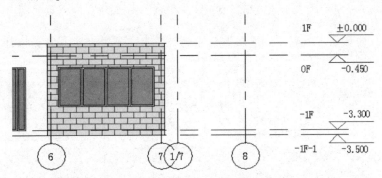

1F	±0.000
0F	−0.450
−1F	−3.300
−1F-1	−3.500

图 7-52　查看楼层标高

03 室内地坪标高层为 −1F，一层标高为 1F，意味着要设计的楼梯踏步总高度为 3300mm。再切换至 −1F 楼层平面视图，利用【模型线】中的【直线】工具测量楼梯间内墙的圆半径或直径（无须绘制直线），如图 7-53 所示。可以清楚地看到内墙圆半径为 1510mm。

04 根据内墙半径数据，先假设楼梯宽度为 1000mm，那么楼梯踏步面深度测量线（也是圆）的半径应该为：1510mm – 500mm = 1010mm，如图 7-54 所示。接着假设楼层标高为 3300mm，按表 7-2 提供的参考，可以设计 20 层左右，但现实中旋转楼梯尽量保证踏高

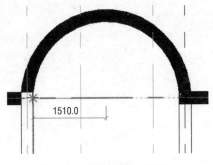

1510.0

图 7-53　测量内墙圆半径

度要低、踏步面深度要深,这样走起来才不会绊脚摔跤。所以我们预定设计为 21 层踏步、有 20 个踏步面。

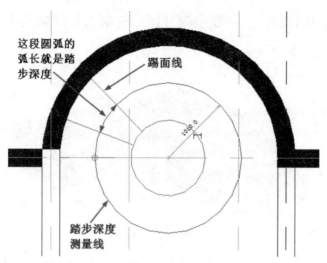

图 7-54 踏步深度测量示意图

05 结合踏步深度测量线半径和 20 个踏步面,经过计算(深度测量线半径 2 × 1010mm × π(约为 3.1415926)÷20),得到每一步踏步的深度约为 317.3mm。

技巧点拨

这样的计算可以利用计算机系统中的计算器工具进行运算,保证计算精度,如图 7-55 所示。

图 7-55 通过计算器计算踏步深度

06 计算完成后,开始创建楼梯,单击【楼梯】按钮 ,激活【修改丨创建楼梯】上下文选项卡。

07 在【属性】面板的类型选择器中选择【现场浇注楼梯 – 整体式楼梯】,然后在【属性】面板中设置限制条件,如图 7-56 所示。

08 在【构件】面板中单击【圆心 – 端点螺旋】按钮 ,在选项栏中设置定位线选项为【梯段:右】,勾选【自动平台】和【改变半径时保持同心】复选框。然后在楼梯间拾取圆心和楼梯踏步起点,如图 7-57 所示。

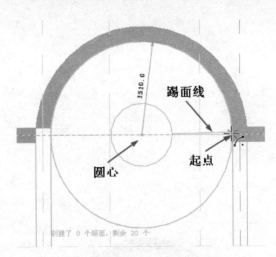

图 7-56 设置限制条件　　　　　　图 7-57 拾取圆心和踏步起点

从拾取踏步起点时可以看到，第一踏步踢面线与起点有一条缝隙，说明踏步深度的计算值是有误差的，我们可以通过手动调整该值，直到踢面线与起点完全重合为止。经过反复地调整，发现当踏步深度为 316mm 时，踢面线正好与起点重合，如图 7-58 所示。

技巧点拨

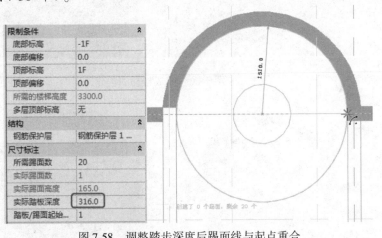

图 7-58 调整踏步深度后踢面线与起点重合

09 拾取起点后逆时针绕内墙旋转，创建逆时针旋转的螺旋楼梯梯段，如图 7-59 所示。

10 最后再单击【修改 | 创建楼梯】上下文选项卡中的【完成编辑模式】按钮✔，完成构件楼梯的创建，效果如图 7-60 所示。

11 从结果看，在靠结构柱一侧的楼梯上自动生成楼梯栏杆扶手是多余的。双击扶手，编辑扶手曲线即可，如图 7-61 所示。

12 最后，保存项目文件。

2. 异形楼梯设计（草图绘制形式）

异形楼梯指的是楼梯梯段和平台的形状是非直线的，如图 7-62 所示。当采用草图绘制形式自定义梯段与平台时，构件之间不会像使用常用的构件工具那样自动彼此相关。

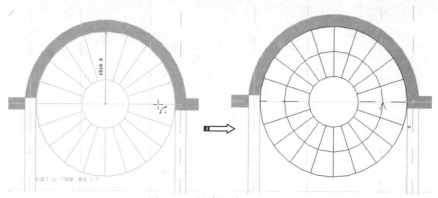

图 7-59　创建螺旋楼梯梯段

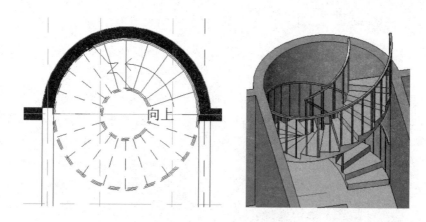

图 7-60　完成楼梯的创建

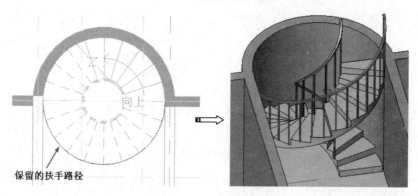

图 7-61　编辑扶手路径

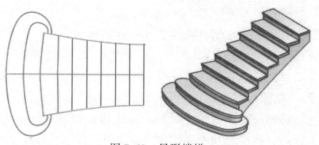

图 7-62　异形楼梯

上机操作——创建异形楼梯

01 打开本例源文件【海景别墅.rvt】。

02 由于本例楼梯是在室外创建，空间比较充足，采用 Revit 自动计算规则设置一些楼梯尺寸即可。

03 切换至 North 立面视图，如图7-63所示。将在 TOF 标高至 Top of Foundation 标高之间设计楼梯。

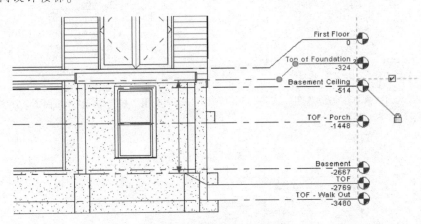

图7-63 查看楼梯设计标高

04 切换 Top of Foundation 平面视图，测量上层平台尺寸，如图7-64所示。

05 由于外部空间较大，无须在中间平台上创建踏步，所以单跑踏步的宽度设计为 1200mm，踏步深度为280mm，踏步高度由输入踢面数（14）确定。

06 单击【楼梯（按草图）】按钮，激活【修改 | 创建楼梯草图】上下文选项卡。在【属性】面板中设置如图7-65所示的类型及限制条件。

07 然后绘制梯段草图，如图7-66所示。

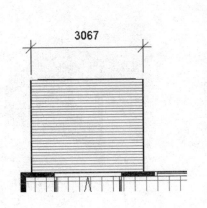

图7-64 测量上层平台尺寸

图7-65 设置楼梯属性

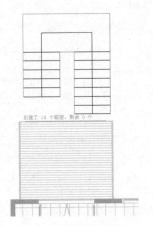

图7-66 绘制梯段草图

08 利用移动、对齐等工具修改草图，如图7-67所示。切换视图为 TOF，如图7-68所示。

09 然后利用【移动】工具选中右侧梯段草图与柱子边对齐，如图7-69所示。

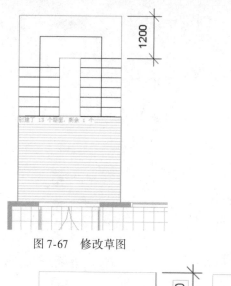

图 7-67　修改草图

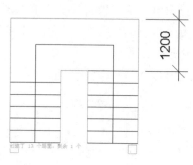

图 7-68　切换 TOF 视图

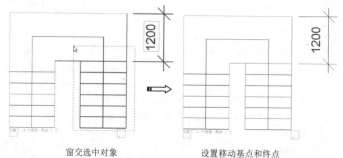

窗交选中对象　　　　　　　　设置移动基点和终点

图 7-69　移动草图

10　切换视图为 Top of Foundation，单击【边界】按钮，修改边界为圆弧，如图 7-70所示。

11　最后单击【完成编辑模式】按钮，完成楼梯的创建，如图 7-71 所示。

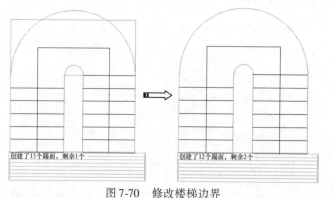

图 7-70　修改楼梯边界

图 7-71　创建完成的楼梯

7.1.3　Revit 坡道

　　坡道是以连续的平面来实现高差过渡，人们在坡道与地面上行走具有相似性。较小坡度的坡道行走省力，坡度大时则不如台阶或楼梯舒服。按理论划分，10°以下为坡道，工程设计上另有具体的规范要求。如：室外坡道坡度不宜大于 1∶10，对应角度仅 5.7°。而室内坡道坡度不宜大于1∶8，对应角度虽为7.1°，但人行走时有明显的爬坡或下冲感觉，非常不适。作为对比，踏高120mm、踏宽400mm的台阶，对应角度为16.7°，行走却有轻缓之感，因此，不能机械地套用规范。

1. 坡道设计概述

坡道和楼梯都是建筑中最常用的垂直交通设施。坡道可和台阶结合应用，如正面做台阶，两侧做坡道，如图7-72所示。

a)   b)

图7-72 坡道的形式

a）普通坡道 b）与台阶结合回车坡道

（1）坡道尺度

坡道的坡段宽度每边应大于门洞口宽度至少500mm，坡段的出墙长度取决于室内外地面高差和坡道的坡度大小。

（2）坡道构造

坡道与台阶一样，也应采用坚实耐磨和抗冻性能好的材料，一般常用混凝土坡道，也可采用天然石材坡道，如图7-73（a）、（b）所示。

当坡度大于1/8时，坡道表面应做防滑处理，一般将坡道表面做成锯齿形或设防滑条防滑，如图7-73（c）、（d）所示。亦可在坡道的面层上做划格处理。

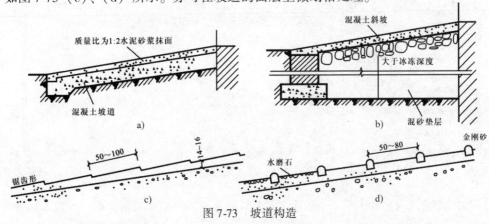

图7-73 坡道构造

a）混凝土坡道 b）换土地基坡道 c）锯齿形坡面 d）防滑条坡面

2. 坡道设计

Revit的【坡道】工具用于为建筑添加坡道，坡道的创建方法与楼梯相似。用户可以定义直梯段、L形梯段、U形坡道和螺旋坡道，或通过修改草图来更改坡道的外边界，还可以使用族库大师快速设计坡道。不过，对于异形坡道，族库大师有些坡道族的限制，目前还不能创建。

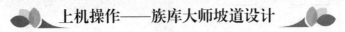

上机操作——族库大师坡道设计

本例中，将在大门及旁边侧门出口处设计坡道，具体操作如下。

01 打开本例练习模型【阳光酒店.rvt】，如图 7-74 所示。

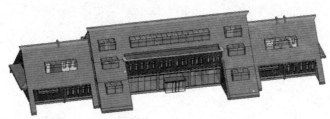

图 7-74　练习模型

02 要设计坡道，先要创建出口位置的台阶。打开族库大师的【公共/个人云族库】窗口，在【建筑】|【楼梯坡道】|【坡道】类型下载入【一面台阶】族，然后单击【布置】按钮，如图 7-75 所示。

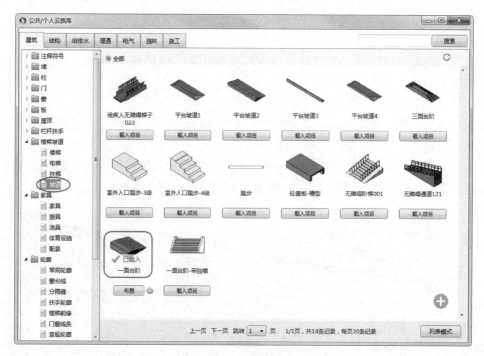

图 7-75　载入坡道族

03 切换视图为 F1 楼层平面，然后将载入的坡道族放置到大门出口处，如图 7-76 所示。

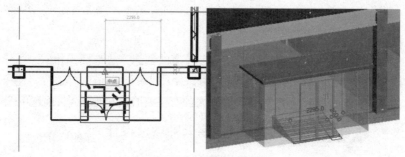

图 7-76　放置坡道族

04 然后选中坡道族，在【属性】面板中设置标高为【室外标高】，单击【编辑类型】按钮，在【类型属性】对话框中设置坡道族参数，设置完成后单击【应用】按钮将属性应用到坡道族，如图 7-77 所示。

图 7-77　设置坡道族属性

05 坡道台阶的高度为 450mm，梯段踏步却有 7 个，这是不合理的，需要在族编辑器模式中修改踏步的步数。选中坡道族并双击，进入族编辑器模式中。

06 在【族编辑器模式的创建】选项卡下的【属性】面板中单击【族类型】按钮 ，弹出【族类型】对话框，修改【踏步数】为 3，单击【确定】按钮，完成族属性的编辑，如图 7-78 所示。

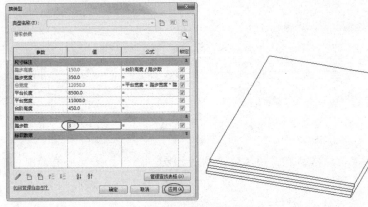

图 7-78　编辑族类型

07 单击【修改】选项卡下【族编辑器】面板中的【载入到项目】按钮 ，将修改属性后的坡道族载入到【阳光酒店】项目中，如图 7-79 所示。

图 7-79　载入到当前项目中

08 接着创建侧门入口位置的坡道，该坡道由台阶和斜坡道两部分构成。通过族库大师载入【三面台阶】坡道族，将此族放置在【室外标高】楼层，如图7-80所示。

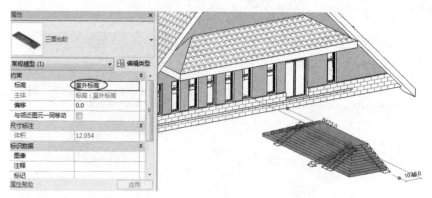

图7-80 载入并放置坡道族到【室外标高】楼层

09 载入的坡道族其实并不符合设计要求。此时需选中此坡道族，在【属性】面板中单击【编辑类型】按钮，修改类型参数，如图7-81所示。

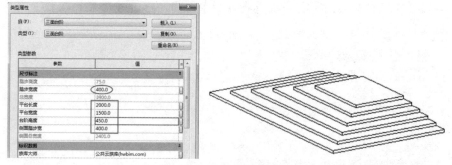

图7-81 编辑坡道族参数

10 接下来进入族编辑器模式，编辑坡道族的形状、踏步数。双击坡道族，进入族编辑器模式，首先删除一侧的台阶来设计斜坡道（残疾人无障碍通道），如图7-82所示。

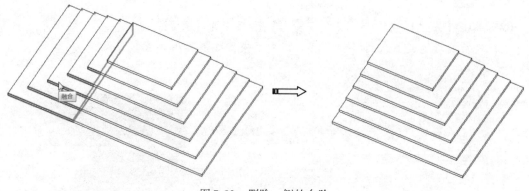

图7-82 删除一侧的台阶

11 单击【族类型】按钮🔲，在【族类型】对话框中设置踏步数为3，如图7-83所示。完成后，将族载入到当前项目中。

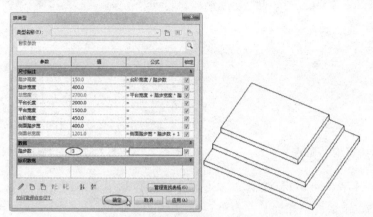

图7-83 修改踏步数

12 返回到当前项目后，切换到【室外标高】楼层平面视图，将坡道族旋转90度，如图7-84所示。然后平移到侧面门口对齐，如图7-85所示。

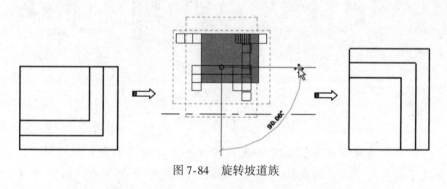

图7-84 旋转坡道族

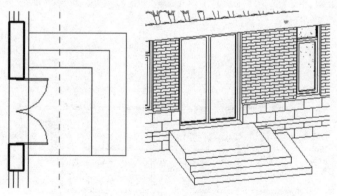

图7-85 平移并对齐到侧门

13 再通过族库大师将【平台坡道2】族载入并放置到当前项目中，如图7-86所示。

14 选中【平台坡道2】族，设置标高为【室外标高】，然后单击【编辑类型】按钮，编辑相关的参数，如图7-87所示。

图 7-86　放置坡道族　　　　　　　　　　图 7-87　编辑属性参数

15 然后将【平台坡道2】族对齐（使用【修改】选项卡下的【对齐】工具）到墙边及先前坡道族的平直边上，如图 7-88 所示。

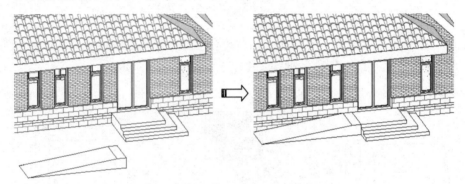

图 7-88　对齐坡道族

16 切换视图为【室外标高】楼层平面视图，由于此建筑形状为左右对称，另一侧的坡道不用创建，只需镜像操作即可。选中创建的两个坡道族，再单击【修改 | 常规模型】上下文选项卡下【修改】面板中的【镜像 – 拾取轴】按钮，拾取建筑中间的参照平面，如图 7-89 所示。

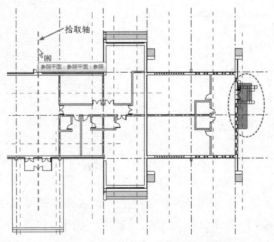

图 7-89　执行镜像操作拾取镜像轴

17 拾取镜像轴后，将自动创建镜像图元，如图7-90所示。

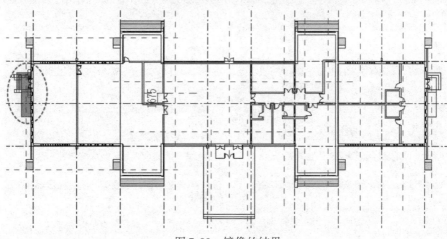

图7-90 镜像的结果

18 至此，完成了利用族库大师进行坡道设计的建模操作。

上机操作——Revit 异形坡道设计

异形坡道需要设计者手动绘制坡道形状，下面介绍在 Revit 2018 中进行异形坡道设计的操作方法。

01 打开本例源文件【阳光酒店–1. rvt】，需要在大门处创建用于顾客停车的通行道，如图7-91所示。

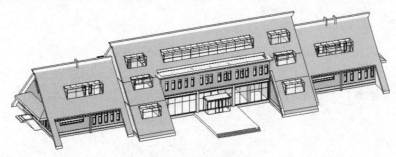

图7-91 酒店模型

02 切换至【室外标高】平面视图中，单击【建筑】选项卡下【楼梯坡道】面板中的【坡道】按钮✍，激活【修改 | 创建坡道草图】上下文选项卡。

03 单击【属性】面板中的【编辑类型】按钮，打开坡道的【类型属性】对话框，单击【复制】按钮，复制类型为【酒店：行车坡道】，并设置列表中的相关参数，如图7-92所示。

04 在【属性】面板中，设置限制条件【宽度】为4000，单击【应用】按钮，如图7-93所示。

05 单击【工具】面板中的【栏杆扶手】按钮，在【栏杆扶手】对话框中设置扶手类型为【无】，如图7-94所示。

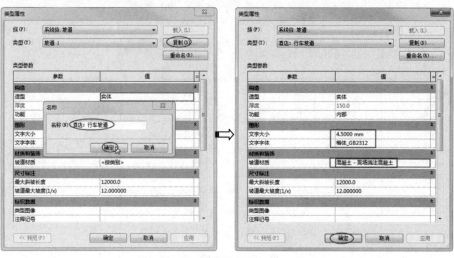

图 7-92　复制类型并设置类型选项

图 7-93　设置属性

图 7-94　选择栏杆类型

06 利用【绘制】面板中的【直线】工具，绘制竖直直线作为参考，如图 7-95 所示。

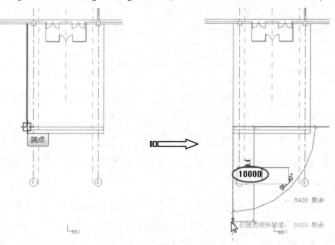

图 7-95　绘制参考线

07 再利用【梯段】的【圆心、端点弧】工具，以参考线末端点作为圆心，设置半径为 13000（直接输入此值），然后绘制一段圆弧，如图 7-96 所示。

08 选中坡道中心的梯段模型线，拖动端点改变坡道弧长，如图 7-97 所示。

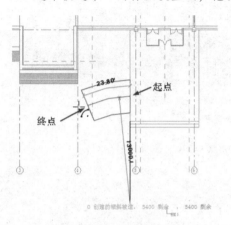

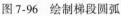

图 7-96　绘制梯段圆弧

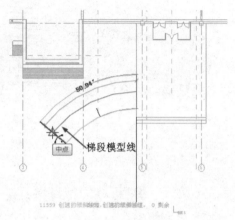

图 7-97　改变梯段弧长

09 删除作为参考的竖直踢面线（必须删除）。放大视图后发现，坡道下坡的方向不符，需要改变。单击方向箭头，改变坡道下坡方向，如图 7-98 所示。

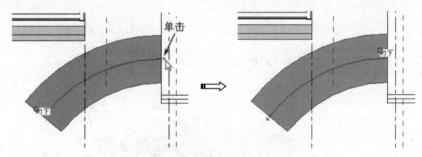

图 7-98　改变坡道下坡方向

10 单击【完成编辑模式】按钮 ✓，完成坡道的创建，如图 7-99 所示。

11 平台对称的另一侧坡道无须重建，执行镜像操作即可。利用【镜像－拾取轴】工具，将左边的坡道镜像到右侧，如图 7-100 所示。

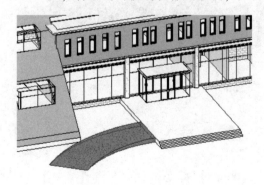

图 7-99　创建的坡道

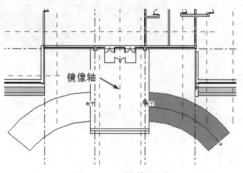

图 7-100　镜像坡道

12 最终完成的坡道效果如图 7-101 所示。

图 7-101　坡道完成效果图

 7.1.4　Revit 扶手栏杆设计

栏杆和扶手都是起安全围护作用的设施，栏杆是为阳台、过道、桥廊等制作与安装的设施，扶手是在楼梯、坡道上制作与安装的设施。

在 Revit Architecture 中提供了栏杆工具（绘制路径）和扶手工具（放置在主体上）。

一般情况下，楼梯与坡道的栏杆扶手会跟随楼梯、坡道模型的创建而自动载入，只需改变栏杆扶手的族类型和参数即可。

创建阳台栏杆时，则需要绘制路径进行放置，下面举例说明阳台栏杆的创建方法。

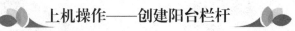 **上机操作——创建阳台栏杆**

01 打开本例练习模型【别墅 –1. rvt】，如图 7-102 所示。

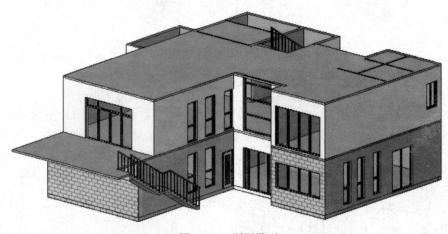

图 7-102　别墅模型

02 切换视图为1F，在【建筑】选项卡下的【楼梯坡道】面板中单击【绘制路径】按钮，激活【修改 | 创建栏杆扶手路径】上下文选项卡。

03 在【属性】面板中选择【栏杆扶手 –1100mm】类型，然后利用【直线】工具在1F阳台上以轴线为参考，绘制栏杆路径，如图 7-103 所示。

04 单击【完成编辑模式】按钮☑，完成阳台栏杆的创建，如图7-104所示。

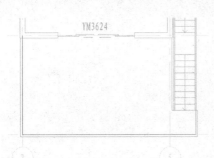

图 7-103　绘制栏杆路径

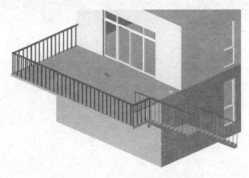

图 7-104　创建栏杆

05 要删除靠墙的楼梯扶手，则双击靠墙一侧的扶手，切换到【修改 | 绘制路径】上下文选项卡，然后删除上楼第一跑梯段和平台上的扶手路径曲线，并缩短第二跑梯段上的扶手路径曲线（缩短3条踢面线距离），如图7-105所示。

06 然后退出编辑模式，完成扶手的修改。

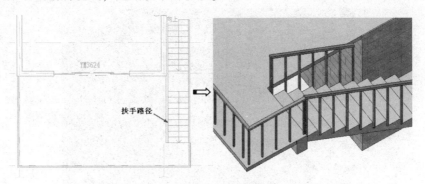

图 7-105　修改靠墙扶手的路径曲线

07 放大视图后发现，楼梯扶手和阳台栏杆的连接处出现了问题，有两个立柱在同一位置上，这是不合理的，如图7-106所示。

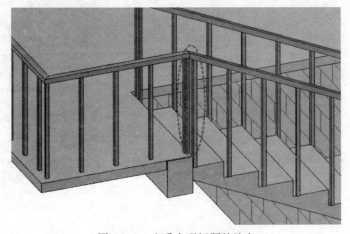

图 7-106　查看出现问题的地方

08 此时，用户可以删除栏杆路径曲线，将楼梯扶手曲线延伸，作为阳台栏杆曲线，即可避免类似情况发生，如图7-107所示。

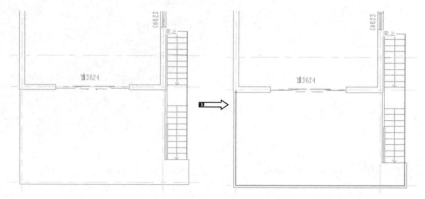

图7-107　将楼梯扶手曲线作为阳台栏杆路径曲线

09 修改扶手路径曲线后，退出路径模式。然后重新选择栏杆类型为【栏杆－金属立杆】，最终修改后的阳台栏杆和楼梯扶手如图7-108所示。

图7-108　修改后的栏杆和扶手

10 同样的方法，修改另一侧的楼梯扶手路径，如图7-109所示。

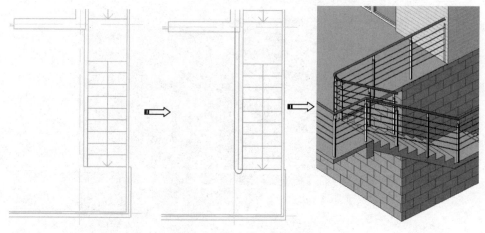

图7-109　修改另一扶手路径

11 修改另一侧的楼梯扶手后，会发现连接处的扶手柄是扭曲的，如图 7-110 所示。此时需要重新设置扶手族的连接方式，选中扶手，然后在【属性】面板中单击【编辑类型】按钮，打开【类型属性】对话框。

12 将【使用平台高度调整】设置为【否】即可，如图 7-111 所示。

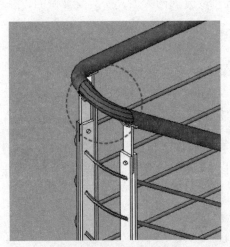

图 7-110　连接处的问题

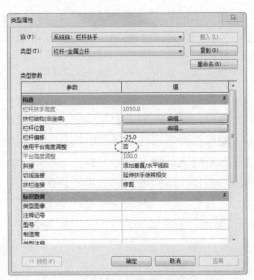

图 7-111　修改属性

13 解决连接处的问题后，效果如图 7-112 所示。最终创建完成的阳台栏杆效果如图 7-113 所示。

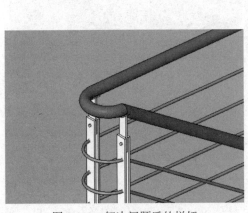

图 7-112　解决问题后的栏杆

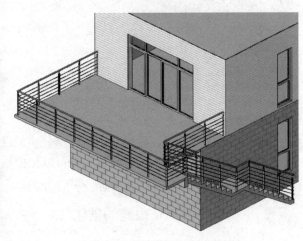

图 7-113　创建完成的阳台栏杆效果

7.2　雨篷设计

雨篷在建筑物中的主要作用是为门窗洞口遮阳挡雨，有关雨篷的平面布置、立面布置、排水要求等由建筑师设计完成。

7.2.1 雨篷设计基础

雨篷位于建筑物入口处外门上部，用于遮挡雨水，是保护外门免受雨水侵害的水平构件。在建筑设计中，作用相似的构件还有遮阳。遮阳多是设置在外窗的外部，用来遮挡直射的阳光。遮阳的主体部分可以水平布置，有一些遮阳板可以成角度旋转，用于针对一天中不同时段或四季阳光不同的入射角。而雨篷的结构形式可以分为两大类，一类是悬挑的，一类是悬挂的。

雨篷做悬挑处理时，效果如图 7-114 所示。与其建筑物主体相连的部分必须为刚性连接。对于钢筋混凝土构建而言，如果挑出长度在 1.2m 以下时，可以考虑做挑板处理；当挑出长度较大时，一般需要悬臂梁，再由其板支撑。

悬挂雨篷采用的是装配的构件。采用钢构件，是因为钢受拉性能好，构造形式多样，而且可以通过钢厂加工成轻型构件，有利于减少出挑构件的自重，也可以同其他不同材料制作的构件组合，达到美观的效果。图 7-115 为悬挂式雨篷，其同主体结构连接的节点往往为铰接，尤其是吊杆的两端。因为纤细的吊杆一般只设计为承受拉应力，如果节点为刚性连接，在有负压时可能变成压杆，那样就需要较大的杆件截面，否则将会失稳。

图 7-114　悬挑式雨篷

图 7-115　悬挂式雨篷

另外需要说明的是，遮阳与雨篷的部分功能性相同，遮阳除了遮阳挡雨外，主要是用于接触室外的平台。遮阳的设计其实完全可以按照结构柱、结构梁、结构楼板的方式进行，所以本书没有详细地介绍建模过程。

7.2.2 Revit 雨篷的创建

在 Revit 中设计雨篷有两种途径：一是通过建筑【墙饰条】工具放置雨篷构件；另一种是通过族库大师加载雨篷族，放置雨篷构件。前一种只能创建基本的悬挑式雨篷，后一种则可以创建出多样的悬挂式雨篷。下面举例说明两种雨篷创建方法及过程。

> 温馨
> 提示
> 建筑散水的做法与悬挑式雨篷完全相同。无论是散水还是悬挑式雨篷，都可以在族编辑器模式下更改族形状及参数，以达到设计要求。

上机操作——创建悬挑式雨篷

01 打开本例练习模型【别墅－2. rvt】，如图 7-116 所示。需要在正前方的二层铝合金玻璃推拉窗（4 扇）上方创建悬挑式雨篷。

图 7-116　练习模型

02 在【建筑】选项卡下的【构建】面板中单击【墙】区域中【墙：饰条】按钮
墙饰条，在【属性】面板中单击【编辑类型】按钮，设置构造轮廓为【M_ 窗台－预制：300mm 宽】，单击【确定】按钮完成属性编辑，如图 7-117 所示。

03 在【修改 | 放置墙饰条】上下文选项卡中单击【水平】按钮，然后在图形区要创建雨篷的窗户上方墙面上放置雨篷构件，如图 7-118 所示。

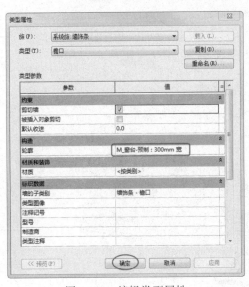

图 7-117　编辑类型属性

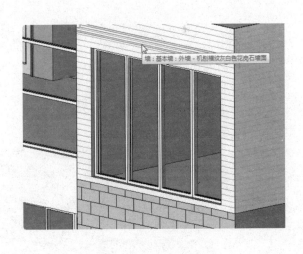

图 7-118　放置雨篷构件

04 按 Esc 键结束操作，利用【修改】选项卡中的【对齐】工具，将雨篷构件的两端对齐到窗洞口侧面（先选择窗洞口侧面再选择雨篷端面），如图 7-119 所示。

05 最终创建的悬挑式雨篷效果如图 7-120 所示。

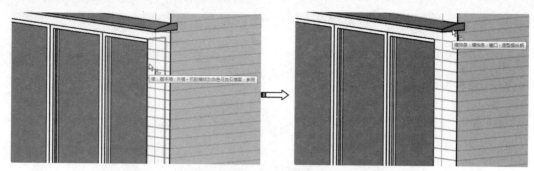

图 7-119 对齐雨篷端面到窗洞口侧面

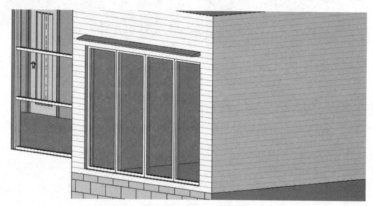

图 7-120 创建悬挑式雨篷

上机操作——创建悬挂式雨篷

本例将利用族库大师来设计悬挂式雨篷，具体操作如下。

01 打开本例练习模型【阳光酒店－2.rvt】，如图 7-121 所示。需要在大门上方创建玻璃铝合金骨架的悬挂式雨篷。

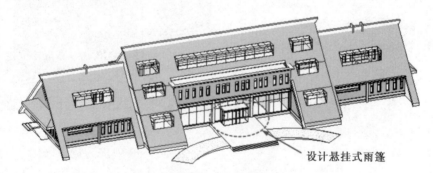

设计悬挂式雨篷

图 7-121 练习模型

02 切换视图到 F2，从族库大师族库中载入【建筑】|【其他】|【雨棚】子类型下的【旋转百叶组可变拉索工字钢承雨棚】族，单击【布置】按钮，在 F2 视图中放置默认参数的雨棚构件，如图 7-122 所示。

图 7-122　放置雨棚

| 温馨提示 | 　　雨篷属于比较大的构件，有顶柱或者拉索，相当于简易的建筑物，主要是指悬挂式雨篷。族库中的【雨篷】更具体的是指悬挑式雨篷，构件体积较小、结构较单一。 |

03 选中雨棚，然后在【属性】面板上设置雨棚属性参数，如图 7-123 所示。将其对齐到墙边和建筑的中轴线上，如图 7-124 所示。

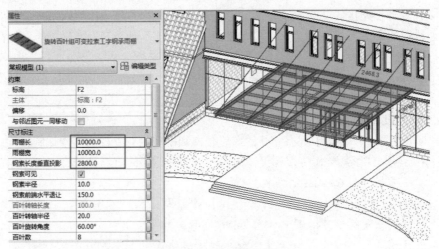

图 7-123　修改雨篷参数

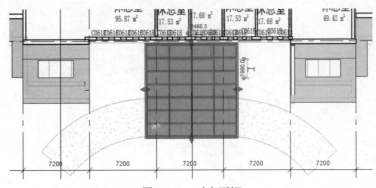

图 7-124　对齐雨棚

04 最终通过族库大师设计的雨棚效果如图 7-125 所示。

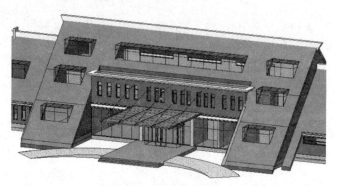

图 7-125 查看雨棚效果图

7.3 Revit 知识点及论坛帖精解

楼梯设计在建筑设计项目中算是一个比较大的难题。有些楼梯存在楼梯梁，有些没有楼梯梁，楼梯直接与板连接，就会出现很多问题。有梯梁的楼梯设计相对简单一些，没有梯梁的却要考虑斜板的平滑连接问题，这在实际工作中经常会碰到，下面列举一些常见的楼梯设计问题进行探讨。

 7.3.1 Revit 知识点

知识点 01：设计全踏步螺旋楼梯

螺旋楼梯分两种：一种是中间有立柱的螺旋楼梯和中间没有立柱的悬空螺旋楼梯。在本章的楼梯设计中已经介绍了悬空螺旋楼梯设计方法，下面介绍中间有立柱的螺旋楼梯创建方法。

01 新建一个半径为 600mm 的结构柱。

02 切换视图为【标高 1】，单击【模型线】按钮╷╷，利用【圆形】工具在结构柱圆心上绘制一个同等半径的圆，如图 7-126 所示。

03 单击【楼梯】按钮🎨，激活【修改 | 创建楼梯】上下文选项卡。

04 然后在【属性】面板中设置限制条件，如图 7-127 所示。

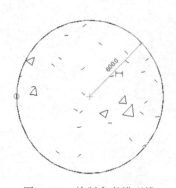

图 7-126 绘制参考模型线

图 7-127 设置限制条件

05 此时，【构件】面板中的【梯段】命令和【全踏步螺旋】命令已被自动激活。在视图中拾取圆形模型线的圆心作为螺旋楼梯梯段的圆心，并设置圆心到梯段中心线的距离（半径）为1200，按 Enter 键后生成螺旋楼梯预览，如图 7-128 所示。

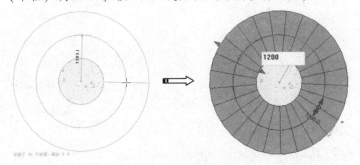

图 7-128　绘制楼梯梯段

06 最后再单击【修改 | 创建楼梯】上下文选项卡下的【完成编辑模式】按钮 ✓，完成构件楼梯的创建。但是从结果看，在靠结构柱一侧的楼梯上自动生成楼梯栏杆扶手是多余的。删除多余楼梯扶手即可，效果如图 7-129 所示。

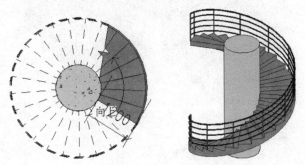

图 7-129　完成楼梯的创建

<table>
<tr><td>技术
要点</td><td>单击【翻转】按钮 ꥯ，可以改变螺旋楼梯的旋转方向，如图 7-130 所示。

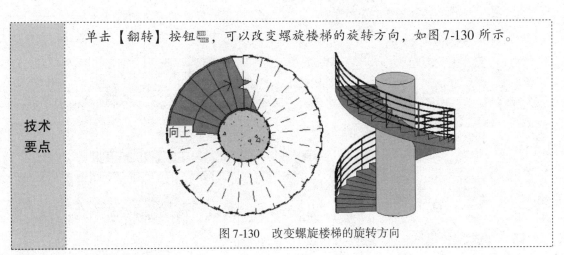

图 7-130　改变螺旋楼梯的旋转方向</td></tr>
</table>

知识点 02：创建 U 形楼梯

　　U 形楼梯是踢面沿 U 字进行排列，而不是说楼梯整个形状呈 U 形，图 7-131 为直线两跑楼梯与 U 形楼梯的对比。

图 7-131　直线两跑楼梯（左）与 U 形楼梯（右）

下面介绍 U 形楼梯的创建方法，具体操作如下。

01　打开本例源文件【平房.rvt】，如图 7-132 所示。

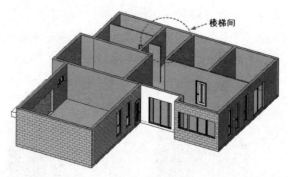

图 7-132　平房模型

02　切换视图为 −1F，单击【楼梯】按钮 ，激活【修改 | 创建楼梯】上下文选项卡。

03　在【属性】面板类型选择器中选择【现场浇注楼梯 − 整体式楼梯】类型，然后设置限制条件，如图 7-133 所示。

04　单击【类型属性】按钮，在【类型属性】对话框中设置计算规则，如图 7-134 所示。

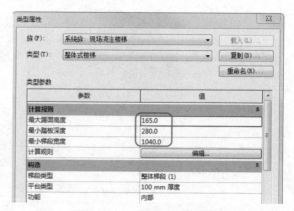

图 7-133　设置限制条件　　　　图 7-134　设置楼梯计算规则

05　在【构件】面板中单击【U 形转角】 按钮，在选项栏中设置定位线选项为【梯段：左】，勾选【自动平台】复选框，然后查看楼梯预览，如图 7-135 所示。

06 单击放置楼梯后，用户会发现楼梯梯段方向需要更改，则单击【翻转】按钮🔁，切换梯段朝向，如图7-136所示。

　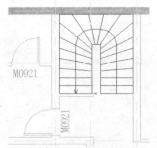

图7-135　预览U形楼梯　　　　图7-136　改变楼梯朝向

07 最后单击【修改 | 创建楼梯】上下文选项卡下的【完成编辑模式】按钮✔，完成U形楼梯的创建。删除靠墙一侧的楼梯扶手栏杆，效果如图7-137所示。

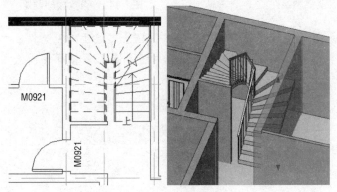

图7-137　创建的U形楼梯

知识点03：创建L形楼梯

L形转角楼梯和U形转角楼梯都是属于楼层较高或较低，并且空间比较局促（不足以设计平台）的情况下才设计的一种紧凑型楼梯。

01 打开本例源文件【别墅.rvt】，如图7-138所示。

02 在别墅室外走廊上创建与地面连接的L形楼梯。L形楼梯无须详细进行尺寸计算，只需设定几个参数即可。

03 切换视图为TOF-Porch，单击【楼梯】按钮🪜，激活【修改 | 创建楼梯】上下文选项卡。

04 在【属性】面板的类型选择器中选择【组合楼梯－住宅楼梯，无踢面】类型，然后设置限制条件，如图7-139所示。

05 在【构件】面板中单击【L形转角】按钮🪜，在选项栏中设置定位线选项为【梯段：中心】，勾选【自动平台】复选

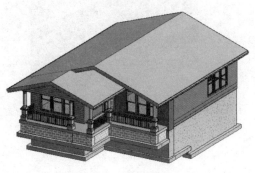

图7-138　别墅模型

框，然后查看楼梯效果预览，如图7-140所示。

图7-139 设置限制条件

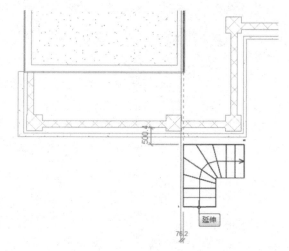

图7-140 查看楼梯预览

06 此时用户会发现楼梯梯段方向需要更改，按下键盘上的空格键，切换梯段朝向直至合理位置，如图7-141所示。单击鼠标左键放置L形楼梯梯段，如图7-142所示。

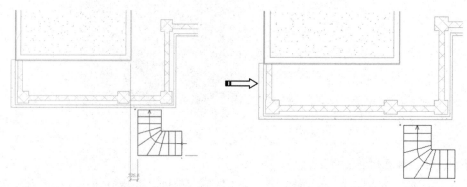

图7-141 改变梯段朝向   图7-142 放置梯段

07 利用【对齐】工具，将梯段对齐至楼梯口中线，效果如图7-143所示。

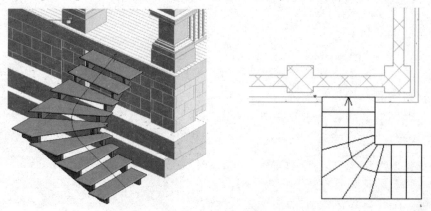

图7-143 对齐梯段踢面线与走廊边

08 最后单击【修改 | 创建楼梯】上下文选项卡下的【完成编辑模式】按钮，完成
L 形楼梯的创建，效果如图 7-144 所示。

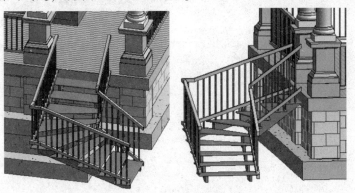

图 7-144　创建的 L 形楼梯

<table>
<tr><td>技术

要点</td><td>若要改变楼梯的踏步宽度，必须适当增加踏步层数，如图 7-145 所示。这是因为踏步宽度增加，转角处的踏步踢面深度也会适当增加，根据楼梯设计规则，深度（踢面）增加的情况下，层高则相应要降低，这样的楼梯走上去才觉得平缓，不会绊脚摔跤。

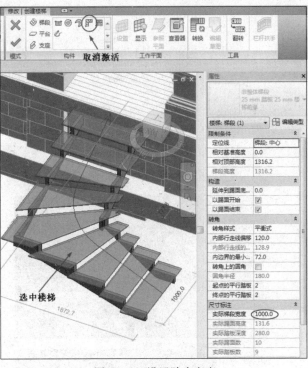

图 7-145　设置踏步宽度</td></tr>
</table>

知识点 04：楼梯栏杆的扶手连接问题

用户在创建完楼梯后会发现，楼梯栏杆和扶手在每一跑楼梯之间的衔接很差，如图 7-146 所示。

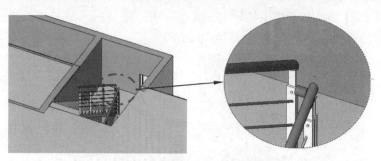

图 7-146　楼梯栏杆连接问题

01 接着上面的步骤，首先切换至 2F 楼层平面视图，将左侧（下楼梯）的路径延伸一定距离，如图 7-147 所示。

02 右侧的路径不用延伸，而是添加新的直线，添加后与左侧路径连接，如图 7-148 所示。

03 修改后的效果如图 7-149 所示。

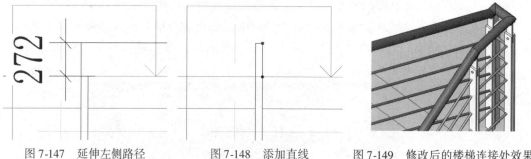

图 7-147　延伸左侧路径　　　　图 7-148　添加直线　　　　图 7-149　修改后的楼梯连接处效果

7.3.2　论坛求助帖

 求助帖 1 求助关于 Revit 楼梯创建的问题

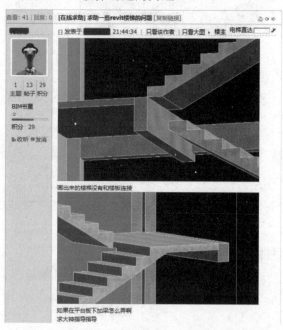

问题描述： 其实这个网友提出的是两个问题，第一个问题是在有楼梯梁的情况下如何创建踏步以及如何与梯梁结合？第二个问题是在没有楼梯梁且已经完成楼梯设计的情况下，如何添加楼梯梁？

问题解决： 先看第1张问题图片，很明显上半跑梯段与梯梁根本就没有面与面接触，而是线与线接触，若是建筑施工完成后拆完钢架或木架就会立马垮掉，连工人都跑不掉。这里犯了一个错误：虽然踢面跟平台标高是正确的，但忽略了底板才是稳固的关键。其实出现这种底部与结构梁脱节的情况，主要还是踢面数的问题。有些时候用户明明计算准确的楼梯为什么设计出来是错误的，这个楼梯由于两个梯段是分开创建的，为了创建梯梁才这么做的，此时就要考虑到楼梯底板的斜面问题，很明显，楼梯平台也是楼梯的一步，千万不要忘记了。平台的表面也是踢面，解决的方法是，创建楼梯梯段时，再多添加一步踢面与平台重合即可。

01 图7-150所示进入楼梯编辑模式，拖动梯段末端的控制点，增加一个踢面。

02 此刻，楼梯底板的斜面与结构梁完美结合。

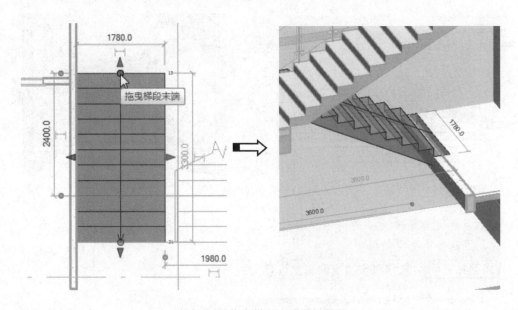

图7-150 拖曳梯段末端增加踢面

03 有时，用户也可以把平台删除，楼梯底板将自动延伸至结构梁。

接着看第2张问题图片，如果在平台与梯步结合处添加结构梁，直接添加即可，添加前需要删除原先楼梯中的平台部分。

楼梯梁的尺寸要看楼梯空间和楼梯自身承重情况，如果是小型楼梯，一般不要太大，150×300mm 就可以了。楼梯间3面有墙的楼梯，是不需要设计楼梯梁的，只有框架结构才设计。

01 在创建好的楼梯平台上，添加一条 150×300mm 的现浇混凝土结构梁（从族库大师中载入构件矩形梁族，然后在【属性】面板的【材质和装饰】选项组下修改其结构材质），如图7-151所示。

02 双击楼梯进入楼梯编辑模式，删除原先的平台，再退出编辑模式，如图 7-152 所示。

图 7-151　添加结构梁

图 7-152　删除原平台

03 然后利用【楼板：结构】工具，在楼层标高上创建平台大小的楼板，然后设置其标高在平台位置高度，如图 7-153 所示。

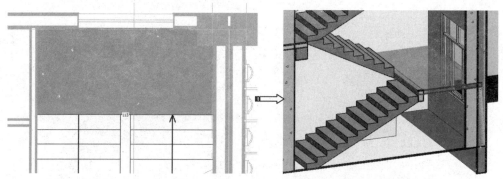

图 7-153　创建结构楼板

04 最后使用建模大师的【一键剪切】工具，进行板切梁操作，不要直接合并连接，否则会生成梁切板。

求助帖2 楼梯踏步宽度和高度设置问题

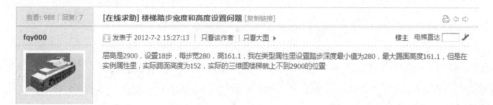

问题描述：当层高为 2900mm，要设置 18 步，每步宽 280mm，高 161.1mm 的楼梯踏步。当用户在类型属性里设置踏步深度最小值为 280mm，最大踢面高度为 161.1mm，但是在实例属性里，实际踢面高度为 152mm，实际的三维图楼梯就上不到 2900mm 的位置。下图的第 1、2、3 张图是设置的类型属性参数，第 4 张图是画完后的楼梯实例属性参数，如图 7-154 所示。

问题解决：这个问题由于该网友没有提供模型文件，暂不能以图片形式表达。但我们从提供的几张属性参数图，得知图 3 中的两个参数并没有设置，这两个参数是梯梁参数，必须设置，如图 7-155 所示。

图 1

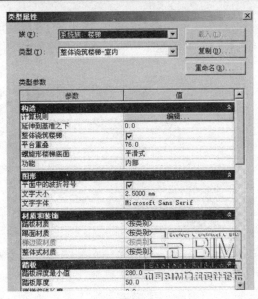

图 2

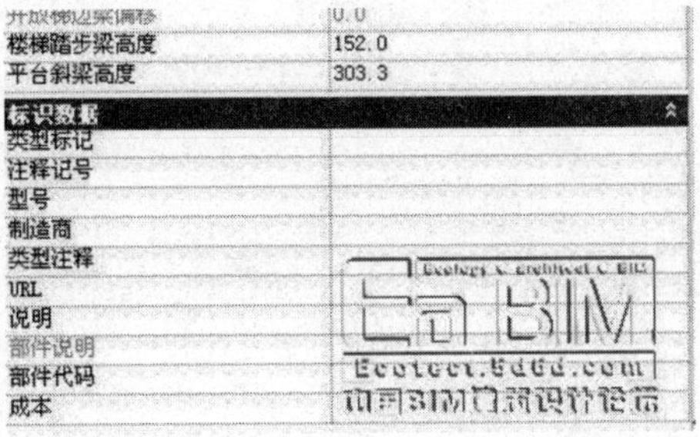

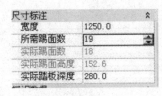

图 3

尺寸标注	
宽度	1250.0
所需踢面数	19
实际踢面数	18
实际踢面高度	152.6
实际踏板深度	280.0

图 4

图 7-154 楼梯属性参数图

在图 2 中，要单击【计算规则】选项栏的【编辑】按钮进行规则参数设置，在 Revit 2018 新版软件中，对话框如图 7-156 所示。如果不先设置计算规则，那么在【属性】面板中再怎么设置也是无济于事的。

图 7-155 设置梯梁

图 7-156 Revit 2018 的计算规则参数设置

第8章

建筑外观与室内表现

在传统二维模式下进行方案设计时，无法快速地校验和展示建筑的外观形态，对于内部空间的情况更是难于直观地把握。在 Revit Architecture 中，可以实时地查看模型的透视效果或进行日光分析，并且方案阶段的大部分工作均可在 Revit Architecture 中完成，不用导出到其他软件中，使设计师在与甲方进行交流时能充分表达个人的设计意图。

案例展现
ANLIZHANXIAN

案 例 图	描　述
	为了展现真实环境下的逼真场景，必须为建筑模型添加阴影效果。阴影也是日光研究中不可缺少的元素 Revit Architecture 中的日光研究是模拟真实的日照方向，因此生成日光研究时，建议将视图方向由项目北修改为正北方向，以便为项目创建精确的太阳光和阴影样式
	日光和灯光等光源都是渲染场景中不可缺少的元素，统称为【照明】。日光主要用于白天渲染环境 要进行各种类型的日光研究，则在【日光设置】对话框中选择相应的研究类型，包括静止、一天、多天和照明
	Revit 中集成了 Mental Ray 渲染器，可以生成建筑模型的照片级真实感图像，也可以及时查看设计效果，从而向客户展示设计或与团队成员分享 不可否认的是，基于 Mental Ray 渲染器的渲染效果需要配合 Photoshop 图像处理软件进行后期处理，才会有逼真效果

8.1 真实场景中的阴影

为了表达真实环境下的逼真场景，用户可以为建筑模型添加阴影效果。阴影是日光研究中不可缺少的元素，下面详解项目方向和阴影的设置方法。

8.1.1 设置项目方向

在设计项目图纸时，为了绘制和捕捉的方便，一般按【上北下南左西右东】的方位设计项目，此为项目北。默认情况下项目北即指视图的上部，但该项目在实际的地理位置中却未必如此。

Revit Architecture 中日光研究用于模拟真实的日照方向，因此生成日光研究时，建议将视图方向由项目北修改为正北方向，以便为项目创建精确的太阳光和阴影样式。

 上机操作——设置项目方向

01 打开本例练习模型【别墅 – 1. rvt】，如图 8-1 所示。切换视图为【场地】平面视图。

02 在【属性】面板的【图形】选项组下，【方向】参数的默认值为【项目北】。单击【项目北】右侧的下拉按钮，然后选择【正北】选项，单击【应用】按钮，如图 8-2 所示。

图 8-1 别墅模型

图 8-2 设置图形方向为正北

03 接下来需要旋转项目使其与真正地理位置上的正北方向保持一致。这里需要提前设置阳光参数，在图形区下方的状态栏中单击【关闭日光路径】按钮，并选择列表中的【日光设置】选项，如图 8-3 所示。

图 8-3 选择【日光设置】选项

04 打开【日光设置】对话框，在【日光研究】选项区域中选择【静止】单选按钮，在【设置】选项区域中单击【地点】右侧的【浏览】按钮，然后设置【定义位置依据】为【默认城市列表】，如图 8-4 所示。

图 8-4　设置地理位置

05　在【日光设置】对话框中设置当天的日光照射日期和时间，时间最好设置为中午
12 点，这时候的阴影较短，角度测量更准确，如图 8-5 所示。

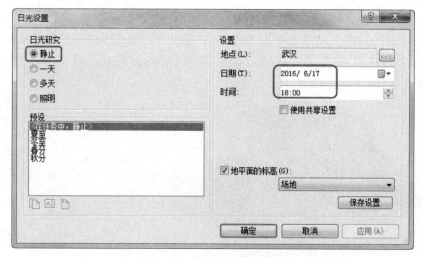

图 8-5　设置日期和时间

> **技巧
> 点拨**
>
> 　　当进行日光研究时，如果是晚上没有阳光，可以在【日光设置】对话框中选
> 择【照明】单选按钮；在白天有阳光的情况下，可以选择【静止】、【一天】或
> 【多天】单选按钮。

06　切换视图为三维视图，设置视图方向为上视图，如图 8-6 所示。

07　在状态栏中单击【关闭阴影】按钮 🄧，开启阴影效果。从阴影效果中可以看出，
太阳是自东向西的，理论上讲项目中的阴影只能是左东右西的水平阴影，但是在三
维视图中可以看出南北朝向上也有阴影，如图 8-7 所示。说明项目北（场地视图中
的正北）与实际地理上正北偏差还是较大的，需要旋转项目。

08　利用模型线的【直线】工具，绘制两条参考线，并测量角度，如图 8-8 所示。测量
的角度就是要进行项目旋转的 45°。

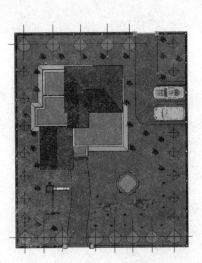

图 8-6　设置视图方向

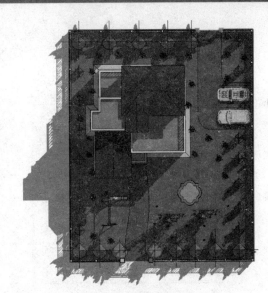

图 8-7　查看阴影效果

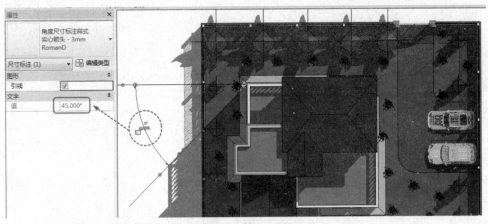

图 8-8　绘制参考线并测量角度

09 切换视图为场地后，在【管理】选项卡【项目位置】面板中单击【位置】｜【旋转正北】按钮，视图中将出现旋转中心点和旋转控制柄。

10 别墅项目的地理旋转中心正好在建筑的中心位置。移动光标在旋转中心竖直方向任意位置单击，捕捉一点作为旋转起始点，顺时针方向移动光标，将出现角度临时尺寸标注。直接输入旋转角度值为 45°，按 Enter 键确认操作后，项目自动旋转到正北方向，如图 8-9 所示。

11 旋转项目至正北方向后的效果如图 8-10 所示。

技巧点拨	上文介绍的操作方法是直接旋转项目至正北方向，用户也可以在选项栏的【逆时针旋转角度】数值框中直接输入 −45°，按 Enter 键确认操作后，即可自动将项目旋转到正北方向。

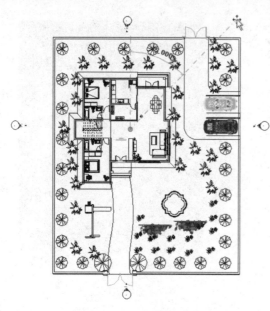

图 8-9　旋转项目视图

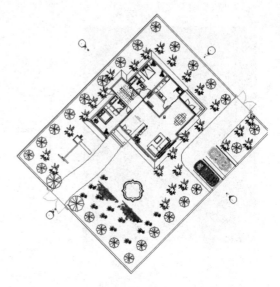

图 8-10　旋转项目至正北方向

8.1.2　设置阴影效果

在上一小节的案例中我们不难发现，阴影效果是真实渲染必不可少的环境元素，下面介绍阴影的基本设置方法。

上机操作——阴影效果的设置

01 继续上一案例，换视图为【三维视图】。

02 在绘图区域左下角的视图控制栏中执行【图形显示选项】操作，打开【图形显示选项】对话框，如图 8-11 所示。

图 8-11　打开【图形显示选项】对话框

03 展开对话框中的【阴影】选项区域，其中包含两个复选框，如图 8-12 所示。【投射阴影】复选框用于控制三维视图中是否显示阴影，【显示环境光阴影】复选框用于控制是否显示环境光源的阴影。环境光源是除了阳光以外的物体折射或反射的自然光源。

04 展开【照明】选项区域，该选项区域中包括日光设置和阴影设置选项，如图 8-13 所示。拖动【阴影】滑动块或在右侧数值框中输入数值，可以调整阴影的强度，效果如图 8-14 所示。

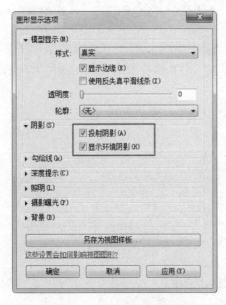

图 8-12 【阴影】选项区域

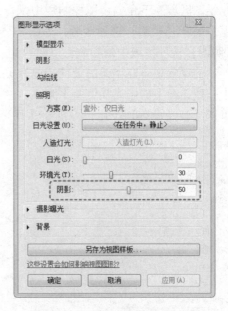

图 8-13 【照明】选项区域

强度为 50

强度为 100

图 8-14 设置不同阴影强度的效果

8.2 场景中的日光研究

Revit 场景中的日光可以模拟真实地理环境下日光照射的情况，分静态模拟和动态模拟两种类型。模拟日光照射前，用户可以对日光的具体参数进行设置。

通过对场景中日光的研究，可以发现来自地势和周围建筑物的阴影令对场地有影响，并且自然光在一天和一年的特定时间会从不同的位置射入建筑物内。

日光研究通过展示自然光和阴影对项目的影响，来提供有价值的信息。

8.2.1 日光设置

日光和灯光等光源都是渲染场景中不可缺少的渲染元素，统称为【照明】。日光主要是应用在白天渲染环境中。

在绘图区域左下角的视图控制栏中执行【图形显示选项】操作，打开【图形显示选项】对话框，展开【照明】选项区域，如图8-15所示。

【照明】选项区域中的参数可以对日光、环境光源的强度以及日光研究类型选项进行设置。强度的设置跟研究当天的天气情况有关，晴朗天气阳光强度要大一些，阴雨天气阳光强度要小一些，晚上的阳光强度基本为0。

单击【日光设置】按钮，可打开【日光设置】对话框，如图8-16所示。

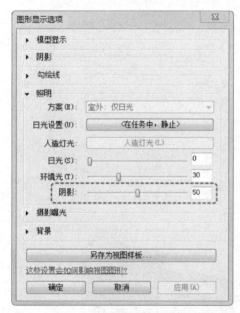

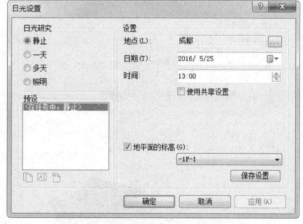

图8-15 【照明】选项区域　　　　　　　图8-16 【日光设置】对话框

> **技巧点拨**　在状态栏打开或关闭阳光路径的菜单中选择【日光设置】命令，也可打开【日光设置】对话框。

8.2.2 日光研究

在【日光设置】对话框中可以选择相应的日光研究类型，包括静止、一天、多天和照明。下面将分别介绍各种日光研究类型的应用。

1. 静态日光研究

静态日光研究包括静止研究和照明研究。

（1）静止日光研究

静止日光研究是在某个时间点静态的日光照射情况。如在设置项目方向的案例中，静止的日光研究可以提供某个时刻阳光照射下的阴影长短、投射方向等信息，便于及时地调整地理中项目的方向。

（2）照明日光研究

照明日光研究是生成单个图像，来显示在活动视图中的指定日光位置（而不是基于项目位置、日期和时间的日光位置）投射的阴影。

例如，在立面视图上投射45°的阴影，设置完成后这些立面视图可以进行渲染。

上机操作——照明日光研究

01 继续前面案例的操作。

02 打开【日光设置】对话框，在【日光研究】选项区域中选择【照明】单选按钮，对话框右边显示【照明】的设置选项，如图8-17所示。

图8-17 选择【照明】单选按钮

03 图8-18为方位角和仰角的示意图。

图8-18 方位角和仰角示意图

技巧点拨	方位角控制照明在建筑物周围的位置，仰角则控制阴影的长短。仰角越小，阴影越长；仰角越大，则阴影越短。方位角0°位置在地理正北（不是最初的项目北），所以在调整方位角的时候，一定要注意。仰角是从地平面（地平线）开始的。

04 【相对于视图】复选框用于控制照明光源的照射方向。如果勾选该复选框，仅仅针对视图进行照射，照射范围相对集中，如图8-19所示。取消勾选该复选框，则相对于整个建筑模型进行照射，照射范围相对扩散，如图8-20所示。

图 8-19　☑相对于视图(R)

图 8-20　☐相对于视图(R)

05　【地平面的标高】复选框用于控制计算仰角的起始平面。如果选择【标高2】楼层，意味着2层及2层以上的楼层将会有照明阴影，当然2层平面也是仰角的计算起始平面，如图8-21所示。如果取消勾选【地平面的标高】复选框，将对视图中所有标高层进行投影。

二层及以上楼层有阴影

二层以下（不包含2层）无阴影

图 8-21　地平面的标高设置

2. 动态日光研究

动态日光研究包括一天日光研究和多天日光研究两种类型。用户可以动态模拟（可以生成动画）一天或者多天当中指定时间段内阴影的变化过程。

（1）一天日光研究

一天日光研究是动态的，可以模拟日出到日落阳光照射下的建筑物阴影的动态变化。

上机操作——一天日光研究

01　继续前面的案例。

02　打开【日光设置】对话框，在【日光研究】选项区域中选择【一天】单选按钮，对话框右边显示【一天】的设置选项，如图8-22所示。

图 8-22 选择【一天】研究类型

03 设置项目地点和日期后,根据设计者需要可以详细设置时间段,以创建阴影动画,也可以勾选【日出到日落】复选框默认设置动画。

04 然后设置动画帧(一帧就是一幅静止图片)的时间间隔为 1 小时,那么系统会计算得出从日出到日落所需帧数为 14,如图 8-23 所示。

图 8-23 设置动画帧

05 【地平面的标高】一般是建筑项目中的场地标高,此复选框控制是否在地平面上投射阴影,如图 8-24 所示。

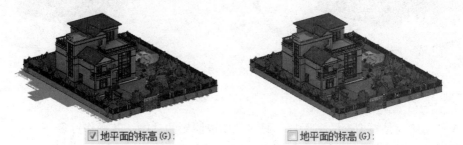

图 8-24 控制是否在地平面标高上投影

06 单击【确定】按钮完成一天日光研究的设置。在状态栏中开启阴影，同时打开日光路径，如图 8-25 所示。

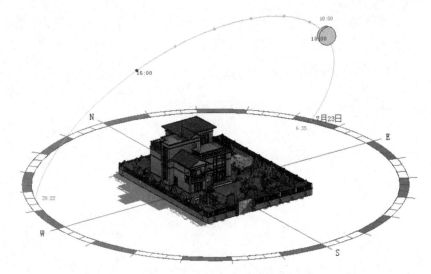

图 8-25　开启阴影和日光路径

07 在选择【打开日光路径】选项时，会发现列表中增加了【日光研究预览】选项，该选项只有在【日光设置】对话框中设置了动画帧以后才会存在。

08 选择【日光研究预览】选项后，即可在选项栏中演示阴影动画，如图 8-26 所示。

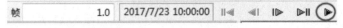

图 8-26　选项栏中的阴影动画选项

09 单击【播放】按钮 ▶，在三维视图中播放一个小时一帧的阴影动画，如图 8-27 所示。

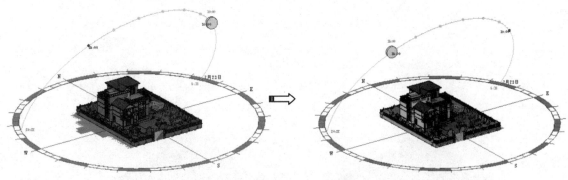

图 8-27　播放阴影动画帧

（2）多天日光研究

多天日光研究是模拟连续多天日光照射和生成阴影的动画，其操作过程与一天日光研究是完全相同的，只是日期由【一天】设置为【多天】，如图 8-28 所示。

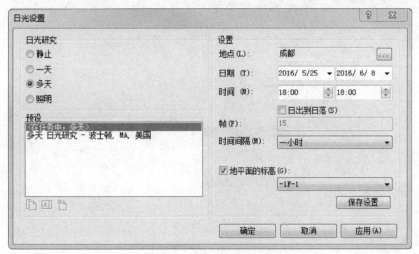

图 8-28　多天日光研究的设置

3. 导出日光研究的格式

在 Revit Architecture 中，除了可以在项目文件中预览日光研究外，用户还可以将日光研究导出为视频或图像文件，导出文件的格式包括 AVI、JPEG、TIFF、BMP、GIF 和 PNG。

AVI 是独立的视频文件，其他导出文件的格式都是单帧图像格式，也就是将动画的指定帧保存为独立的图像文件。

8.3　Revit 基础渲染

Revit 集成了 Mental Ray 渲染器，可以生成建筑模型的照片级真实感图像，来查看设计效果，从而可以向客户展示设计或与团队成员分享。在 Revit 中设置渲染非常容易，只需要设置真实的地点、日期、时间和灯光，即可渲染出三维及相机透视视图。设置相机路径，可创建漫游动画，动态查看与展示项目设计。

不可否认的是，基于 Mental Ray 渲染器的渲染效果需要配合 Photoshop 图像处理软件进行后期处理，才会有逼真的效果。

8.3.1　外观材质

渲染场景中模型的外观是由设计者赋予材质和贴图完成的，用户可以创建自己的材质，也可以使用 Revit Architecture 材质库中的材质。

🌸 上机操作——编辑材质 🌸

01 在【管理】选项卡下的【设置】面板中单击【材质】按钮🎨，弹出【材质浏览器】对话框，如图 8-29 所示。

02 在【项目材质】列表框中列出当前可用的材质，本例建筑项目中的材质均来自于此。

03 当项目材质中没有合适的材质时，可以在下方的材质库中调取材质。Revit Architecture 材质库中有 Autodesk 材质和 AEC 材质两种，如图 8-30 所示。

图 8-29 【材质浏览器】对话框的项目材质   图 8-30 材质库中的材质

> **技巧 点拨**   Autodesk 材质是欧特克公司所有相关软件产品通用的材质，比如 3ds Max 的材质与 Revit 的材质是通用的。AEC 材质是建筑工程与施工（AEC）行业里通用的材质。

04 选中材质库中的材质，单击【将材质添加到文档中】按钮，即可将选中的材质添加至【项目材质】列表中，如图 8-31 所示。

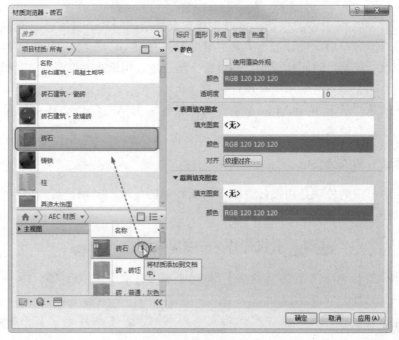

图 8-31 添加材质

05 在【项目材质】列表框中选中一种材质，在对话框的右边区域显示该材质所有的属性信息，包括标识、图形、外观、物理和热度等，如图8-32所示。用户可以在不同的属性区域中设置材质各项属性参数。

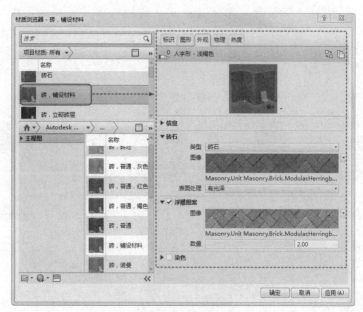

图 8-32　材质的属性

06 在属性设置区中可以编辑颜色、填充图案、设置外观等，例如要编辑颜色，则单击颜色的色块，打开【颜色】对话框，重新选择颜色即可，如图8-33所示。

07 完成材质的编辑后，单击对话框中的【确定】按钮。

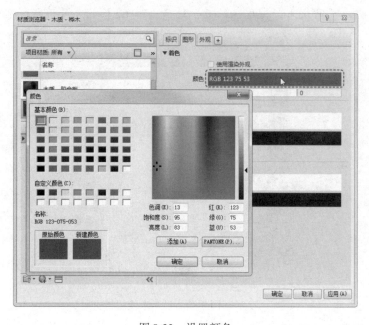

图 8-33　设置颜色

上机操作——创建新材质

01 如果材质库没有设计者所需的材质，可以单击材质浏览器对话框底部的【创建并复制】按钮 ，在列表中选择【新建材质】或者【复制选定的材质】选项，建立自己的材质，如图8-34所示。

02 新建材质后，要为新材质设置属性。新材质是没有外观和图形等属性的，如图8-35所示。

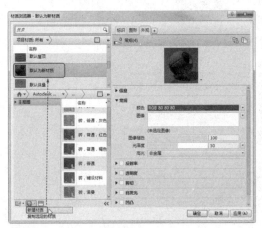

图8-34　新建材质　　　　　　　　　　图8-35　新材质的外观

技巧
点拨

　　鉴于【项目材质】列表中的材质较多，新建的材质不容易找到，用户可以先设置项目材质的显示状态为【显示未使用材质】，这样就可以很容易地找到新建立的材质，如图8-36所示。通常命名为【默认为新材质】，如果继续建立新材质，会以【默认为新材质（1、2、3、4、5、6）】的序号进行命名。

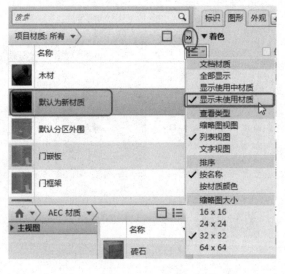

图8-36　显示未使用材质

03 在对话框底部单击【打开/关闭资源浏览器】按钮，然后在弹出的【资源浏览器】窗口的外观库中选择一种外观（此外观库中包含各种 *AEC* 行业和 *Autodesk* 通用的物理资源），如图 *8-37* 所示。

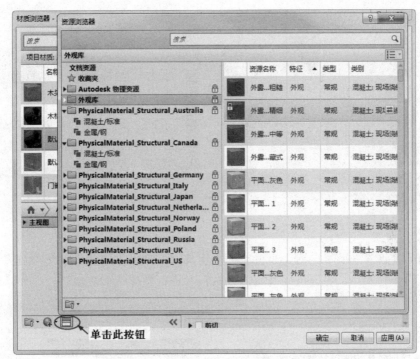

图 8-37 外观资源库

04 在外观库中没有物理特性性质的只有外观纹理，例如，选择外观库中的木材地板，在资源列表框中列出了所有的木材资源，将光标移动到某种木材外观时，右侧会显示【替换】按钮，单击即可替换默认外观为所选的木材外观，如图 8-38 所示。

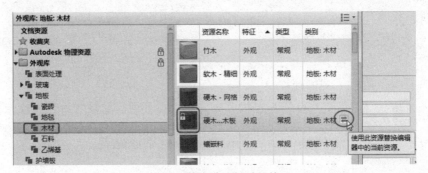

图 8-38 替换默认材质的外观

技巧点拨	只有【Autodesk 物理资源】库和其他国家采用的资源库才具有物理性质，但是没有外观纹理，所以在选用外观时要侧重选择。外观纹理就像是贴图一样，只有外表一层。物理性质表示整个图元的内在和外在都具有此材质属性。

05 关闭【资源浏览器】窗口，新建材质的外观已经替换为所选的外观了，如图 8-39 所示。

06 在【图形】选项卡下，只需要勾选【着色】选项组中的【使用渲染外观】复选框就可以了，如图 8-40 所示。

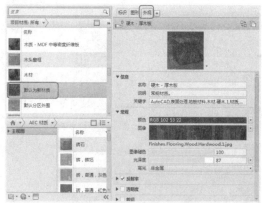

图 8-39　新材质的外观 图 8-40　设置图形

07 当需要设置表面填充图案和截面填充图案时，可以在【图形】选项卡下单击【填充图案】图块，在弹出的【填充样式】对话框中进行图案设置，如图 8-41 所示。

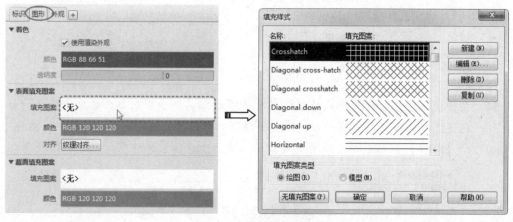

图 8-41　设置填充图案

08 最后单击【材质浏览器】对话框中的【确定】按钮，完成材质的创建。

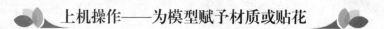
上机操作——为模型赋予材质或贴花

下面以实例详解材质与贴花的添加操作。在 Revit 中使用【贴花】功能可以在模型表面或者局部放置图像并在渲染的时候显示出来，用户可以将贴花用于标志、绘画和广告牌。贴花可以放置到水平表面和圆柱形表面上，对于每个贴花对象，也可以像材质那样指定反射率、亮度和纹理（凹凸贴图）。

01 准备好所有材质后，接下来就可以为图元赋予材质了。打开本例练习模型【别墅 -2.rvt】，如图 8-42 所示。

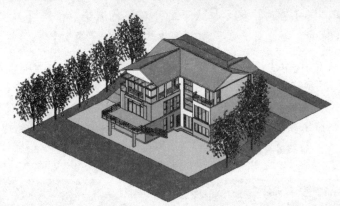

图 8-42 打开练习模型

02 赋予材质前先看下模型的显示样式，本例的别墅模型在 3D 视图状态下所显示的【着色】外观，能看清墙体和屋顶的外观材质，如图 8-43 所示。

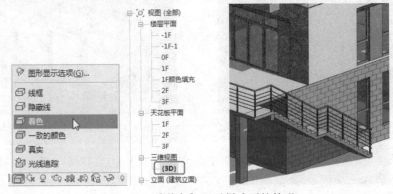

图 8-43 【着色】显示样式下的外观

03 但当视图显示样式调整为【真实】（渲染环境下真实外观表现）时，墙体却没有了外观，仅仅屋顶有外观，如图 8-44 所示。

04 渲染的目的就是外观渲染，物体本身的物理性质是无法渲染的。

05 初步为模型进行了渲染后，再看看相同部位的渲染效果，如图 8-45 所示。

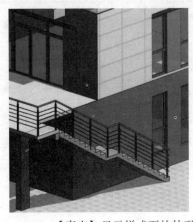

8-44 【真实】显示样式下的外观   图 8-45 部分渲染效果

06 由此得知，在【着色】显示样式下的外观经过渲染后，跟【真实】显示样式下的外观是一致的，因此材质赋予和贴图操作必须在【真实】显示样式下进行。

> **技巧点拨**
>
> 如果是在 Revit 软件旧版本中打开建筑模型，有时在三维视图中部分外观在【真实】显示样式下也是看不见的，如图 8-46 所示。此时需要在当前最新软件版本中查看，在【视图】选项卡的【创建】面板中单击【三维视图】按钮 🏠，重新创建新版本软件中的三维视图，这样就可以看见所有具备物理性质和外观属性的材质了，如图 8-47 所示。

图 8-46　旧版本软件的外观　　　　　图 8-47　新建三维视图后的外观

07 按照上述的操作，新建三维视图并显示【真实】视觉样式。建筑项目中具有相同材质的图元是比较多的，只需设置某个图元的材质属性，其他具有相同材质的图元随之更新。选中 −1F 的一段墙体图元，然后单击【属性】面板上的 📋 编辑类型 按钮，打开【类型属性】对话框，如图 8-48 所示。

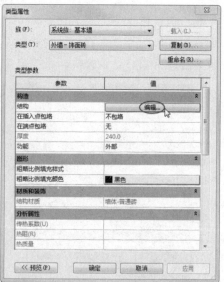

图 8-48　选中要编辑材质的图元

08 单击【类型属性】对话框中的【编辑】按钮，打开【编辑部件】对话框，然后在【层】列表框中选中【面层1】，则显示 按钮，再单击此按钮打开对应材质的材质浏览器对话框，如图8-49所示。

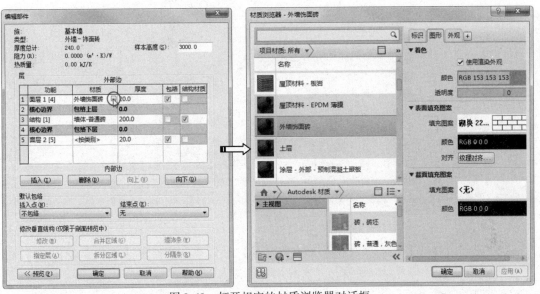

图 8-49 打开相应的材质浏览器对话框

09 在【外墙饰面砖】材质的【外观】选项卡下，可以看到是没有任何外观纹理的，这也是为什么在【真实】显示样式下没有外观的原因，如图8-50所示。

10 在对话框下方单击【打开/关闭资源浏览器】按钮 ，打开【资源浏览器】窗口，选择【外观库】|【陶瓷】|【瓷砖】资源路径下的【1英寸方形–蓝色马赛克】外观，并替换当前的材质外观，如图8-51所示。

图 8-50 所选墙体的材质无外观

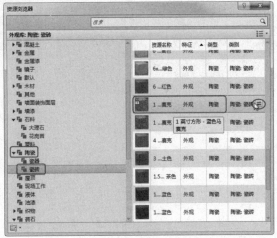

图 8-51 在资源浏览器查找外观并替换

11 关闭【资源浏览器】窗口后，可以看见【外墙饰面砖】的外观已经被替换成马赛克了，如图8-52所示。

图 8-52　替换的材质外观

12　单击【确定】按钮,关闭【材质浏览器】对话框,再单击【编辑部件】对话框的【确定】按钮关闭对话框,完成材质属性的设置。重新设置外观后, −1F 层外墙的饰面砖效果如图 8-53 所示。

13　同样的方法,将建筑中不明显的其他材质也一一替换外观,或者选择新材质来替代当前材质,例如草坪的材质,选中草坪后,在【属性】面板中单击【材质】右侧的按钮 ,如图 8-54 所示。

图 8-53　−1F 外墙饰面砖新外观

图 8-54　选中地坪材质

14　在打开的【材质浏览器】对话框的搜索文本框里输入【草】,然后在下方的材质库中将搜索出来的新材质添加到【项目材质】列表中,如图 8-55 所示。

15　在【项目材质】列表框中选中新材质【草】,单击对话框中的【确定】按钮,完成材质的替代,新材质效果如图 8-56 所示。

> **技巧点拨**　剪力墙墙体外观直接用墙漆涂料材质即可,但是要新增一个面层并设置厚度。

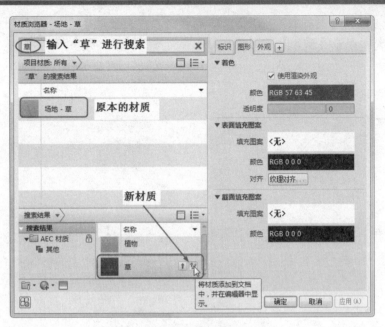

图 8-55　添加新材质

图 8-56　替换新材质的草坪效果

16　切换视图为三维视图，在【插入】选项卡的【链接】面板中单击【贴花】按钮，弹出【贴花类型】对话框，在对话框底部单击【新建贴花】按钮，在打开的【新贴花】对话框中进行命名，如图 8-57 所示。

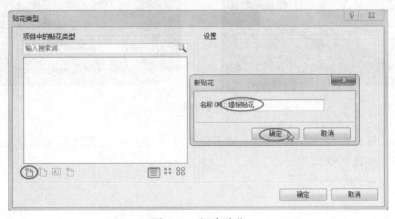

图 8-57　新建贴花

17 单击【源】选项右侧 **...** 按钮，从本例源文件夹中选择【Revit 贴图. jpg】贴图文件，然后单击【确定】按钮完成贴花类型的创建，如图 8-58 所示。

图 8-58　添加贴花图片完成贴花类型的创建

18 关闭对话框后，在三维视图中的外墙面上放置贴花图案，如图 8-59 所示。

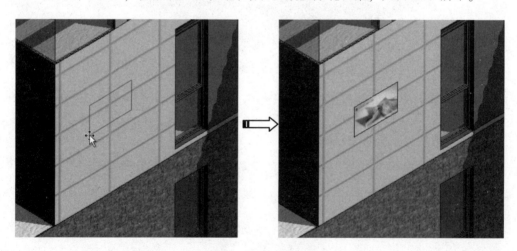

图 8-59　放置贴花图案

19 按 Esc 键完成贴图操作。选中贴图，在选项栏或者【属性】面板中输入图片宽度和高度来改变贴花的大小，如图 8-60 所示。

20 最后保存项目文件。

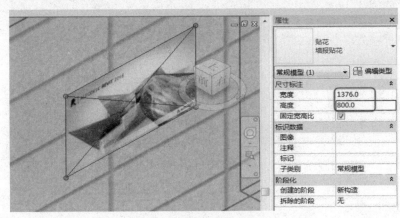

图 8-60 改变贴花图案的尺寸

 ### 8.3.2 创建相机视图

在为构件赋予材质并进行渲染之前，一般要创建相机透视图，以便生成室内外不同地点、不同角度的渲染场景。下面介绍 3 种相机视图的创建方法。

上机操作——创建不同角度的相机视图

01 接着上面的练习，首先创建水平相机视图。在项目浏览器中切换至 1F 楼层平面视图。

02 在【视图】选项卡下的【创建】面板中执行【三维视图】/【相机】操作。

03 移动光标至绘图区域 1F 视图中，在 1F 外部挑台前单击放置相机。然后将光标向上移动，超过建筑最上端，单击放置相机视点，如图 8-61 所示。

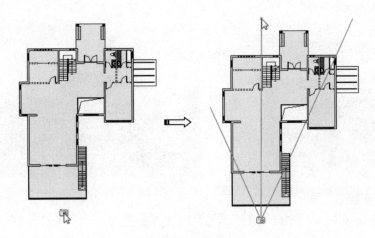

图 8-61 放置相机

04 此时新创建的三维视图自动弹出，在项目浏览器【三维视图】选项列表中增加了相机视图的【三维视图 1】，如图 8-62 所示。

05 在状态栏中单击模型图形样式图标，替换显示样式为【真实】。

图 8-62　生成相机新视图

06 视口各边中点出现四个蓝色控制点，按住鼠标左键并拖动这些控制点，可以改变视图范围，如图 8-64 所示。

07 很明显默认的视图范围较小，拖动至超过屋顶，释放鼠标。然后拖曳左右两边控制点，超过建筑后释放鼠标，视口被放大，如图 8-65 所示。至此创建完成一个正面相机透视图。

图 8-64　拖动控制点改变视口

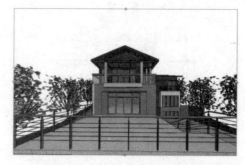

图 8-65　创建正面相机透视图

08 接着创建鸟瞰图，即俯视相机视图。在项目浏览器中切换视图为 1F 平面视图。

09 在【视图】选项卡下的【创建】面板中执行【三维视图】/【相机】操作，然后在 1F 视图中右下角单击放置相机，光标向左上角移动，超过建筑最上端，单击放置视点，创建的视线从右下到左上，如图 8-66 所示。

10 随后新创建的【三维视图 2】自动弹出，在状态栏单击模型图形样式图标，设置显示样式为【真实】，如图 8-67 所示。

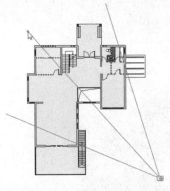

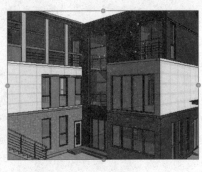

图 8-66 设置相机位置   图 8-67 创建相机视图并设置显示样式

11 选择三维视图的视口，在各边控制点上按住鼠标左键向外拖曳，使视口足够显示整个建筑模型时释放鼠标，如图 8-68 所示。

12 在新相机视图处于激活状态下，切换南立面视图，如图 8-69 所示。

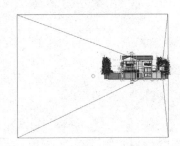

图 8-68 拖动控制点放大相机视图   图 8-69 显示南立面视图

> **技巧点拨** 仅当相机视图处于激活状态下，切换南立面图或其他视图时，相机才会显示。

13 单击南立面图中的相机，按住鼠标左键向上拖曳到新位置，如图 8-70 所示。

14 再切回三维视图 2，随着相机的升高，三维视图 2 由平行透视图变为鸟瞰图，如图 8-71 所示。

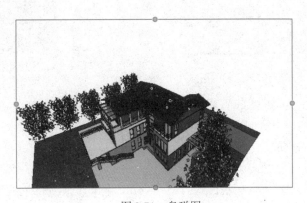

图 8-70 在立面图中调整相机位置   图 8-71 鸟瞰图

15 鸟瞰图中建筑物位置不合适，用户可以拖动视口控制点进行调整，至此创建完成别墅的鸟瞰透视图，效果如图 8-72 所示。最后保存项目文件。

图 8-72　调整后的鸟瞰图效果

16 若要创建室内相机视图，则使用同的方法创建图 8-73 所示的 1F 楼层平面的客厅相机视图用于渲染。

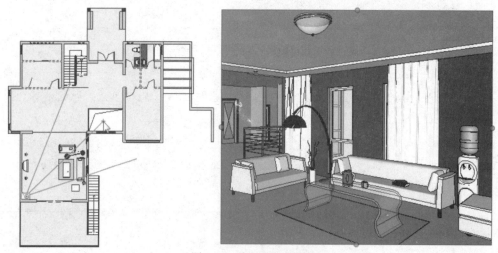

图 8-73　客厅相机视图

17 再创建楼梯间相机视图，如图 8-74 所示。

 ### 8.3.3　渲染及渲染设置

创建好相机后，可以启动渲染器对三维视图进行渲染。为了得到更好的渲染效果，需要根据不同的情况进行渲染设置，例如，调整分辨率、照明等。同时，为了得到更好的渲染速度，也需要进行一些优化设置。

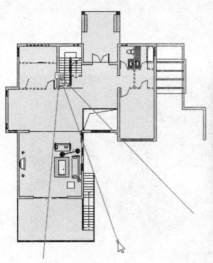

图 8-74　楼梯间相机视图

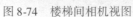
上机操作——室外场景渲染

01　继续前面的相机视图案例操作，首先切换至【三维视图1】打开相机视图。

02　单击【视图】选项卡卡下【图形】面板中的【渲染】按钮，打开【渲染】对话框。

03　在【渲染】对话框中设置渲染的相关选项，如图 8-75 所示。单击【渲染】按钮，开始对场景进行渲染，经过一段时间的渲染后，效果如图 8-76 所示。

图 8-75　渲染设置　　　　　　　　　　　　图 8-76　查看渲染效果

04 完成渲染后，单击对话框中的【保存到项目中】按钮保存渲染效果，并单击【导出】按钮，将渲染图片输出到路径文件夹中。

05 按照相同的操作，完成其余相机视图的渲染，效果如图8-77所示。

图8-77　其他室外相机视图渲染效果

🌿🌸 上机操作——室内场景渲染 🌸🌿

01 接着上一案例，首先切换至三维视图中的【客厅】视图。

02 单击【视图】选项卡下【图形】面板中的【渲染】按钮，打开【渲染】对话框。

03 在【质量】选项区域中的【设置】下拉列表中选择【编辑…】选项，打开【渲染质量设置】对话框，如图8-78所示。

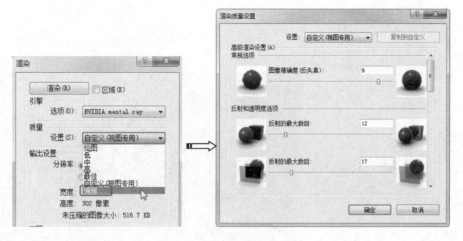

图8-78　设置渲染质量参数

> **技巧点拨**　在【渲染质量设置】对话框的【高级渲染设置】选项区域中的【图形精确度（反失真）】、【反射的最大数目】、【折射的最大数目】等参数，将决定渲染的质量，数值越大，质量越高，速度也就越慢。

04 滚动右侧滚动条到最下方,如图8-79所示。如果渲染室内场景,需要天光进入室内,在【采光口选项】选项区域中勾选适当的采光口复选框,渲染【楼梯间】中需要勾选【窗】和【幕墙】复选框。

05 设置其余渲染选项,单击【渲染】对话框的【渲染】按钮开始渲染,如图8-80所示。

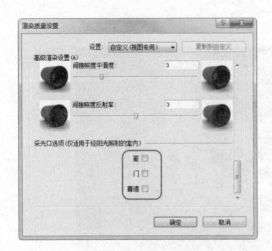

图 8-79　设置采光口

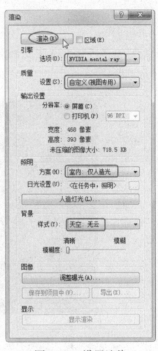

图 8-80　设置渲染

技巧点拨

　　如果渲染后发现灯光太亮,可以单击【调整曝光】按钮,在【曝光控制】对话框中设置灯光的强度,得到理想的渲染效果,如图8-81所示。

图 8-81　设置曝光度

8.4 Revit 知识点及论坛帖精解

建筑外观表现在 Revit 中应用得不是很完美，这跟软件的应用侧重点有关。下面举例说明部分问题及解决方案。

8.4.1 Revit 知识点

知识点 01：关于 Revit 中正北与项目北的介绍

在 Revit 中，导入进来的 CAD 文件有些是斜的，如图 8-82 所示。

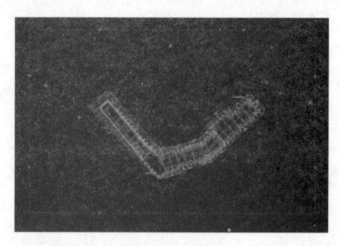

图 8-82　CAD 图形

如果用户想让图形的左侧是竖直的，然后再绘制模型，可以按照以下步骤来操作。

01 首先将视图的【方向】设置成【项目北】。

02 然后根据需要打开裁剪视图。

03 使用【旋转】命令，旋转裁剪框（注意旋转的起始线和结束线跟人的视觉是相反的），如图 8-83 所示。

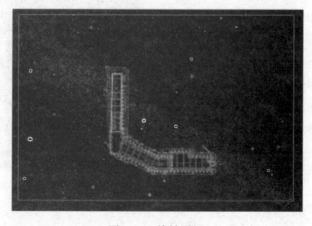

图 8-83　旋转图纸

04　若要恢复原来的方向，可以再次旋转回去，也可以将方向参数从【正北】改回【项目北】。

从上面的操作我们可以得出结论，正北为当前项目绝对坐标的正北方向，项目北为控制全局的视图方向。通过管理、位置、旋转项目北可以对所有模型视图的方向进行统一设置。

知识点02：Revit中项目北与正北的区别

打开一个项目进行研究时，切换到楼层平面视图，会看到【属性】面板的【图形】选项组中有【方向】选项，在该列表中包括【项目北】和【正北】两种类型，如图8-84所示。

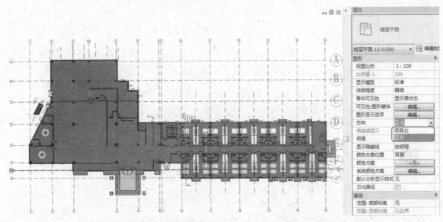

图8-84　【属性】面板中的【方向】选项

在【管理】选项卡的【项目设置】面板中单击【位置】下三角按钮，在下拉列表中包括【重新定位项目】、【旋转正北】、【镜像项目】、【旋转项目北】4个选项，如图8-85所示。

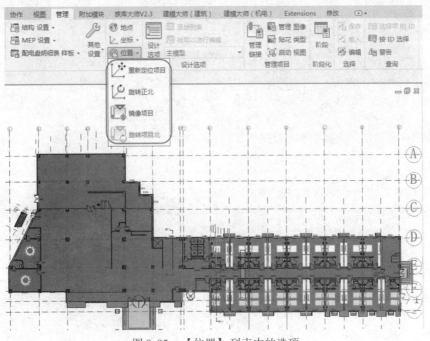

图8-85　【位置】列表中的选项

下面对项目北和正北的关系进行介绍。

- 项目北与正北的区别：项目北是在建模或者设计的时候，用于方便工程师的操作；正北是项目与总图或实际地理位置的实际方向。
- 打开平面视图，如果需要将三维视图的方向旋转到【正北】【旋转正北】选项。
- 在建模绘图时，为了操作的方便一般按照项目北进行绘制。但是在设计项目时，则会利用到项目北和正北。

知识点03：最好的 Revit 渲染插件——V-Ray 3.5 for Revit

Revit 是一款专为建筑信息模型（BIM）构建的软件，在 BIM 体系中使用非常广泛，能够帮助建筑师减少绘图错误，提供高质量、更加精确的建筑设计。效果图作为最终展现形式，渲染软件的支持非常重要，为了 Revit 2018 用户能使用 V-Ray 渲染器，Chaos Group 更新了 V-Ray 3.5 for Revit，而且 V-Ray 3.5 for Revit 的功能会更加强大，可以将某些场景的渲染速度提高7倍。

此次 V-Ray 3.5 for Revit 升级内容包括以下几点。

- 兼容性——V-Ray 与 Autodesk Revit 2018 无缝衔接。
- 素材库——增加超过500个高质量的建筑材料，并兼容 V-Ray 3ds Max, Rhino 和 SketchUp，如图8-86所示。

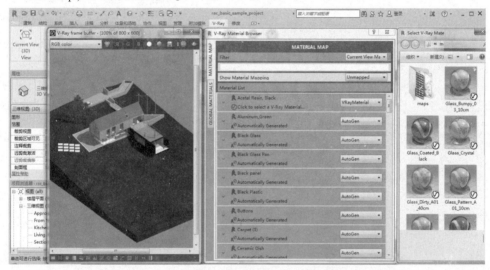

图8-86　V-Ray 3.5 素材库

- 自适应灯光——快速的新照明算法，在许多灯光中可以将渲染时间缩短7倍，如图8-87所示。
- Revit 的空中透视——在 Revit 的渲染中，将大气中的雾霾呈现给远处的物体和建筑物，如图8-88所示。

图8-87　自适应灯光的渲染

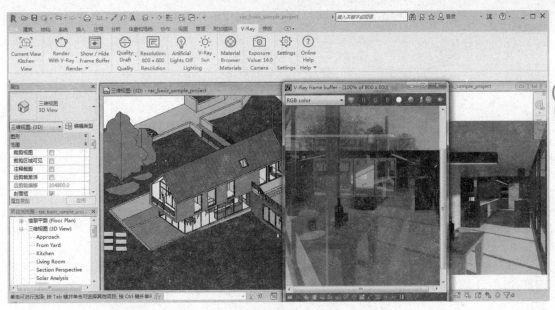

图 8-88 Revit 的空中透视

- 材料 ID 渲染元素——在 Photoshop 中更容易合成和编辑单个对象。
- V－Ray Swarm 改进——使用任何联网的计算机作为渲染节点，Linux 和 MacOS 操作系统，如图 8-89 所示。

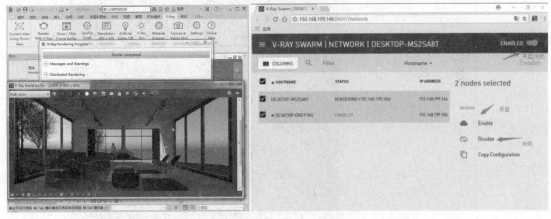

图 8-89 V－Ray Swarm 改进

V－Ray 3.5for Revit 的在线许可方面介绍如下。

V－Ray 3.5 for Revit 可以在线获得授权，用户订单被处理后就可以实时激活，比以前更方便。

同时 V－Ray 3.5 for Revit 也修复很多错误，如分辨率改变后，镜头效果设置会被滑动到窗口等问题。V－Ray 3.5 for Revit 随着版本升级，修复以前版本出现的错误后，功能越来越强大，能够满足设计师各种设计要求。相信不久的将来，会涌现出更多优秀的建筑设计作品。

8.4.2 论坛求助帖

求助帖1 👉 Revit 渲染后模型变为全黑色

问题描述：用户使用 Revit 渲染后模型变为全黑色的，安装的是 D 盘，请问下有什么办法解决！

问题解决：这个问题估计是渲染时，曝光度太暗的缘故，如图 8-90 所示。其他暂找不出原因，这位网友没有提供练习模型。可以进行渲染参数设置，具体操作步骤如下。

图 8-90 渲染的全黑色效果

01 在【视图】选项卡中单击【渲染】按钮，打开【渲染】对话框。

02 单击【调整曝光】按钮，弹出【曝光控制】对话框，设置曝光值及高亮显示值，然后再返回【渲染】对话框中单击【渲染】按钮重新渲染，查看效果如图 8-91 所示。

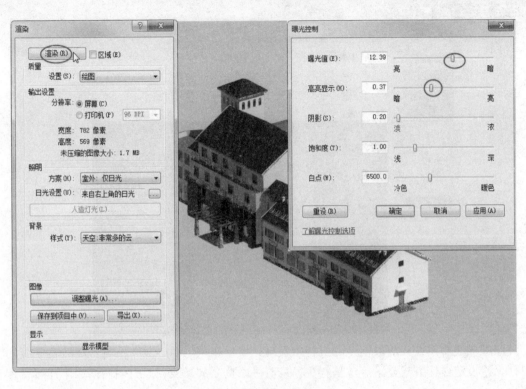

图 8-91　调整曝光后的效果

求助帖 2　　楼板的渲染问题

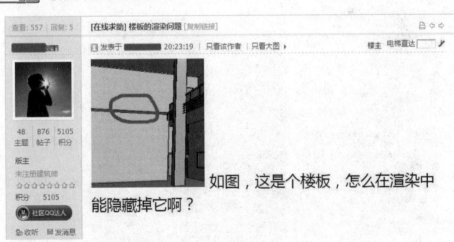

如图，这是个楼板，怎么在渲染中能隐藏掉它啊？

问题描述：网友想在渲染时，将模型中的楼板隐藏，该如何操作？

问题解决：这个楼板在渲染中是不能隐藏的，用户可以在建筑设计时将楼板与墙体进行剪切，或连接操作，如果还会显示楼板边线，还可以尝试使用建模大师的【面装饰】工具，重新在墙体上添加装饰墙面层。

求助帖3 【真实外观】外墙转角渲染问题

问题描述：网友在渲染模型的过程中发现，墙壁采用1200×600石材，在石材接缝的转角处无论设定连接方式是平接还是斜接，总有一条莫名的黑线，只有当两堵墙不连接时才会消失。

问题解决：通过打开网友提供的附件模型，发现他所说的墙连接的【黑线】，是面砖与面砖之间的接缝线，是不能消除的。在渲染时可以将渲染质量设置为【高】级别或者【最佳】级别，渲染效果如图8-92所示。

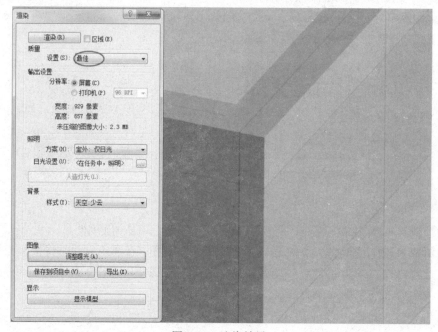

图8-92 渲染效果

如果重新添加一层装饰面层，这个砖接缝线就不存在了，如图 8-93 所示。

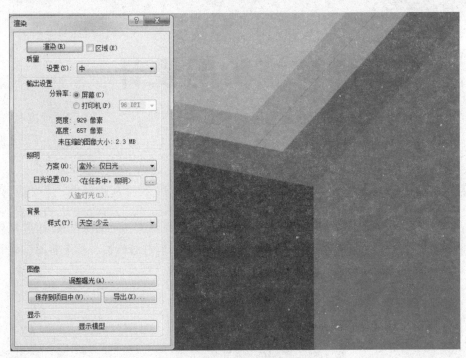

图 8-93 添加面层后的渲染效果

第 9 章

建筑施工图设计

Revit 设计施工图包括建筑施工图和结构施工图,结构施工图的设计过程与建筑施工图完全相同,本章主要介绍建筑施工图的设计过程。建筑施工图图纸包括总平面图、建筑平面图、建筑剖面图、建筑立面图、建筑详图和大样图等。

 案例展现

ANLIZHANXIAN

案 例 图	描 述
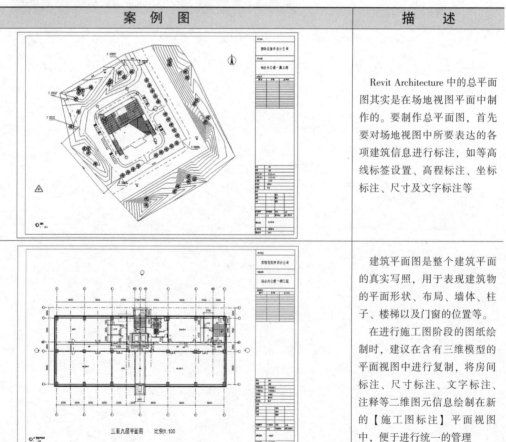	Revit Architecture 中的总平面图其实是在场地视图平面中制作的。要制作总平面图,首先要对场地视图中所要表达的各项建筑信息进行标注,如等高线标签设置、高程标注、坐标标注、尺寸及文字标注等
三至九层平面图 比例1:100	建筑平面图是整个建筑平面的真实写照,用于表现建筑物的平面形状、布局、墙体、柱子、楼梯以及门窗的位置等。 在进行施工图阶段的图纸绘制时,建议在含有三维模型的平面视图中进行复制,将房间标注、尺寸标注、文字标注、注释等二维图元信息绘制在新的【施工图标注】平面视图中,便于进行统一的管理

9.1 制图规范与设置

不同的国家、不同的领域、不同的设计院，设计标准以及设计内容都不一样。虽然 Revit 软件提供了若干样板用于不同的规程和建筑项目类型，但是仍然与国内各个设计院标准相差较大，所以每个设计院都应该在工作中定制适合自己的项目样板文件。

9.1.1 房屋建筑制图规范

建筑图纸是建筑设计人员用来表达设计思想、传达设计意图的技术文件，是方案投标、技术交流和建筑施工的要件。建筑制图是根据正确的制图理论及方法，按照国家统一的建筑制图规范将设计思想和技术特征清晰、准确地表现出来。建筑图纸包括方案图、初设图、施工图等类型。国家标准《房屋建筑制图统一标准》（GB/T 50001 – 2010）、《总图制图标准》（GB/T 50109 – 2010）、《建筑制图标准》（GB/T 50104 – 2010）是建筑专业手工制图和计算机制图的依据。

要设计建筑工程图，就要遵循房屋建筑设计制图的国家相关标准，下面对相关制图标准进行介绍。

1. 图幅

图幅即图面的大小，分为横式和立式两种。根据国家标准的规定，按图面长和宽的大小确定图幅等级。建筑常用的图幅有 A0（也称 0 号图幅，其余类推）、A1、A2、A3 及 A4，每种图幅的长宽尺寸见表 9-1。

表 9-1　图幅标准（mm）

尺寸代号 ＼ 幅面代号	A0	A1	A2	A3	A4
b × l	841 × 1189	594 × 841	420 × 594	297 × 420	210 × 297
c	10			5	
a	25				

需要微缩复制的图纸，其一个边上应附有一段准确米制尺度，四个边上均附有对中标志，米制尺度的总长应为 100mm，分格应为 10mm。对中标志应画在图纸各边长的中点处，线宽应为 0.35mm，伸入框内应为 5mm。

A0 ~ A3 图纸可以在长边加长，但短边一般不加长，加长尺寸如表 9-2 所示。如有特殊需要，可采用 b × l = 841 × 891 或 1189 × 1261 的幅面。

表 9-2　图纸长边加长尺寸（mm）

图幅	长边尺寸	长边加长后尺寸
A0	1189	1486 1635 1783 1932 2080 2230 2378
A1	841	1051 1261 1471 1682 1892 2102
A2	594	743 891 1041 1189 1338 1486 1635 1783 1932 2080
A3	420	630 841 1051 1261 1471 1682 1892

2. 标题栏

图纸中应包含标题栏、图框线、幅面线、装订边线和对中标志。图纸的标题栏及装订边的位置，应符合下列规定。

（1）横式使用的图纸，应按图 9-1、图 9-2 的形式进行布置；

（2）立式使用的图纸，应按图 9-3、图 9-4 的形式进行布置。

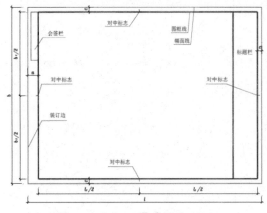

图 9-1　A0～A3 横式幅面（一）

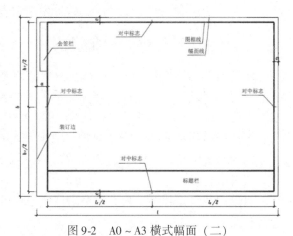

图 9-2　A0～A3 横式幅面（二）

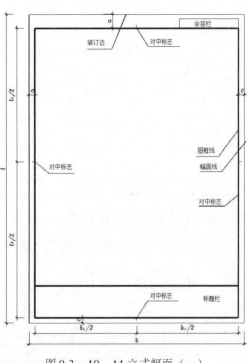

图 9-3　A0～A4 立式幅面（一）

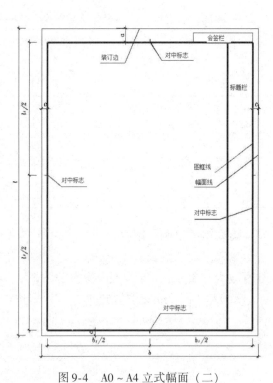

图 9-4　A0～A4 立式幅面（二）

标题栏应根据工程的需要确定其尺寸、格式及分区，如图 9-5、图 9-6 所示。签字栏应包括实名列和签名列，并应符合下列规定。

图 9-5 标题栏（一）

图 9-6 标题栏（二）

（1）涉外工程的标题栏内，各项主要内容的中文下方应附有译文，设计单位的上方或左方，应加【中华人民共和国】字样；

（2）在计算机制图文件中，使用电子签名与认证时，应符合国家有关电子签名法的规定。

3. 图线

建筑图纸主要由各种线条构成，不同的线型表示不同的对象和不同的部位，并代表着不同的含义。为了图面能够清晰、准确、美观地表达设计思想，工程实践中采用了一套常用的线型，并规定它们的使用范围，如表 9-3 所示。

图线宽度 b，宜从下列线宽中选取：2.0、1.4、1.0、0.7、0.5、0.35mm。不同的 b 值，产生不同的线宽组。同一张图纸内，相同比例的各图样，应选用相同的线宽组。对于需要微缩的图纸，线宽不宜≤0.18mm。

表 9-3 常用图线统计表

名 称		线 型	线 宽	适用范围
实线	粗		b	主要可见轮廓线
	中粗		0.7b	可见轮廓线
	中		0.5b	可见轮廓线、尺寸线、变更云线
	细		0.25b	图例填充线、家具线
虚线	粗		b	见各有关专业制图标准
			0.7b	不可见轮廓线
	中		0.5b	不可见轮廓线、图例线
	细		0.25b	图例填充线、家具线
单点长画线	粗		b	见各有关专业制图标准
	中		0.5b	见各有关专业制图标准
	细		0.25b	轴线、中心线、对称线等

（续）

名　称		线　型	线　宽	适用范围
双点长画线	粗		b	见各有关专业制图标准
	中		0.5b	见各有关专业制图标准
	细		0.25b	假想轮廓线、成型前原始轮廓线
折断线	细		0.25b	省画图样时的断开界线
波浪线	细		0.25b	构造层次的断开界线，有时也表示省略画出是断开界线

图纸的图框和标题栏线，可采用表9-4的线宽。

表9-4　图框线、标题栏线的宽度（mm）

幅面代号	图框线	标题栏外框线	标题栏分格线
A0、A1	b	0.5b	0.25b
A2、A3、A4	b	0.7b	0.35b

- 相互平行的图例线，其净间隙或线中间隙不宜小于0.2mm；
- 虚线、单点长画线或双点长画线的线段长度和间隔，宜各自相等；
- 当在较小图形中绘制单点长画线或双点长画线有困难时，可用实线代替；
- 单点长画线或双点长画线的两端，不应是点。点画线与点画线交接点或点画线与其他图线交接时，应是线段交接；
- 虚线与虚线交接或虚线与其他图线交接时，应是线段交接。虚线为实线的延长线时，不得与实线相接；
- 图线不得与文字、数字或符号重叠、混淆，不可避免时，应首先保证文字清晰。

4. 尺寸标注

下面对尺寸标注的一般原则进行介绍。

- 尺寸标注应力求准确、清晰、美观，同一张图纸中，标注风格应保持一致；
- 尺寸线应尽量标注在图样轮廓线以外，从内到外依次标注从小到大的尺寸，不能将大尺寸标在内，小尺寸标在外，如图9-7所示；

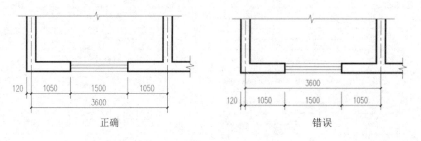

图9-7　尺寸标注正误对比

- 最内一道尺寸线与图样轮廓线之间的距离不应小于10mm，两道尺寸线之间的距离一般为7～10mm；

- 尺寸界线朝向图样的端头距图样轮廓的距离应≥2mm，不宜直接与之相连；
- 在图线拥挤的地方，应合理安排尺寸线的位置，但不宜与图线、文字及符号相交；可以考虑将轮廓线用作尺寸界线，但不能作为尺寸线；
- 室内设计图中连续重复的构配件等，当不易标明定位尺寸时，可在总尺寸的控制下，定位尺寸不用数值而用【均分】或【EQ】字样表示，如图9-8所示。

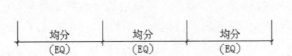

图9-8　均分尺寸

5. 图纸字体

图纸上需书写的文字、数字或符号等，均应笔画清晰、字体端正、排列整齐，标点符号应清楚正确。

文字的字高，应从表9-5中选用。字高大于10mm的文字宜采用TRUETYPE字体，如需更大的字号，其高度应按$\sqrt{2}$的倍数递增。

表9-5　文字的字高（mm）

字体种类	中文矢量字体	TRUETYPE字体及非中文矢量字体
字高	3.5、5、7、10、14、20	3、4、6、8、10、14、20

图样及说明中的汉字，宜采用长仿宋体（矢量字体）或黑体，同一图纸字体种类不应超过两种。长仿宋体的宽度与高度关系应符合表9-6的规定，黑体字的宽度与高度应相同。大标题、图册封面、地形图等汉字，也可书写成其他字体，但应易于辨认。

表9-6　长仿宋字高宽关系（mm）

字　高	20	14	10	7	5	3.5
字　宽	14	10	7	5	3.5	2.5

汉字的简化字书写应符合国家有关汉字简化方案的规定。图样及说明中的拉丁字母、阿拉伯数字与罗马数字，宜采用单线简体或ROMAN字体。拉丁字母、阿拉伯数字与罗马数字的书写规则，应符合表9-7的规定。

表9-7　拉丁字母、阿拉伯数字与罗马数字的书写规则

书写格式	字　体	窄字体
大写字母高度	h	h
小写字母高度（上下均无延伸）	7/10h	10/14h
小写字母伸出的头部或尾部	3/10h	4/14h
笔画宽度	1/10h	1/14h
字母间距	2/10h	2/14h
上下行基准线的最小间距	15/10h	21/14h
词间距	6/10h	6/14h

拉丁字母、阿拉伯数字与罗马数字，如需写成斜体字，其斜度应是从字的底线逆时针向上倾斜。斜体字的高度和宽度应与相应的直体字相等。

拉丁字母、阿拉伯数字与罗马数字的字高，不应小于2.5mm。

数量的数值注写，应采用正体阿拉伯数字。各种计量单位前面若有量值，均应采用国家颁布的单位符号注写。单位符号应采用正体字母。

分数、百分数和比例数的注写，应采用阿拉伯数字和数学符号。

当注写的数字小于1时，应写出个位的0，小数点应采用圆点，齐基准线书写。

长仿宋汉字、拉丁字母、阿拉伯数字与罗马数字示例，应符合国家现行标准《技术制图——字体》GB/T 14691 的有关规定。

6. 常用图示标志

（1）详图索引符号及详图符号

平、立、剖面图中，在需要另设详图表示的部位，标注一个索引符号，以表明该详图的位置，这个索引符号即详图索引符号。详图索引符号采用细实线绘制，圆圈直径10mm，如图9-9所示。图中d)、e)、f)、g) 用于索引剖面详图，当详图就在本张图纸时，采用a) 的形式；详图不在本张图纸时，采用b)、c)、d)、e)、f)、g) 的形式。

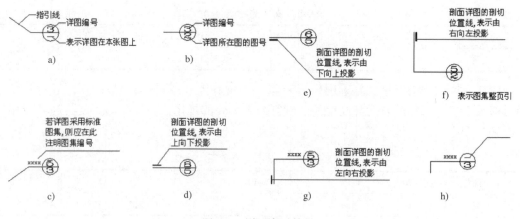

图9-9　详图索引符号

详图符号即详图的编号，用粗实线绘制，圆圈直径为14mm，如图9-10所示。

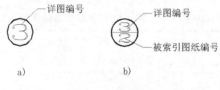

图9-10　详图符号

（2）引出线

引出线是由图样引出一条或多条用于指向文字说明的线段。引出线与水平方向的夹角一般采用0°、30°、45°、60°、90°，常见的引出线形式如图9-11所示。图中a)、b)、c)、d) 为普通引出线，e)、f)、g)、h) 为多层构造引出线。使用多层构造引出线时，构造分层的顺序应与文字说明的分层顺序一致。文字说明可以放在引出线的端头如图9-11a）～h）所示；也可放在引出线水平段之上，如图9-11i）所示。

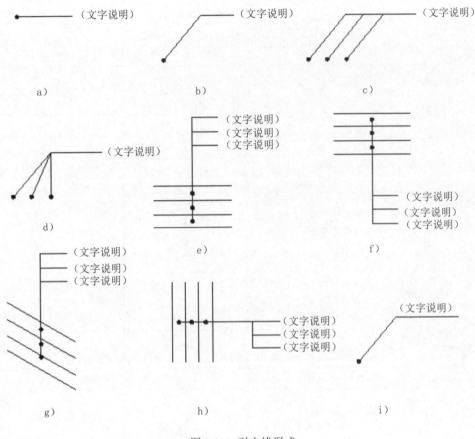

图 9-11 引出线形式

（3）内视符号

内视符号标注在平面图中，用于表示室内立面图的位置及编号，建立平面图和室内立面图之间的联系。内视符号的形式如图9-12所示。图中立面图编号可用英文字母或阿拉伯数字表示，黑色的箭头指向表示立面的方向。图a）为单向内视符号；图b）为双向内视符号；图c）为四向内视符号，A、B、C、D顺时针标注。

图 9-12 内视符号

（4）其他符号

其他符号图例统计见表9-8。

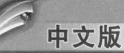
表9-8　建筑常用符号图例

符　号	说　明	符　号	说　明
▽ 3.600 ▽ 3.600	标高符号，线上数字为标高值，单位为m 　在标注位置比较拥挤时采用下面的形式	i=5%	表示坡度
①　Ⓐ	轴线号	1/1　1/A	附加轴线号
⌐ 1　1 ⌐	标注剖切位置的符号，标数字的方向为投影方向，1与剖面图的编号1-1对应	2 ── ── 2	标注绘制断面图的位置，标数字的方向为投影放向，2与断面图的编号9-2对应
(对称符号)	对称符号。在对称图形的中轴位置画此符号，可以省画另一半图形	(指北针)	指北针
(方形坑槽)	方形坑槽	(圆形坑槽)	圆形坑槽
(方形孔洞)	方形孔洞	(圆形孔洞)	圆形孔洞
@	表示重复出现的固定间隔，例如【双向木格栅@500】	Φ	表示直径，如Φ30
平面图 1:100	图名及比例	①　1：5	索引详图名及比例
宽×高或Φ 底(顶或中心)标高	墙体预留洞	宽×高或Φ 底(顶或中心)标高	墙体预留槽
(烟道)	烟道	(通风道)	通风道

（5）剖切符号

剖视的剖切符号应由剖切位置线及剖视方向线组成，均应以粗实线绘制。剖视的剖切符号应符合下列规定。

- 剖切位置线的长度宜为 6mm ~ 10mm, 剖视方向线应垂直于剖切位置线, 长度应短于剖切位置线, 宜为 4mm ~ 6mm, 如图 9-13 所示; 也可采用国际统一和常用的剖视方法, 如图 9-14 所示。绘制时, 剖视剖切符号不应与其他图线相接触;

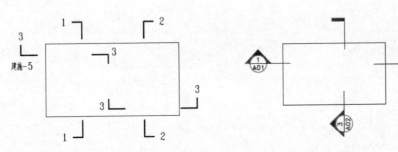

图 9-13 剖视的剖切符号 (一) 图 9-14 剖视的剖切符号 (二)

- 剖视剖切符号的编号宜采用粗阿拉伯数字, 按剖切顺序由左至右、由下向上连续编排, 并应注写在剖视方向线的端部;
- 需要转折的剖切位置线, 应在转角的外侧加注与该符号相同的编号;
- 建 (构) 筑物剖面图的剖切符号, 应注在 ±0.000 标高的平面图或首层平面图上;
- 局部剖面图 (不含首层) 的剖切符号, 应注在包含剖切部位的最下面一层的平面图上。

断面的剖切符号应符合下列规定。

- 断面的剖切符号只用剖切位置线表示, 并应以粗实线绘制, 长度宜为 6mm ~ 10mm;
- 断面剖切符号的编号宜采用阿拉伯数字按顺序连续编排, 并应注写在剖切位置线的一侧, 编号所在的一侧应为该断面的剖视方向, 如图 9-15 所示。

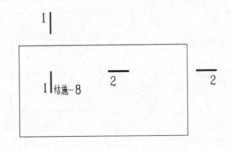

图 9-15 断面的剖切符号

剖面图或断面图, 如与被剖切图样不在同一张图纸内, 应在剖切位置线的另一侧注明其所在图纸的编号, 也可以在图上集中说明。

(6) 常用材料符号

建筑图中经常应用材料图例来表示材料, 在无法用图例表示的地方, 则采用文字说明。为了方便读者, 我们对常用的图例进行了整理汇集, 如表 9-9 所示。

表9-9　常用材料图例

材料图例	说　明	材料图例	说　明
	自然土壤		夯实土壤
	毛石砌体		普通转
	石材		砂、灰土
	空心砖		松散材料
	混凝土		钢筋混凝土
	多孔材料		金属
	矿渣、炉渣		玻璃
	纤维材料		防水材料上下两种根据绘图比例大小选用
	木材		液体，须注明液体名称

7. 定位轴线及编号

定位轴线用细单点长画线表示。定位轴线的编号注写在轴线端部 φ8mm ~ φ10mm 的细线圆内。定位轴线圆的圆心应在定位轴线的延长线或延长线的折线上。

● 横向轴线：从左至右，用阿拉伯数字进行标注。

● 纵向轴线：从下向上，用大写拉丁字母进行标注，但不用 I、O、Z 三个字母，以免与阿拉伯数字 0、1、2 混淆。一般承重墙柱及外墙编为主轴线，非承重墙、隔墙等编为附加轴线（又称分轴线）。

图9-16 为定位轴线的编号注写。

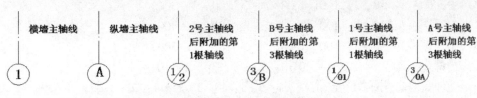

图9-16 定位轴线的编号注写

　　除了较复杂的需要采用分区编号或圆形、折线形外，一般平面上定位轴线的编号，宜标注在图样的下方或左侧。横向编号使用阿拉伯数字，从左至右顺序编写；竖向编号使用大写拉丁字母，从下至上顺序编写，如图9-17所示。

　　定位轴线的分区编号，如图9-18所示；圆形平面定位轴线编号，如图9-19所示；折线形平面定位轴线编号，如图9-20所示。

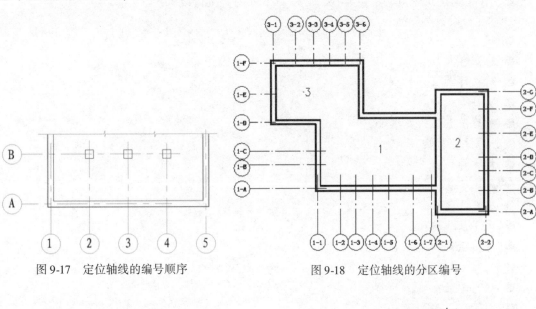

图9-17 定位轴线的编号顺序　　　　图9-18 定位轴线的分区编号

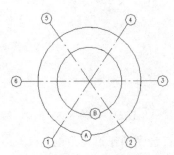

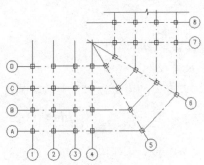

图9-19 圆形平面定位轴线编号　　　图9-20 折线形平面定位轴线编号

8. 常用绘图比例

下面列出了Revit中常用的绘图比例，读者可以根据实际情况灵活使用。

（1）总图：1：500、1：1000、1：2000；

（2）平面图：1：50、1：100、1：150、1：200、1：300；

（3）立面图：1：50、1：100、1：150、1：200、1：300；

（4）剖面图：1：50、1：100、1：150、1：200、1：300；

（5）局部放大图：1：10、1：20、1：25、1：30、1：50；

（6）配件及构造详图：1：1、1：2、1：5、1：10、1：15、1：20、1：25、1：30、1：50。

9. 图纸编排顺序

工程图纸应按图纸目录、总图、建筑图、结构图、给水排水图、暖通空调图、电气图等专业顺序进行编排。

各专业的图纸，应按图纸内容的主次关系、逻辑关系进行分类排序。

 ## 9.1.2　Revit 项目样板（制图样板）

要制作中国建筑规范的项目样板，必须对下列内容进行设置。

（1）项目设置类

● 材质；

● 填充样式；

● 对象样式；

● 项目单位

● 项目信息及项目参数。

（2）标注注释类

● 标注样式；

● 标记及注释符号；

● 填充区域；

● 文字系统族；

● 详图项目。

（3）出图及统计类

● 线宽设置；

● 图签；

● 明细表；

● 面积平面

● 视图样板。

鉴于要设置的内容较多，本节将不再对设置的过程一一进行详细地表述。

上机操作——建立项目样板文件

在本节中我们将使用传递项目标准的方法来建立一个符合中国建筑规范的 Revit 2018 项目样板文件。

01 首先从本例源文件夹中打开【源文件 \ Ch09 \ Revit 2014 中国样板. ret】旧版本的样板文件。图 9-21 为该项目样板项目浏览器中的视图样板。

> **技巧点拨**　此样板为 Revit 2014 旧版本软件制作，与 Revit 2018 的项目样板相比，视图样板有些区别。

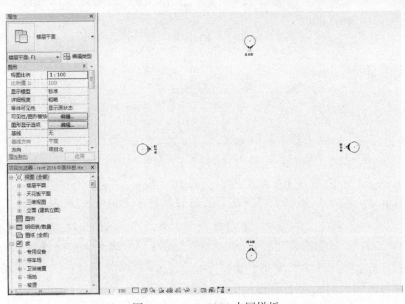

图 9-21　Revit 2014 中国样板

02 在【文件】菜单下选择【新建】|
【项目】命令，在【新建项目】对话
框中选择【建筑样板】样板文件，设
置新建类型为【项目样板】，单击
【确定】按钮进入 Revit 项目样板制作
环境中，如图 9-22 所示。

图 9-22　新建项目样板

03 在【管理】选项卡下的【设置】面板
中单击【传递项目标准】按钮，在
打开的【选择要复制的项目】对话框中默认选择了来自【Revit 2014 中国样板】的
所有项目类型，单击【确定】按钮，如图 9-23 所示。

04 在随后弹出的【重复类型】对话框中单击【覆盖】按钮，完成参考样板的项目标
准传递，如图 9-24 所示。

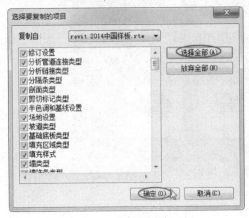

图 9-23　传递项目标准

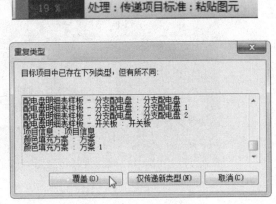

图 9-24　覆盖原项目标准

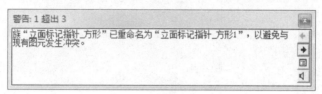

图 9-25　警告提示对话框

05 覆盖完成后，会弹出警告提示对话框，如图 9-25 所示。

06 最后在【文件】菜单中执行【另存为】|【样板】命令，将项目样板命名为【Revit 2018 中国样板】，并保存在【C：\ ProgramData \ Autodesk \ RVT 2018 \ Templates \ China】路径下，以便日后随时调取此样板文件。

07 如果经常使用自定义的 GB 中国建筑样板，最好在 Revit 2018 初始欢迎界面中显示这个项目样板。在【文件】菜单中执行【选项】操作，弹出【选项】对话框。

08 在【文件位置】选项区域中单击【添加值】按钮，在【C：\ ProgramData \ Autodesk \ RVT 2018 \ Templates \ China】路径下找到保存的【Revit 2018 中国样板. rte】文件，打开即可，如图 9-26 所示。

图 9-26　添加新项目样板

09 关闭【选项】对话框后，会发现初始欢迎界面的【项目】选项区域中增加了【Revit 2018 中国样板】选项，如图 9-27 所示。

图 9-27　显示增加的自定义建筑项目样板

9.2 Revit 施工图设计

本节将以一个 Revit 建筑设计的模型为例，详细描述建筑总平面图、建筑平面图、建筑立面图、建筑剖面图、建筑详图的设计全过程。在图纸设计过程中，鉴于时间和篇幅限制，不会完整地呈现出图纸中要表达的所有信息，将以图纸设计过程为主。

 9.2.1 建筑总平面图设计

Revit Architecture 中的总平面图是在场地视图平面中制作的。要制作总平面图，首先要对场地视图中所要表达的各项建筑信息进行标注，如等高线标签设置、高程标注、坐标标注、尺寸及文字标注等。

01 打开本例源文件【商业中心广场.rvt】，如图 9-28 所示。

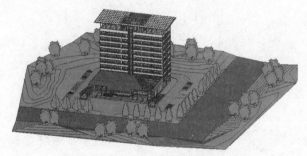

图 9-28 打开商业中心广场项目文件

02 在项目浏览器中的【楼层平面】节点项目下，打开【场地】视图，如图 9-29 所示。

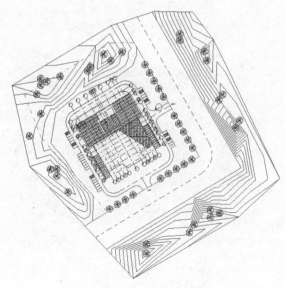

图 9-29 打开场地视图

03 要标记等高线，则在【体量和场地】选项卡下的【修改场地】面板中单击【标记等高线】按钮，然后绘制一条与等高线相交的线，此时等高线标签显示在绘制的线上，如图9-30所示。

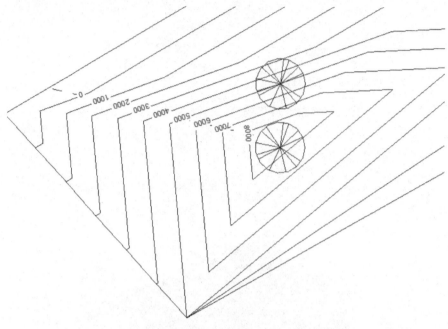

图9-30　标记等高线

04 然后在【注释】选项卡下的【尺寸标注】面板中单击【高程点坐标】按钮，选择项目基点来创建引线，完成高程点坐标标注，如图9-31所示。

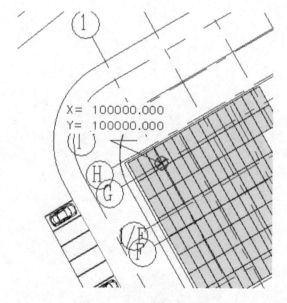

图9-31　标注高程点坐标

05 继续在场地视图中（在整个项目的建筑范围边界上，为红色点画线表示）标注其余的高程点坐标，如图9-32所示。

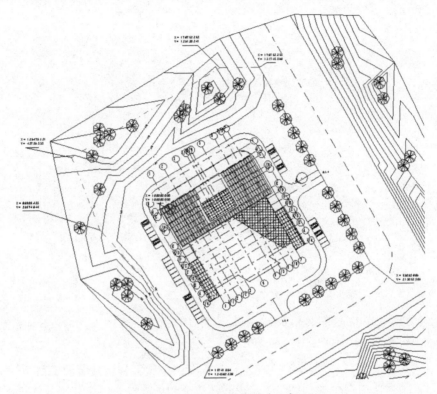

图9-32 标注其他高程点坐标

06 要标注高程标高，则在【注释】选项卡下的【尺寸标注】面板中单击【高程点】按钮，在【属性】面板类型选择器中选择【高程点 – 三角形（项目）】类型选项，接着在场地视图中放置高程点，如图9-33所示。继续完成其余高程点的放置。

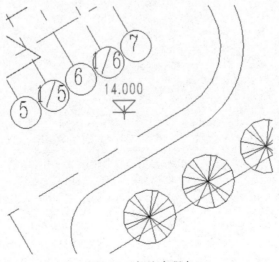

图9-33 标注高程点

07 尺寸和文字标注主要用于标注本建筑项目的建筑施工范围、各部分建筑、道路及公共设施的名称等。在【注释】选项卡下的【尺寸标注】面板中选择【对齐标注】工具，标注建筑范围，如图9-34所示。

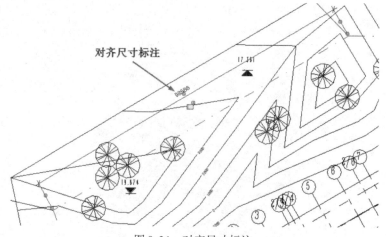

图9-34 对齐尺寸标注

> **技术要点**　在拾取参照点进行标注时，如果使用鼠标选不中参照点，可以按Tab键切换。

08 总平面图中有些轴线是不需要显示出来的，一般仅显示建筑物整体尺寸的轴线即可。隐藏无须显示的轴线的方法是：选中该轴线并右击，在弹出的快捷菜单中选择【在视图中隐藏】|【图元】命令，即可隐藏该轴线及轴线编号，如图9-35所示。

图9-35 隐藏轴线及轴线编号

技巧 点拨	如果不方便选择轴线及编号，也可按 Tab 键切换，直至选中需要隐藏的对象。如果要隐藏的对象比较多，用户可以先选中右键快捷菜单中的【选择全部实例】I【在视图中可见】命令，再选择【在视图中隐藏】命令，全部隐藏轴线及编号。然后在状态栏中单击【显示所有图元】按钮，显示所有图元，最后将原本需要显示的那几条轴线及编号执行一次【取消在视图中隐藏】命令即可。

上机操作——创建总平面图

01 在【插入】选项卡下的【从库中载入】面板中单击【载入族】按钮，从 Revit 族库的【标题栏】文件夹中载入【A1 公制.rfa】族文件，如图 9-36 所示。

图 9-36　载入标题栏族

技巧 点拨	载入哪种标题栏，跟用户设计的图纸大小有关，一般只要能完整地放置整个视图即可。载入的标题栏族在项目浏览器【族】节点项目下的【注释符号】子节点中。

02 在【视图】选项卡下的【图纸组合】面板中单击【图纸】按钮，弹出【新建图纸】对话框，选择先前载入的标题栏，如图 9-37 所示。

图 9-37　新建图纸

03 新建的 A1 图纸如图 9-38 所示。新建的图纸将显示在项目浏览器的【图纸】项目节点下。

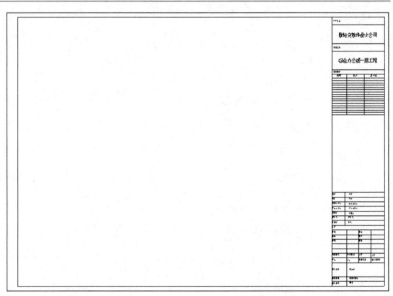

图 9-38　查看新建的图纸

04 新建图纸后要添加场地视图到图纸图框内。用户可以在【图纸组合】面板中单击【视图】按钮，打开【视图】对话框，在列表框中选择【楼层平面：场地】视图，并单击【在图纸中添加视图】按钮完成添加，如图 9-39 所示。

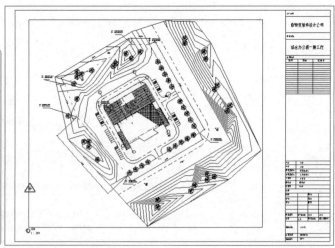

图 9-39　添加场地视图到图纸中

技巧点拨	如果发现添加的场地视图在图中显示的区域较小或较大，可以先选中添加的视图，然后在【属性】面板中设置视图比例。

05 在项目浏览器的【族】|【注释符号】项目节点下，选中【符号 – 指北针】族，并将其拖曳到图中，如图 9-40 所示。

06 在项目浏览器的【图纸】项目下，选中创建的图纸【J0 – 1 – 未命名】，并右击，执行快捷菜单中的【重命名】命令，弹出【图纸标题】对话框，在【名称】文本框中输入【总平面图】，单击【确定】按钮后完成图纸的命名，如图 9-41 所示。

图 9-40 添加指北针

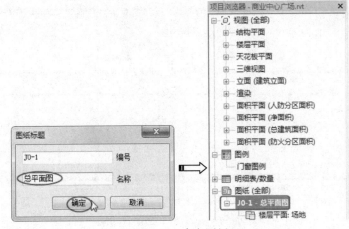

图 9-41 命名图纸

07 最终的建筑总平面图如图 9-42 所示。最后，保存项目文件。

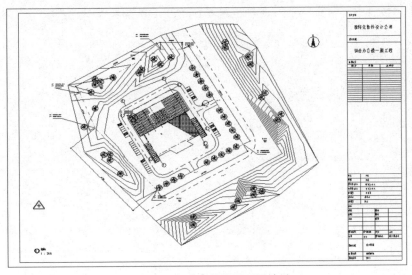

图 9-42 查看建筑总平面图效果

9.2.2 建筑平面图设计

建筑平面图是整个建筑平面的真实写照，用于表现建筑物的平面形状、布局、墙体、柱子、楼梯以及门窗的位置等。

用户在进行施工图阶段的图纸绘制时，建议在含有三维模型的平面视图中进行复制，将房间标注、尺寸标注、文字标注、注释等二维图元信息绘制在新的【施工图标注】平面视图中，便于进行统一管理。

上机操作——创建建筑平面图

01 切换视图至【楼层平面】项目节点下的5F楼层平面视图，如图9-43所示。

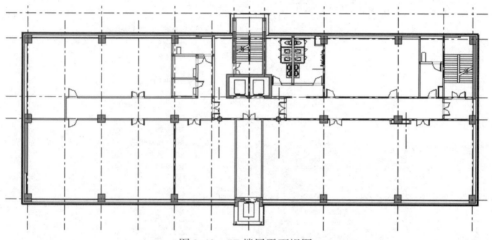

图9-43　5F楼层平面视图

02 在【视图】选项卡下的【创建】面板中单击【平面视图】下三角按钮，在展开的列表中选择【楼层平面】选项，或者在项目浏览器中选中5F视图并右击，在快捷菜单中选择【复制视图】|【带细节复制】命令，即可复制5F视图，如图9-44所示。

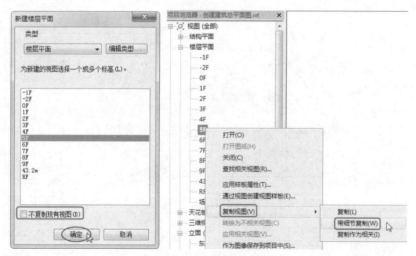

图9-44　复制视图

03 重命名复制的5F视图为【5F–建筑平面图】，双击切换到此视图中。

技巧点拨	在快捷菜单中3种不同视图的复制方法如下。 ● 带细节复制：原有视图的模型几何形体，例如墙体、楼板、门窗等，和详图几何形体都将被复制到新视图中。其中，详图几何图形包括尺寸标注、注释、详图构件、详图线、重复详图、详图组和填充区域； ● 复制：原有视图中仅有模型几何形体会被复制； ● 复制作为相关：通过该命令所复制的相关视图与主视图保持同步，在一个视图中进行修改，所有视图都会反映此变化。

04 利用【注释】选项卡中的【对齐标注】工具，首先标注视图中的轴线，如图9-45所示。

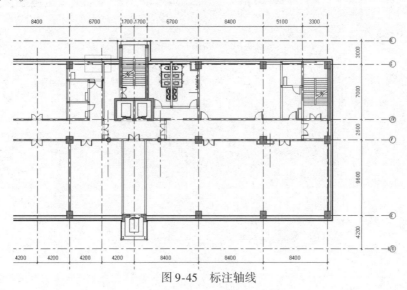

图 9-45 标注轴线

05 接下来再利用【对齐标注】工具，在选项栏中选择【整个墙】作为标注参照，对自动尺寸标注选项进行设置，如图9-46所示。

06 标注5F视图中的楼梯间、电梯间、阳台等内部结构，如图9-47所示。

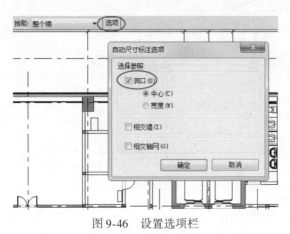

图 9-46 设置选项栏

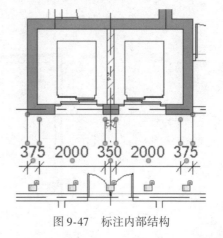

图 9-47 标注内部结构

07 利用【尺寸标注】面板中的【高程点】工具,在选项栏中设置【相对于基面】为 1F,显示高程为【顶部高程和底部高程】,然后在5F平面视图中添加高程点标注,如图9-48所示。

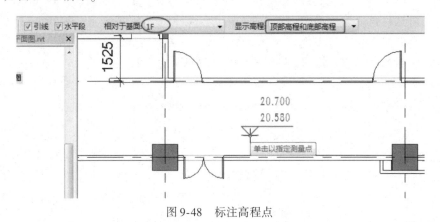

图9-48　标注高程点

08 将项目浏览器中【族】项目节点下的【注释符号】|【标记_门】拖曳到视图中的门位置,如图9-49所示。

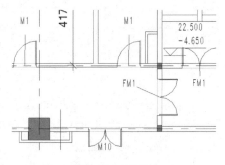

图9-49　标记门

09 接下来标记房间,首先在【建筑】选项卡下的【房间和面积】面板中单击【房间】按钮,在选项栏上选择房间名称为【办公室】,然后在5F平面视图中放置房间标记,如图9-50所示。然后,继续完成其他房间的标记放置。

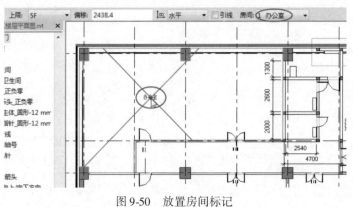

图9-50　放置房间标记

如果选项栏中没有用户需要标记的房间名，可以新建房间，然后在【属性】面板中设置房间名称，如图 9-51 所示。或者在视图中直接双击房间名称进行修改，如图 9-52 所示。

技巧点拨

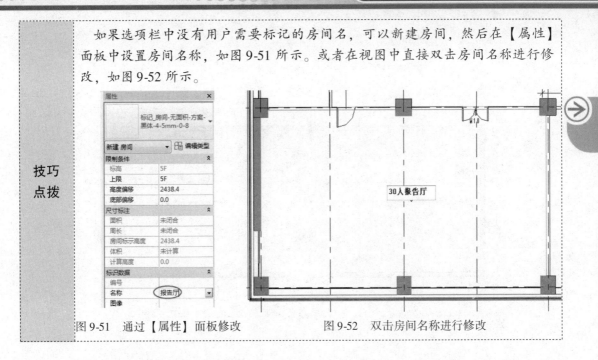

图 9-51 通过【属性】面板修改　　　　图 9-52 双击房间名称进行修改

10 将 5F 楼层平面视图中的多余轴线及编号删除，并调整轴线及编号（修改水平编号名称）的位置，如图 9-53 所示。

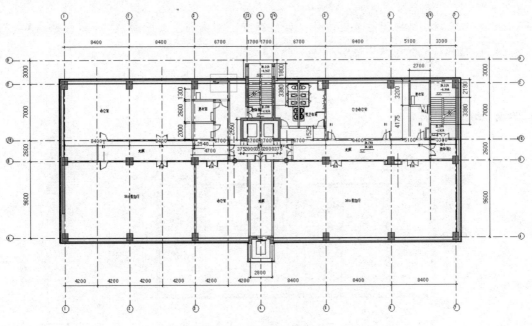

图 9-53 调整轴线及编号

11 利用【注释】选项卡【文字】面板中的【文字】工具，在平面图下方输入文字【三至九层平面图比例 1：100】，在【属性】面板设置文字类型为【黑体 4.5mm】，通过【类型属性】对话框修改字体大小为 15，如图 9-54 所示。

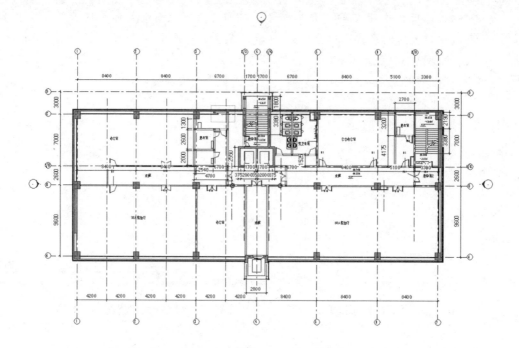

三至九层平面图　　　比例1:100

图 9-54　添加建筑平面图图纸文字

12 按创建建筑总平面图纸的方法，创建建筑平面图图纸（选择 A1 公制标题栏），并将图纸重命名为【三层至九层平面图】，如图 9-55 所示。

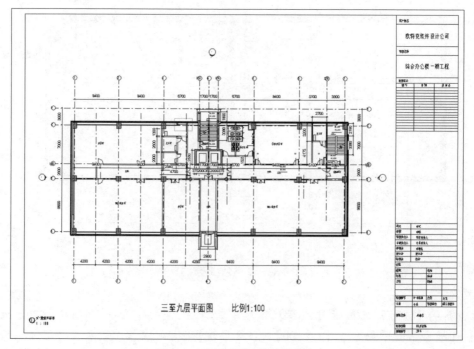

图 9-55　创建建筑平面图图纸

13 最后，保存项目文件。按此方法，还可以创建一层平面图和二层平面图。

9.2.3　建筑立面图设计

建筑立面图是使用正投影法对建筑各个外墙面进行投影所得到的正投影图。与平面图一样，建筑的立面图也是表达建筑物的基本图样，它主要反映建筑物的立面形式和外观情况。

与平面视图一样，立面图视图也是 Revit 自动创建的，在此基础上进行尺寸标注、文字注释、编辑外立面轮廓等图元后并创建图纸，即可完成立面出图。

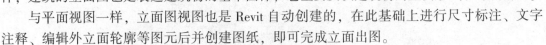

01 在项目浏览器中带细节复制【北立面图】视图，并重新命名为【北立面－建筑立面图】。

02 切换至【北立面－建筑立面图】视图，在状态栏单击【显示裁剪区域】按钮 ，显示立面图中的裁剪边界线，如图 9-56 所示。

1 : 100

图 9-56　显示裁剪区域

03 选中裁剪边界线，激活【修改 | 视图】上下文选项卡，单击【编辑裁剪】按钮，然后修改裁剪区域，如图 9-57 所示。

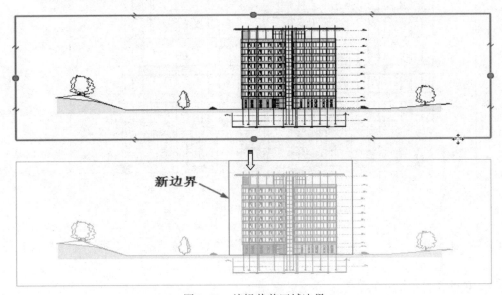

新边界

图 9-57　编辑裁剪区域边界

04 单击【编辑完成模式】按钮退出修改操作，编辑区域的结果如图9-58所示。

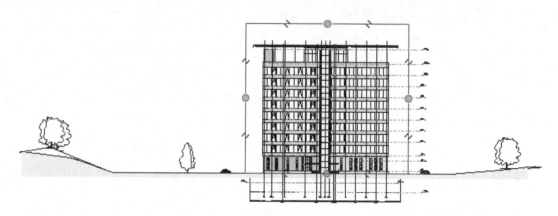

图9-58 编辑裁剪区域后的效果

05 在状态栏单击【裁剪视图】按钮 ，剪裁视图后效果如图9-59所示。

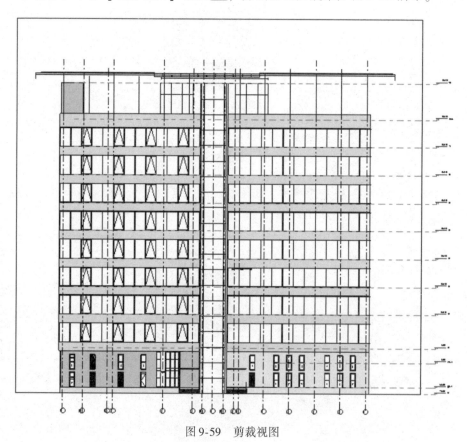

图9-59 剪裁视图

06 在【属性】面板的【范围】选项组下取消勾选【剪裁区域可见】复选框，视图中将不显示裁剪边界线，如图9-60所示。

07 利用【对齐标注】工具，标注纵向轴线尺寸和楼层标高尺寸，如图9-61所示。

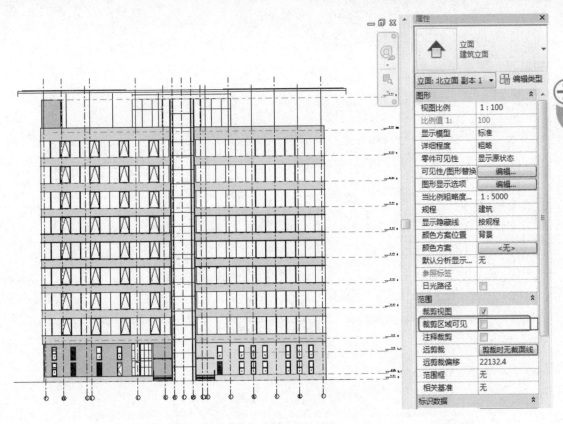

图 9-60　不显示裁剪区域边界

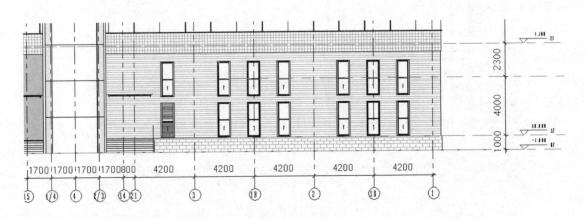

图 9-61　标注轴线

08 在【注释】选项卡下的【标记】面板中单击【材质标记】按钮，然后在图上标注玻璃、外墙等材质，如图 9-62 所示。

09 利用【文字】工具，注写建筑立面图名称和比例，如图 9-63 所示。

10 最后再按照创建平面图图纸的方法，创建立面图的图纸（使用 A0 公制标题栏），如图 9-64 所示。

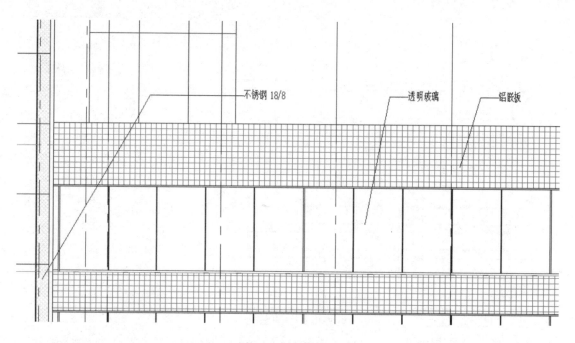

图 9-62　材质标记

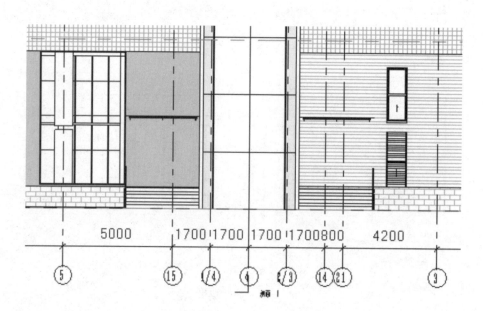

北立面图　　比例 1:100

图 9-63　注写立面图名称与比例

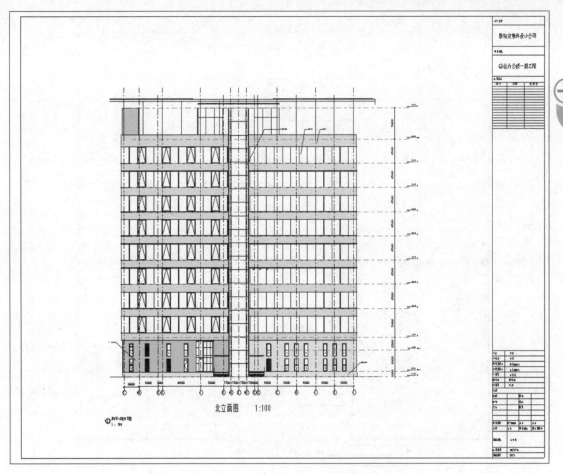

图 9-64 创建完成的立面图图纸

 ### 9.2.4 建筑剖面图设计

建筑剖面图是使用一个假想的剖切面，将房屋垂直剖开所得到的投影图。建筑剖面图是与平面图和立面图相互配合来展示建筑物的重要图样，主要反映建筑物的结构形式、垂直空间利用、各层构造做法和门窗洞口高度等情况。

Revit 中的剖面图不需要一一绘制，只需绘制剖面线就可以自动生成，并可以根据需要任意剖切。

 上机操作——创建建筑剖面图

01 切换至 1F 楼层平面视图。

02 在【视图】选项卡下的【创建】面板中单击【剖面】按钮 ，然后在 1F 平面图中以直线的方式放置剖面符号，如图 9-65 所示。

技巧点拨	一般剖面图最需要表达的就是建筑中的楼梯间、电梯间、消防通道、门窗门洞剖面等情况。

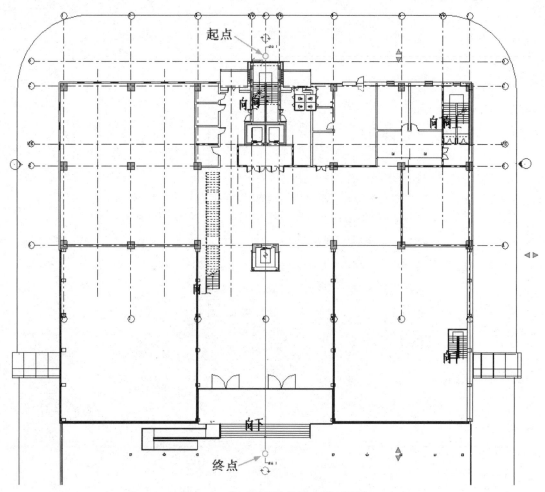

图 9-65　放置剖面符号创建剖面视图

03 随后在项目浏览器中自动创建【剖面】项目，其节点下生成【剖面 1】剖面视图，
如图 9-66 所示。

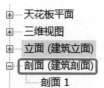

图 9-66　自动创建剖面视图项目

04 双击【剖面1】剖面视图，激活该视图。图9-67为剖面视图。

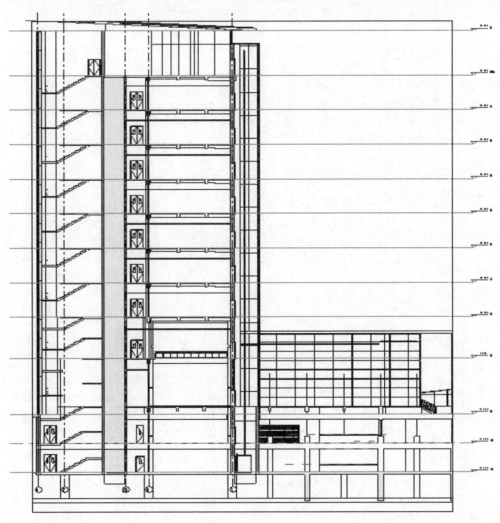

图9-67　创建剖面视图

05 在【属性】面板的【范围】选项区域中取消勾选【裁剪区域可见】复选框。选中纵向轴线并将其拖动到视图的最下方，如图9-68所示。

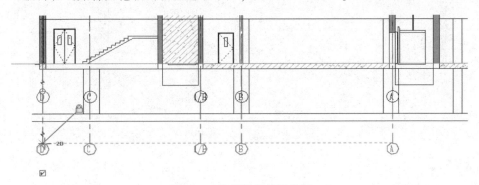

图9-68　编辑轴线编号位置

06 利用【对齐标注】工具，标注轴线和标高，如图9-69所示。

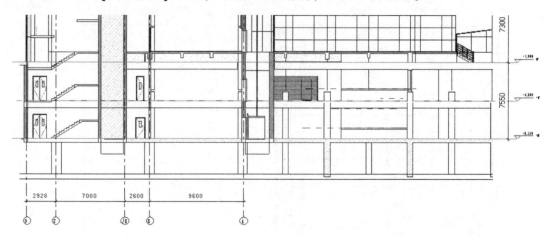

图9-69 标注轴线与标高

07 在【注释】选项卡下的【尺寸标注】面板中选择【高程点】工具，在各层楼梯间的楼梯平台上标注高程点，如图9-70所示。

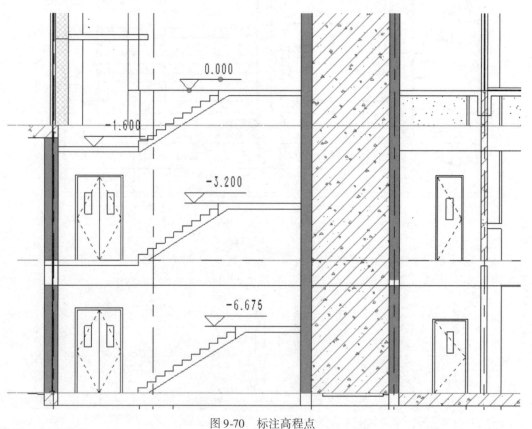

图9-70 标注高程点

08 利用【文字】工具注写【剖面图－1 比例1：100】，然后创建剖面图图纸（A0 公制标题栏），如图9-71所示。

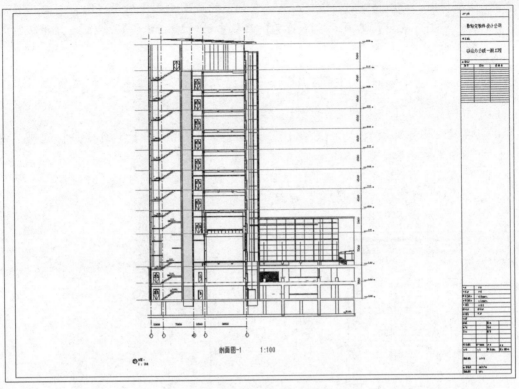

图 9-71 创建完成的剖面图

09 根据相同的方法，用户还可以创建该建筑中其余构造的剖面图，最后保存项目文件。

9.2.5 建筑详图设计

建筑详图作为建筑施工图纸中不可或缺的一部分，属于建筑构造的设计范畴。建筑详图不仅为建筑设计师表达设计内容，体现设计深度，还将在建筑平、立、剖面图中，将因图幅关系未能完全表达出来的建筑局部构造、建筑细部的处理手法进行补充和说明。

Revit 中有两种建筑详图设计工具：详图索引和绘制视图。

● 详图索引：通过截取平面、立面或者剖面视图中的部分区域，进行更精细地绘制更多的细节。单击【视图】选项卡下【创建】面板中的【详图索引】下三角按钮，在列表中选择【矩形】或者【草图】选项，如图 9-72 所示。选取大样图的截取区域，从而创建新的大样图视图，进行进一步的细化操作。

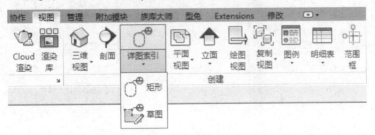

图 9-72 详图索引工具

● 绘制视图：与已经绘制的模型无关，在空白的详图视图中运用详图绘制工具进行操作。单击【视图】选项卡下【创建】面板中的【绘制视图】按钮，可以创建节点详图。

上机操作——创建大样图

01 切换视图为【5F－建筑平面图】楼层平面视图。

02 在【视图】选项卡下的【创建】面板中选择【详图索引】|【矩形】选项，在视图中最右侧的楼梯间位置绘制矩形，如图9-73所示。

03 随后在项目浏览器的【楼层】项目节点下创建了自动命名为【5F－建筑平面图－详图索引1】的新平面视图，如图9-74所示。

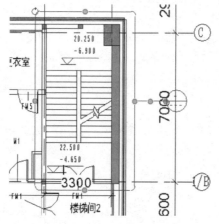

图9-73 绘制矩形创建详图索引

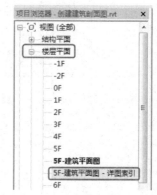

图9-74 自动创建详图索引视图

04 双击打开【5F－建筑平面图－详图索引1】的新平面视图，如图9-75所示。

05 接着在【属性】面板中的【标识数据】选项选项区域选择【视图样板】为【楼梯＿平面大样】，使用视图样板后的效果如图9-76所示。

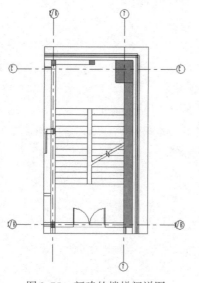

图9-75 新建的楼梯间详图

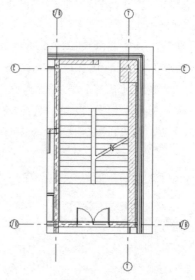

图9-76 使用视图样板后的详图

06 利用【对齐标注】工具和【高程点】工具标注视图，如图9-77所示。

07 添加门标记，并利用【文字】工具注写【楼梯间大样图比例1：50】，字体大小为8mm，如图9-78所示。

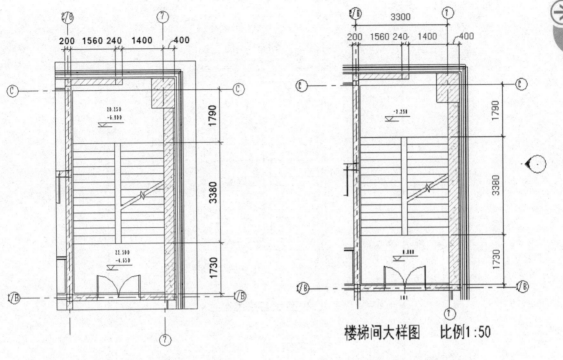

图9-77 标注详图　　　　　　　　　　　　图9-78 文字注写

<table>
<tr><td rowspan="2">技巧
点拨</td><td>　　如果注写的文字看不见，用户可以在【属性】面板中取消勾选【裁剪区域可见】和【注释裁剪】复选框，如图9-79所示。</td></tr>
<tr><td>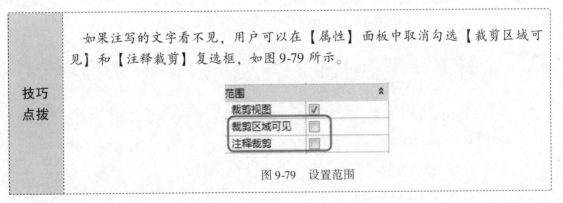
图9-79 设置范围</td></tr>
</table>

08 最后创建图纸（选择【修改通知单】标题栏），如图9-80所示。

<table>
<tr><td>技巧
点拨</td><td>　　如果图纸容不下视图，可以先在视图中调整轴线位置、文字位置，直至完全放在图纸内为止。</td></tr>
</table>

09 最后，保存项目文件。

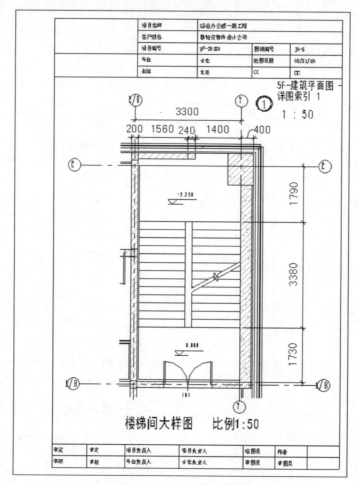

图 9-80　创建完成的大样图

9.3　图纸导出与打印

　　图纸布置完成后，可以通过打印机将图纸视图打印出来，也可以将指定的视图或图纸视图导出为 CAD 文件，以便交换设计成果。

 9.3.1　导出文件

　　在 Revit 中完成所有图纸的布置后，可以将生成的文件导出为 DWG 格式的 CAD 文件，供其他用户使用。

　　要导出 DWG 格式的文件，首先要对 Revit 以及 DWG 之间的映射格式进行设置。

上机操作——导出文件

01　继续上一案例。在菜单中选择【导出】|【选项】|【导出设置 DWG/DXF】选项，如图 9-81 所示。

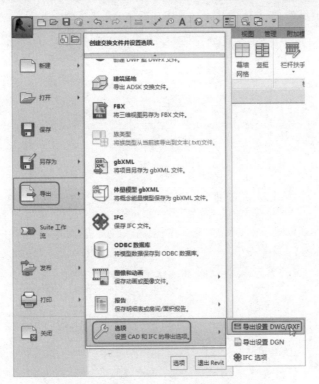

图9-81　执行导出命令

02 打开【修改 DWG/DXF 导出设置】对话框，如图9-82 所示。

图9-82　【修改 DWG/DXF 导出设置】对话框

技巧 点拨	由于在 Revit 中是使用构建类别的方式管理对象，而在 DWG 图纸中是使用图层的方式进行管理，因此必须在【修改 DWG/DXF 导出设置】对话框中对构建类别以及 DWG 中的图层进行映射设置。

03 单击对话框底部的【新建导出设置】按钮,创建新的导出设置,如图9-83所示。

图9-83 新建导出设置

04 在【层】选项卡下选择【根据标准加载图层】列表中的【从以下文件加载设置】
选项,在打开的【导出设置 – 从标准载入图层】对话框中单击【是】按钮,如
图9-84所示。

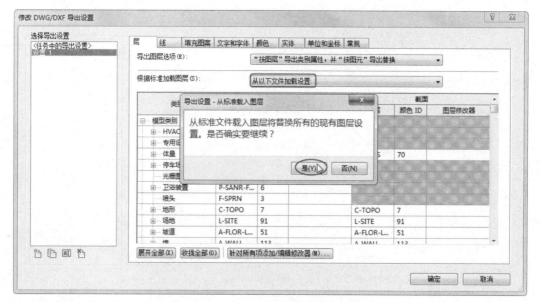

图9-84 加载图层操作

05 在打开的对话框中选择附赠资源本章该案例文件夹中的 exportlayers – dwg – layer. txt
文件,单击【打开】按钮打开此输出图层配置文件。其中,exportlayers – dwg – lay-
er. txt 文件中记录了如何从 Revit 类型转出为天正格式 DWG 图层的设置。

> **技巧
> 点拨**　　在【修改 DWG/DXF 导出设置】对话框中,用户还可以对【线】、【填充图
> 案】、【文字和字体】、【颜色】、【实体】、【单位和坐标】以及【常规】选项卡中
> 的选项进行设置,这里就不再一一介绍了。

06 单击【确定】按钮,完成 DWG/DXF 的映射选项设置,接下来即可将图纸导出为
DWG 格式的文件。

07 执行【导出】|【CAD 格式】| DWG 操作,打开【DWG 导出】对话框,在【选
择导出设置】列表中选择刚刚设置的【设置1】,设置【导出】为【<任务中的视
图/图纸集>】,【按列表显示】为【模型中的图纸】,如图9-85所示。

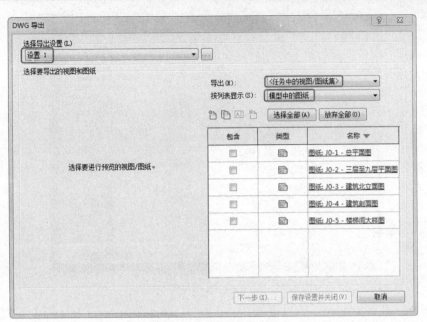

图 9-85 设置 DWG 导出选项

08 先单击 选择全部(A) 按钮，再单击 下一步(X)... 按钮，打开【导出 CAD 格式 – 保存到目标文件夹】对话框，选择保存 DWG 格式的版本，取消勾选【将图纸上的视图和链接作为外部参照导出】复选框，单击【确定】按钮，导出 DWG 格式文件，如图 9-86 所示。

图 9-86 导出 DWG 格式文件

09 打开存储 DWG 格式文件所在的文件夹，双击任意一个 DWG 格式的文件，即可在 AutoCAD 中将其打开并进行查看与编辑，如图 9-87 所示。

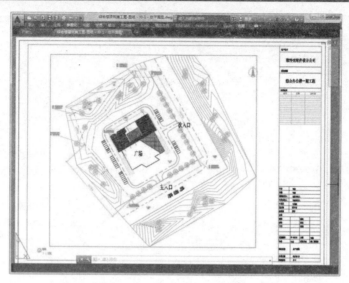

图9-87　在 AutoCAD 中打开图纸文件

 ### 9.3.2　图纸打印

当图纸布置完成后，用户除了能够将其导出为 DWG 格式的文件外，还可以将其打印成图纸，或者通过打印工具将图纸打印成 PDF 格式的文件，以供用户查看。

上机操作——打印图纸

01　在菜单浏览器中选择【打印】|【打印】选项，打开【打印】对话框。

02　选择【名称】列表中的 Adobe PDF 选项，设置打印机为 PDF 虚拟打印机，选中【将多个所选视图/图纸合并到一个文件】和【所选视图/图纸】单选按钮，如图9-88所示。

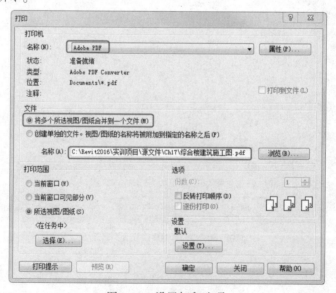

图9-88　设置打印选项

03 单击【打印范围】选项区域中的【选择】按钮，打开【视图/图纸集】对话框，取消勾选【视图】复选框后，在列表中选择所有图纸并单击【确定】按钮，如图9-89所示。

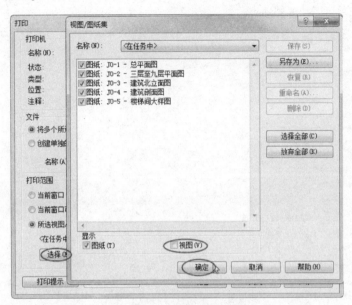

图9-89 选择要打印的图纸

04 单击【设置】选项区域中的【设置】按钮，打开【打印设置】对话框，选择图纸尺寸为A0，选中【从角部偏移】和【缩放】单选按钮，单击【另存为】按钮，将该配置保存为 Adobe PDF_ A0，如图9-90所示。单击【确定】按钮，返回【打印】对话框。

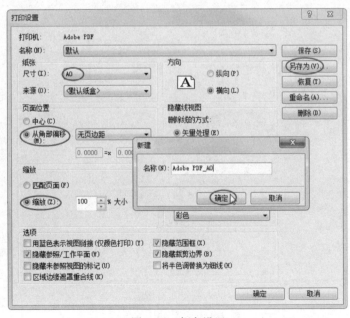

图9-90 打印设置

05 单击【打印】对话框中的【确定】按钮，在打开的【另存 PDF 文件为】对话框中输入文件名后，单击【保存】按钮创建 Adobe PDF 文件，如图 9-91 所示。

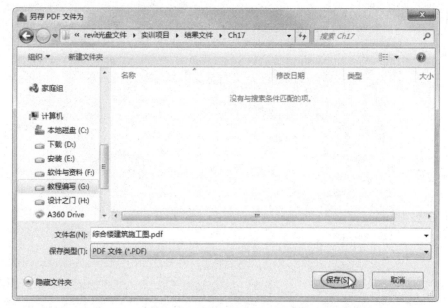

图 9-91 保存打印的 PDF 文件

06 完成 PDF 文件创建后，在保存的文件夹中打开 PDF 文件，即可查看施工图在 PDF 中的效果，如图 9-92 所示。

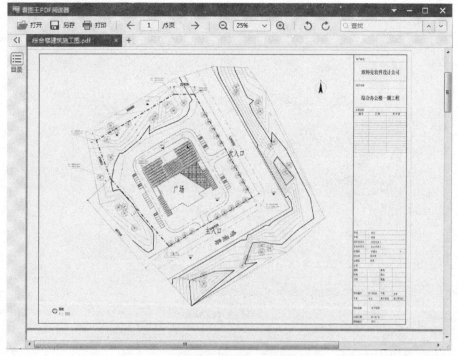

图 9-92 查看 PDF 文件

9.4 Revit 知识点及论坛帖精解

Revit 不但能创建建筑施工图还能创建结构施工图。创建图纸过程中也会遇到许多问题，具体有哪些呢？下面将详细介绍部分问题及解决方案。

9.4.1 Revit 知识点

知识点01：Revit 剖面视图的编辑

剖面视图的编辑，可对剖面视图范围和视图进行水平与垂直的编辑，具体操作如下。

01 打开任一项目文件，切换到剖面视图，如图9-93所示。

02 单击窗口底部的【显示剪裁区域】按钮，显示剖面范围框，如图9-94所示。

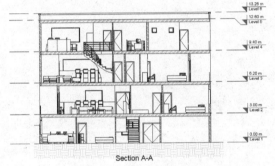

图9-93 切换到剖面视图

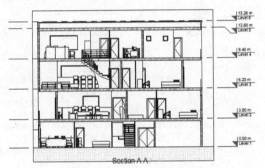

图9-94 显示剖面剪裁框

03 拖动控制点，可控制剖切的范围，如图9-95所示。

04 单击范围框边上的折线符号拆分视图，可拆分为水平和垂直方向的视图，如图9-96所示。

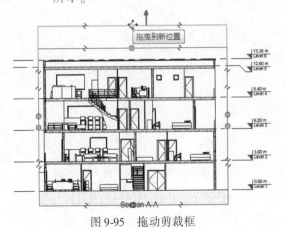

图9-95 拖动剪裁框

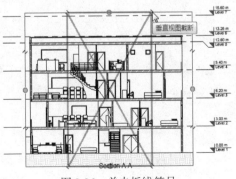

图9-96 单击折线符号

05 截断视图的结果如图9-97所示。如果要撤销截断视图，则单击【修改|视图】上下文选项卡下的【重置剪裁】按钮。

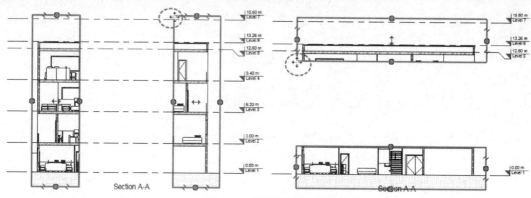

图 9-97　截断视图的效果

知识点 02：关于 Revit 复制视图的 3 种方式

在项目浏览器中复制视图的方式有 3 种，分别是【复制】【带细节复制】【复制作为相关】。只有【复制作为相关】复制方式，当在子视图中添加二维注释后，父视图中也会同步添加。图 9-98 所示为项目浏览器中 3 种视图的复制方式。

接下来具体介绍这 3 种复制方式的区别。

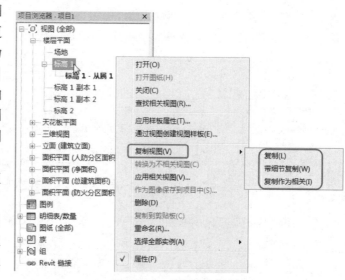

图 9-98　3 种视图复制方式

- 【复制】选项只能复制项目中的三维模型文件，而二维标注等注释信息无法进行复制，如图 9-99 所示。

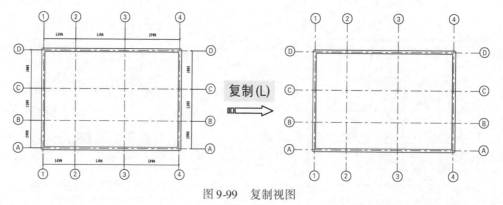

图 9-99　复制视图

- 【带细节复制】选项可以将项目中的三维模型文件和二维标注等注释信息同时复制到子视图中，如图 9-100 所示。

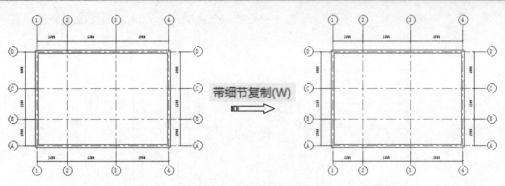

图 9-100　带细节复制视图

● 【复制作为相关】选项会将项目中的模型文件和二维标注复制到子视图中，新复制出来的子视图会显示裁剪区域和注释裁剪。在子视图中任意添加和修改二维标注，父视图也会随着一起改变，如图 9-101 所示。

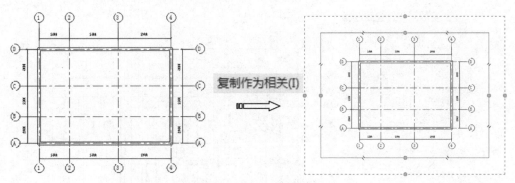

图 9-101　带细节复制视图

知识点 03：利用范围框快速设置平面视图的裁剪边界

在实际工作中，出图之前都需要调整平面图的裁剪范围。常规做法是进入裁剪区域，然后通过鼠标拖曳的方式进行裁剪边界操作，如图 9-102 所示。

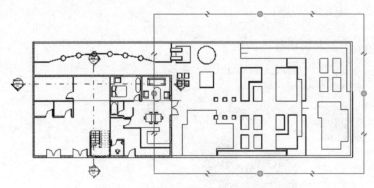

图 9-102　通过调整剪裁范围设置视图

那么可不可以更快速地进行边界设定呢？用户可以利用【视图】选项卡下的【范围框】功能进行设置。首先，切换到楼层平面图，绘制范围框，将范围框边界设置为裁剪边界所需要的位置，如图 9-103 所示。由于范围框的设定是类似框选的操作方式，因此设置更加容易。

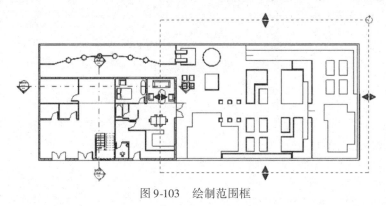

图 9-103　绘制范围框

要显示范围框内的内容，还要在视图的【属性】面板中将视图的【范围框】参数设置为此范围框的名称，如图 9-104 所示。

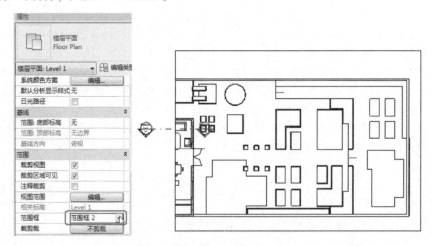

图 9-104　显示范围框内的图元

9.4.2　论坛求助帖

求助帖1　如何创建折线的剖面图

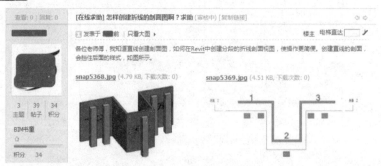

问题描述：如何在 Revit 中创建分段的折线剖面视图，使操作更简便？

问题解决：如果直接创建分段剖面视图，会遮挡住后面墙体上的样式，如图 9-105 所示。此时我们可以运行【拆分线段】工具，达到图9-106所示的效果。

使用【拆分线段】工具，可以将剖面线分割成与视图方向垂直的多个分段，用以剖切模型中不同位置，而不必创建多个剖面，在某些情况下使用非常方便。

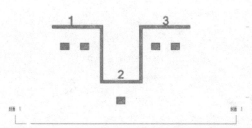 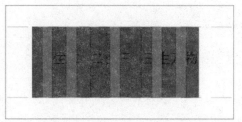

图9-105 直线剖切后的视图

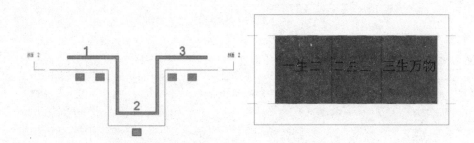

图9-106 折线剖面视图

下面介绍创建折线的剖面图的操作方法，步骤如下。

01 由于网友没有提供参考的模型文件，笔者创建了一个类似的参考模型，保存在本章的案例文件夹中，如图9-107所示。

02 首先切换到【标高1】平面视图，在【视图】选项卡下单击【剖面】按钮，创建一个剖面视图，如图9-108所示。

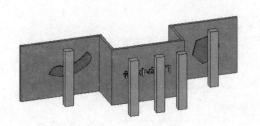 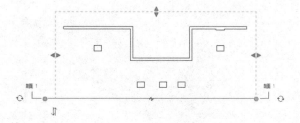

图9-107 参考模型 　　　　图9-108 创建剖面视图

03 单击【修改|视图】上下文选项卡中的【拆分线段】按钮▤，在原剖面线上执行打断操作，并调整线段位置，如图9-109所示。

04 在项目浏览器的【剖面】视图下查看生成的【剖面1】视图，如图9-110所示。

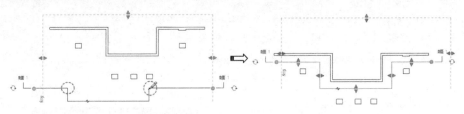

图 9-109　拆分剖面线并调整位置

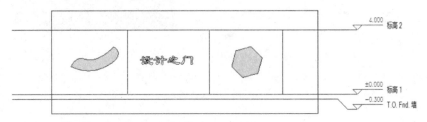

图 9-110　剖面视图

求助帖2 在 Revit 中创建立面的展开视图

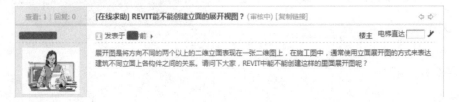

问题描述：在施工图中，通常使用立面展开图的方式来表达建筑不同立面上各构件之间的关系。请问，Revit 中能不能创建这样的立面展开图呢？

问题解决：立面展开图是将方向不同的两个以上的二维立面表现在一张二维图上，在施工图中，通常使用立面展开图的方式来表达建筑不同立面上各构件之间的关系。

比如，转角窗有三个方向的窗户，为了清楚地反映它们之间的关系，需要把它们连续画在同一个立面图上，转角窗的展开立面图如图 9-111 所示。

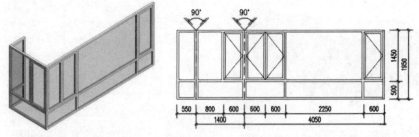

图 9-111　转角窗户的立面展开效果

对于一些形状不规则的建筑，比如局部是倾斜的建筑，应按正投影法绘制立面展开图。但是 Revit 无法直接生成立面展开图，也无法像 CAD 一样快速地拼出一个立面展开图，所以需要在 Revit 中进行一些特殊处理。基本做法是：先创建窗户的 3 个立面视图，然后将 3 个立面图放到同一张图纸里进行拼合。

第10章

民用建筑设计项目实战

在本章中，将充分利用红瓦－建模大师（建筑）、族库大师，以及 Revit 的建筑、结构设计功能，完成某阳光海岸花园的二层别墅项目设计。让读者完全掌握 Revit 和相关设计插件软件的高级建模方法，从而快速提升软件设计应用技能。

案例展现
ANLIZHANXIAN

案 例 图	描 述
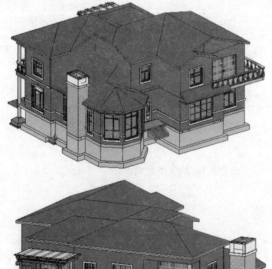 	阳光海岸花园项目规划总用地面积约为 7.432 公顷，位于山东省威海市乳山市的美丽银滩度假区内，周围景色秀美、海风蔚蓝、宁静恬适。打造大乳山人居生活、度假养生首席生态社区是阳光海岸花园项目的目标。该项目以人为本、以生态健康为设计理念，独创别具一格的生态会所、生态水吧、生态溪流、生态瀑布、生态泳池、生态运动与休闲。3万多平方米东南亚风情园林，科学健康的居住户型、落地大飘窗、双景观大阳台，可 270度欣赏数公里宽的无敌海景，风光无限，堪称【大乳山海景住宅第一盘】，是一个银滩度假区标志性的纯绿色生态小城

10.1 建筑项目介绍——阳光海岸花园

　　本建筑结构设计为别墅项目，项目名称：乳山市银滩旅游度假区阳光海岸花园。

　　阳光海岸花园项目规划总用地面积约为7.432公顷，位于山东省威海市乳山市的美丽银滩度假区内，周围景色秀美、海风蔚蓝、宁静恬适。打造大乳山人居生活、度假养生首席生态社区是阳光海岸花园项目的目标。该项目以人为本、以生态健康为设计理念，独创别具一格的生态会所、生态水吧、生态溪流、生态瀑布、生态泳池、生态运动与休闲。3万多平方米东南亚风情园林，科学健康的居住户型、落地大飘窗、双景观大阳台可270度欣赏数公里宽的无敌海景，风光无限，堪称【大乳山海景住宅第一盘】，是一个银滩度假区标志性的纯绿色生态小城。

　　图10-1为A型别墅的建筑立面图，图10-2为表达别墅内部的建筑剖面图。

图 10-1　阳光海岸花园 A 型别墅立面图

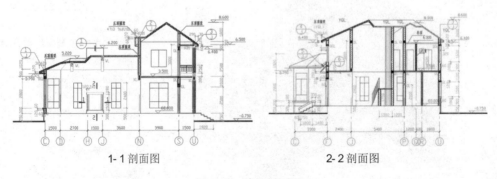

图 10-2　建筑剖面图

阳光海岸花园 A 型别墅建筑面积为 429.9 平方米，含一半阳台面积，绿化率高达 99%，容积率为 1.00。图 10-3 为该项目 A 型别墅的实景效果图。

图 10-3　A 型别墅实景图

本工程为住宅建筑，防火等级为二级，建筑构件的耐火等级为二级，屋面防水等级为二级，A 型别墅工程设计合理，使用年限为 50 年。A 型别墅工程按 6 度抗震设防，采用砖混结构。

A 型别墅建筑施工说明如下。

- 阳台及卫生间成活地面应比相邻地面低 30mm；
- 楼梯扶手及栏杆为不锈钢材质，采用 <L96J401> T－28；
- 凡卫生间、厨房等用水量大的房间地面、楼面、墙面均做防水处理，做法见【建筑做法说明】，穿楼面上下水管周围均嵌防水密封膏；
- 凡有地漏的房间，楼地面均做 1% 的坡度坡向地漏或排水沟；
- 凡门前的台阶面必须低于室内地面 20mm，以免雨水溢入室内；
- 外露金属构件，除铝合金、不锈钢、钢制品外，一般均经除锈漆一道、满刮腻子、银粉漆二道预埋铁片；木砖及与砌体连接的木构件，均需做相应防锈、防腐处理，处理方法和技术措施详见国家有关施工验收规范；
- 凡是窗台低于 900mm 的，应加设防护栏杆，栏杆高 1000mm；
- 厨房楼地面预留 DN20 液化气管道套管；
- 外墙塑钢窗均带纱窗。

10.2　A 型别墅结构设计

A 型别墅只有两层，地下基础到地面深度为 2650mm，可以从结构图的基础剖面图中得到此数据，如图 10-4 所示。

至于基础的形状，如果加载的族与基础布置图中有些出入，可以通过修改族属性得以保证。

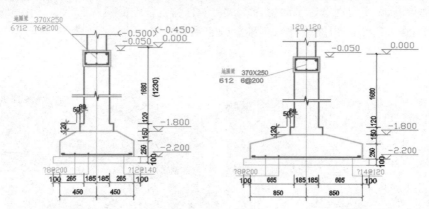

图 10-4 基础剖面图

上机操作——项目的基础设计

（1）建立标高和轴网

01 启动 Revit 2018，在欢迎界面中选择【Revit 2018 中国样板】建筑项目样板文件，进入到 Revit 建筑设计环境中。

02 首先打开项目浏览器，在【视图】选项区域下仅有【楼层平面】节点视图，没有结构平面，如图 10-5 所示。这就需要用户自己创建结构平面视图。

03 由于 Revit 中规定必须保证有一个视图存在，因此可删除其他视图并重新建立。切换到【场地】视图，然后选中【标高 1】和【标高 2】两个楼层平面视图并右击，在快捷菜单中选择【删除】命令，执行删除操作，如图 10-6 所示。

图 10-5 【楼层平面】视图

10-6 删除两个楼层平面视图

技巧点拨 在【Revit 2018 中国样板】项目样板环境下，只需重新创建相应的标高，即可同时并自动创建出结构平面视图和楼层平面视图。【楼层平面】视图是显示建筑设计的各楼层平面视图；【结构平面】视图是显示结构设计的各楼层平面视图。

04 切换到【立面（建筑立面）】节点下的【南】立面视图。南立面视图中显示两个标高，我们先删除【标高 2】（因为视图中必须保留一个标高），删除的方法是选中标高然后按下 Delete 键，或右击并选择【删除】命令，如图 10-7 所示。

图 10-7 删除标高 2

05 在【建筑】选项卡下的【基准】面板中单击【标高】按钮，在标高 1 下方 750mm 标高处建立【标高 3】，然后将其属性修改为【标高：下标头】，如图 10-8 所示。

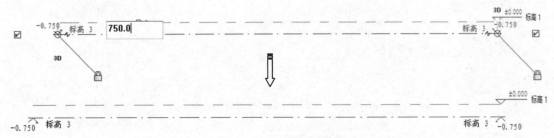

图 10-8 修改标高属性

<table>
<tr><td>温馨
提示</td><td>标高的排序是依据用户建立标高的序号自动设置的，用户可以根据需要更改标高名称。</td></tr>
</table>

06 此时，用户可以将项目浏览器中的【场地】平面视图删除，同时将【标高 3】重命名为【场地】，如图 10-9 所示。

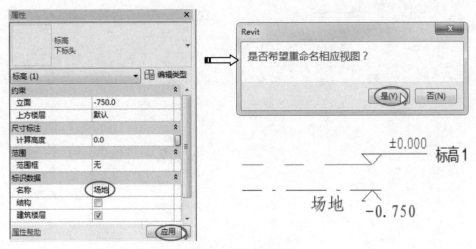

图 10-9 重命名标高

07 删除项目中默认的【标高1】，然后创建新的【标高4】，设置其属性类型为【标高：正负零标头】，接着重命名为【一层】，如图10-10所示。

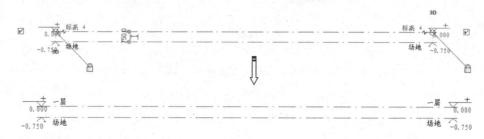

图10-10 建立一层标高

08 同样的方法，建立其余标高并重命名，结果如图10-11所示。

图10-11 完成标高的创建

09 此时，项目浏览器的【视图】选项区域中自动增加了【结构平面】视图节点，如图10-12所示。把【结构平面】视图节点下的【场地】、【屋顶】平面视图删除，将【楼层平面】节点下的【基础平面】平面视图删除，如图10-13所示。

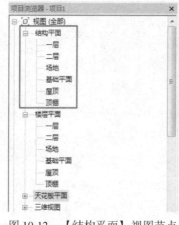

图10-12 【结构平面】视图节点

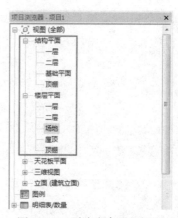

图10-13 删除多余平面视图

10 切换视图到【场地】楼层平面视图。由于我们删除了默认的场地视图平面，新建的【场地】视图平面中没有显示项目基点，可以在【视图】选项卡下单击【可见性/图形】按钮，在打开的对话框的【模型类别】选项卡下的【场地】项目中勾选【项目基点】复选框即可，如图10-14所示。

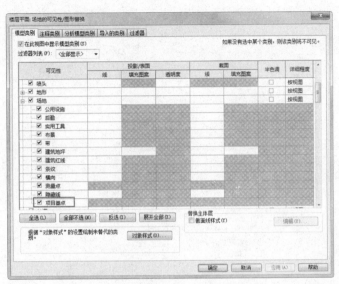

图10-14 显示项目基点的设置

（2）基础设计

本别墅项目的基础包括条形基础和独立基础，条形基础图在图10-4中已经列出，下面将各取一个独立基础的桩基详图查看其形状尺寸及标高，如图10-15所示。其他的基础图无须列出，导入CAD图纸后使用建模大师进行承台转化、柱转化、梁转化即可。

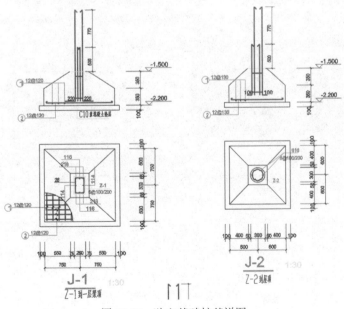

图10-15 独立基础桩基详图

01 首先导入 CAD 图纸，切换视图为【基础平面】结构平面视图，在【建模大师（建筑）】选项卡下的【CAD 转化】面板中单击【链接 CAD】按钮，打开本例源文件【基础平面布置图.dwg】，如图 10-16 所示。然后调整立面图标记位置到图纸外。

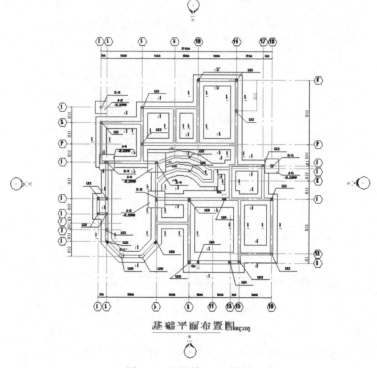

图 10-16　链接 CAD 图纸

02 单击【轴网转化】按钮，弹出【轴网转化】对话框，选择【双标头】轴网类型，再单击【轴线层】选项区域中的【提取】按钮，在视图中提取轴线，如图 10-17 所示。

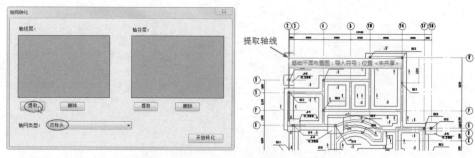

图 10-17　提取轴线

03 返回到【轴网转化】对话框后，单击【轴符层】选项区域中的【提取】按钮，再到视图中提取轴网中轴线编号，最后单击【开始转化】按钮，完成基础平面布置图中轴网的转化，如图 10-18 所示（暂时将图纸隐藏）。

04 轴网类型为双标头，但在图纸内部是不用显示的，因此逐一地选择轴线并隐藏一端的编号，如图 10-19 所示。

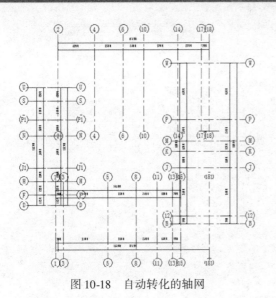

图10-18 自动转化的轴网

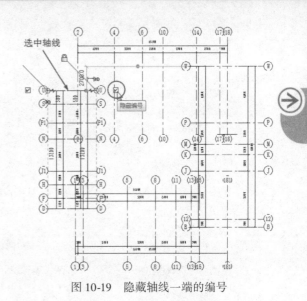

图10-19 隐藏轴线一端的编号

05 同样的方法，将其余轴线一端的编号隐藏，编辑完成的轴网如图10-20所示。

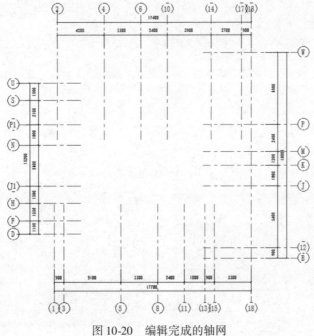

图10-20 编辑完成的轴网

06 要显示图纸，则单击【承台转化】按钮🖑，弹出【承台识别】对话框，单击【边线层】选项区域的【提取】按钮，然后到图纸中提取某个独立基础的轮廓，如图10-21所示。按Esc键结束提取操作。

07 返回到【承台识别】对话框，单击【标注及引线层】选项区域的【提取】按钮，然后到图纸中提取独立基础的标注（选择尺寸线或者尺寸数字）或承台标记，如图10-22所示。完成后按Esc键返回到【承台识别】对话框。

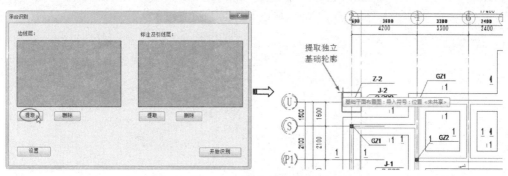

图 10-21　提取基础轮廓

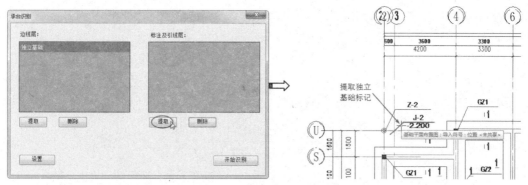

图 10-22　提取独立基础标记

08 单击【开始识别】按钮，系统自动分析、识别提取的独立基础信息，随后在弹出的【承台转化预览】对话框中列出独立基础信息。根据前面的基础图例信息（也可通过 AutoCAD 软件打开【乳山阳光海岸 A 型别墅总图】图纸查看信息），重新设置独立基础构件的参数，如图 10-23 所示。

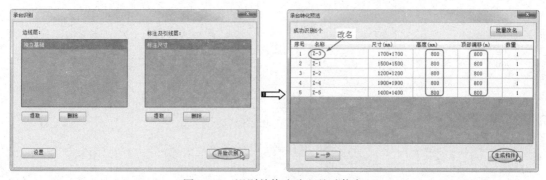

图 10-23　识别并修改独立基础信息

09 最后单击【生成构件】按钮，自动生成承台基础，随后自动创建独立基础构件，隐藏 CAD 图纸可以清楚地看到构件，如图 10-24 所示。

10 通过族库大师，将【结构】选项卡下的【混凝土】｜【基础】｜【独立基础－3阶－放坡】族载入到项目中，如图 10-25 所示（不要放置到视图中）。

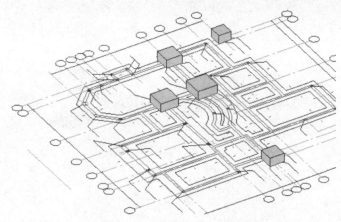

图 10-24 自动生成的独立基础构件

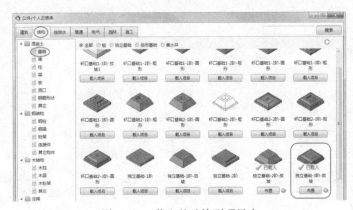

图 10-25 载入基础族到项目中

11 选中 Z-1 基础，在【属性】面板上选择载入的【独立基础-3阶-放坡】族类型，设置【自标高的高度偏移】的值为 0，如图 10-26 所示。单击【属性】面板的【编辑类型】按钮，在【类型属性】对话框中复制并重命名类型为【Z-1：独立基础】，然后设置独立基础的新参数，如图 10-27 所示。单击【确定】按钮，完成修改。

10-26 重设置族类型及高度偏移

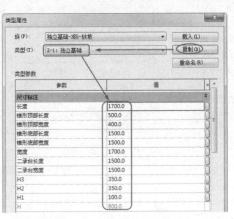

图 10-27 编辑独立基础族尺寸

12 修改后的Z-1独立基础如图10-28所示。同样的方法，将其余4个独立基础族也进行属性编辑（必须复制类型并重命名），结果如图10-29所示。

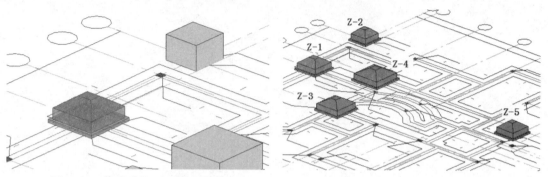

| 图10-28 修改后的Z-1独立基础 | 图10-29 修改其他独立基础的结果 |

> **温馨提示** 相同的族类型应用在同一项目中时，由于不同的基础尺寸，必须为每一个尺寸的基础创建不同名称的族，避免尺寸统一化。修改族参数时，请参照乳山阳光海岸A型别墅总图中的【桩基详图】。

13 由于建模大师目前还没有开发出条形基础自动转化功能，因此接下来还要借助Revit来创建条形基础。切换视图到【基础平面】视图，在【结构】选项卡下的【结构】面板中执行【墙】|【墙:结构】操作 ，激活【线】工具，在选项栏中设置参数后，沿着墙外边线创建结构墙，如图10-30所示。

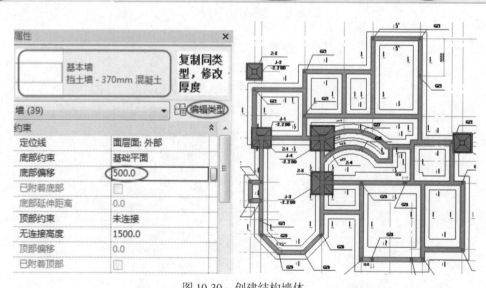

图10-30 创建结构墙体

14 单击【结构】选项卡下【基础】面板中的【墙】按钮 ，然后依次拾取基础墙体，自动添加条形基础的连续基脚，如图10-31所示。

15 选中连续基脚，在【属性】面板中单击【编辑类型】按钮，在打开的对话框中修改连续基脚的类型属性参数，如图10-32所示。

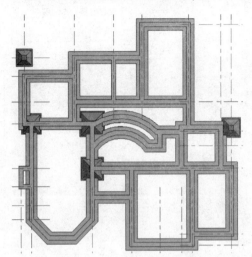

图10-31 绘制连续基脚

图10-32 编辑连续基脚的属性参数

16 设计完成的基础效果，如图10-33所示。

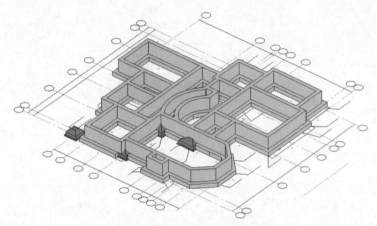

图10-33 查看设计完成的基础效果

🌿 上机操作——一层结构设计 🌿

一层的结构设计包括结构柱和地圈梁的设计，下面介绍具体操作方法（参考图纸仍然是基础平面布置图）。

（1）生成结构柱

01 切换视图为【基础平面】，视觉样式设置为【线框】，便于在条形基础下查看图纸中的柱。

02 在【建模大师（建筑）】选项卡中单击【柱转化】按钮，弹出【柱识别】对话框，单击【边线层】选项区域的【提取】按钮，在图纸中提取一层柱配筋平面布置图中柱的轮廓线，如图10-34所示。按Esc键返回【柱识别】对话框中。

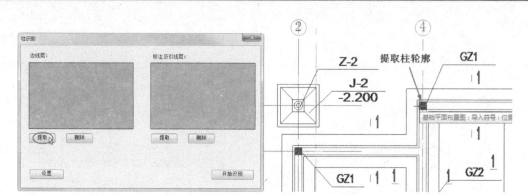

图 10-34　提取柱轮廓

03　单击【标注及引线层】选项区域的【提取】按钮，到图纸中提取柱标记，并按 Esc 键返回【柱识别】对话框，如图 10-35 所示。

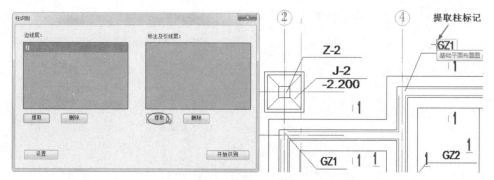

图 10-35　提取柱标注

04　单击【开始识别】按钮，在【柱转化预览】对话框中列出所有结构柱的信息，设置顶部偏移的参数，最后单击【生成构件】按钮，系统自动创建从基础到一层的结构柱，如图 10-36 所示。

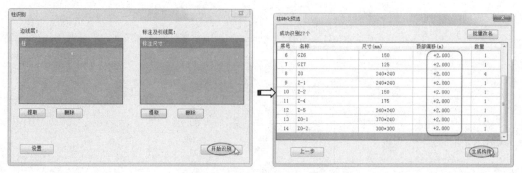

图 10-36　识别柱并生成构件

技巧 点拨	此处设置柱顶部偏移的参数，其实是便于在随后的编辑过程中选择要编辑的柱，从图纸看，有些柱是到顶的，有些柱只到一层或者二层。

05 切换至【三维】视图，从自动生成的结构柱来看，5个独立基础被结构柱顶到基础标高的下面了，需要调整底部偏移值，如图10-37所示。

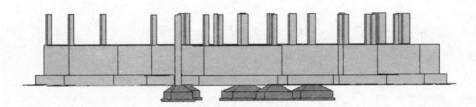

图10-37 5个独立基础的标高

06 选取5个独立基础的结构柱，在【属性】面板上设置底部偏移值为800，单击【应用】按钮完成结构柱底部偏移的调整，如图10-38所示。

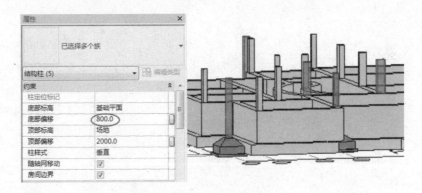

图10-38 调整结构柱底部偏移值

07 然后参考【乳山阳光海岸A型别墅总图】图纸中的【桩基详图】，5个独立基础的结构柱有的是到一层梁顶（二层标高）、有的是到顶棚层，根据图纸先设置5个独立基础的结构柱顶部标高，如图10-39所示。

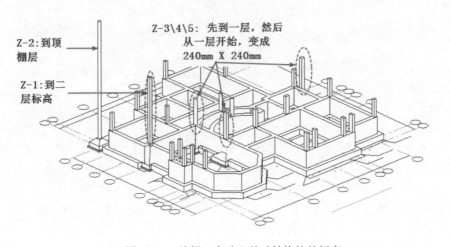

图10-39 编辑5个独立基础结构柱的标高

08 其余的结构柱参考桩基详图，从 GZ1～GZ9 均说明其标高位置，如图 10-40 所示。

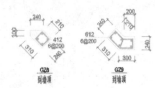

图 10-40　GZ1～GZ9 结构柱的标高

温馨提示　桩基详图中的标高说明如下：【到一层梁顶】或【到一层顶】均表示与二层楼板下的结构梁连接；【到屋顶】表示到屋顶层；【到墙顶】表达的是到各自所在位置上的墙体顶部，也就是说，如果墙到二层，那么结构柱随到二层，如果墙到顶棚层或屋顶，那么结构柱也随到顶棚及屋顶，可以参考【二层建筑平面图】。

09 在 Z-3、Z-4、Z-5 和 GZ3 原位上再新建结构柱，截面形状为 240×240 的矩形，底部标高为【一层】，顶部标高设置到【二层】即可，效果如图 10-41 所示。

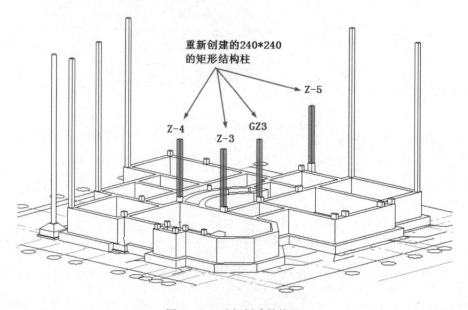

图 10-41　重新创建结构柱

温馨提示　有些结构柱标明是【从一层顶开始变为 240*240】，那么就先到一层，然后在原处重新创建结构柱进行连接。

10 参考图 10-40，将其余结构柱的标高重新设定，但凡是【到墙顶】和【到一层顶】的结构柱（GZ8 与 GZ9 除外），一律先设置顶部标高为二层，最后根据实际的墙体高度进行调整。

11 GZ8 与 GZ9 的 4 根结构柱属于异形，需要创建自定义的结构柱族。下面介绍 GZ8 结构柱的创建方法。在【文件】菜单中执行【新建】｜【族】命令，在打开的对话框中选择【公制结构柱.rft】样板文件进入族模式中，如图 10-42 所示。由于此族是唯一的，可以 4 根柱的族合并在一起。

图 10-42 选择族样板文件

12 单击【插入】选项卡中【导入 CAD】按钮，导入【乳山阳光海岸 A 型别墅总图.dwg】图纸文件。然后单击【创建】选项卡下的【拉伸】按钮，参考 GZ8、GZ9 的形状绘制 4 个拉伸截面，如图 10-43 所示。设定拉伸终点为 2500，单击【应用】按钮完成异形柱族的创建，结果如图 10-44 所示。将导入的图纸删除。

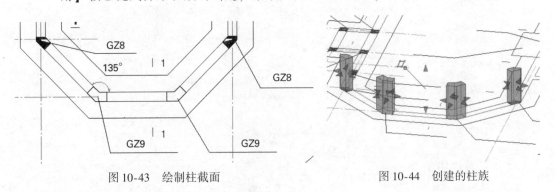

图 10-43 绘制柱截面   图 10-44 创建的柱族

13 切换视图到前立面图。利用【修改】选项卡下的【对齐】工具，将结构柱的底端和顶端分别对齐到【高于参照标高】和【低于参照标高】的两个标高平面上，然后设置【高于参照标高】的标高为 2500，如图 10-45 所示。

> **技巧点拨** 对结构柱设置对齐非常关键，因为对齐操作将影响到载入到项目后能否设置结构柱的标高。

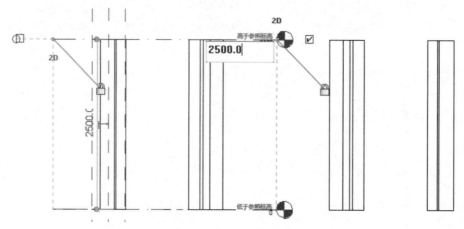

图 10-45　对齐结构柱的底端与顶端到标高平面上

14　将创建的异形柱族保存，然后单击【载入到项目并关闭】按钮 ，载入到当前的
　　　结构设计项目中。切换到基础平面视图，单击【柱】按钮 ，在【属性】面板上选
　　　择新建的【异形柱】族类型，然后将其放置到项目基点上（族建模时是参照图纸
　　　世界坐标系原点进行的）。

15　同时，在【属性】面板上设置结构柱族的标高，完成放置的结果如图10-46所示。

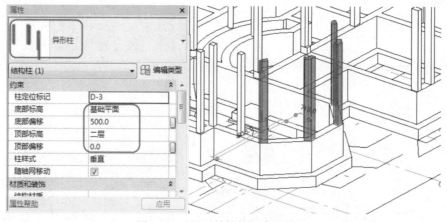

图 10-46　设置结构族标高及偏移

（2）放置结构梁

01　接下来将建立地圈梁，地圈梁的尺寸可以参考【乳山阳光海岸 A 型别墅总图.dwg】图
　　　纸中的【基础平面布置图】。地圈梁的截面尺寸为 370×250。通过族库大师加载【结
　　　构】|【混凝土】|【梁】族类型节点下的【矩形梁1】梁族，如图10-47所示。

02　切换至三维视图的上视图方向，同时将图纸和所有结构柱暂时隐藏。在【结构】
　　　选项卡中单击【梁】按钮 ，在【属性】面板中选择载入的【矩形梁1】梁族，
　　　单击【编辑类型】按钮，复制族并重命名为 $370*250$ 后，设置梁族截面尺寸，如
　　　图10-48所示。

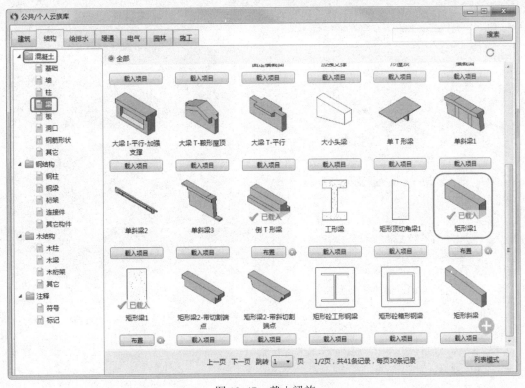

图 10-47　载入梁族

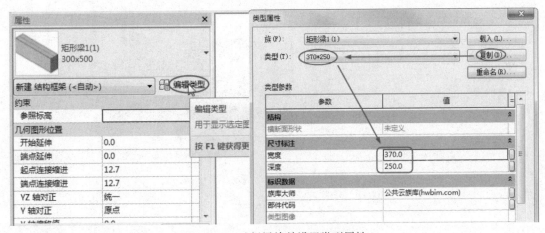

图 10-48　选择梁族并设置类型属性

03　以【拾取线】的方式，依次拾取条形基础的中心线，放置矩形梁，如图 10-49 所示。

04　选中所有地圈梁，在【修改 | 结构框架】上下文选项卡中通过【梁/柱连接】工具、【连接】工具以及手动拖动梁控制点拉长或缩短梁的方法，进行梁处理。鉴于处理的地方较多，可以参照本例视频辅助完成。图 10-50 为其中一处的梁连接。

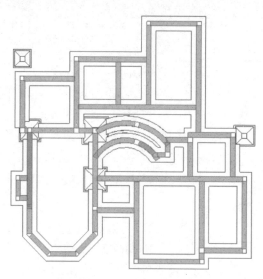

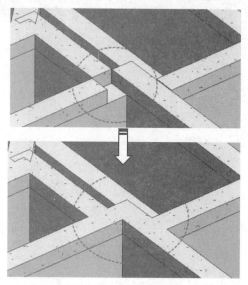

图 10-49　放置地圈梁　　　　　　　　　图 10-50　梁连接处理

05 修改结构梁（地圈梁）的参照标高及起点、终点标高偏移值。显示结构柱，如图 10-51所示。此外，用户还可以设置【起点连接缩进】及【终点连接缩进】值为0，避免间隙。

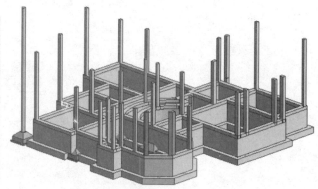

图 10-51　修改地圈梁的属性

（3）放置一层顶梁

本例别墅的各规格尺寸的梁标高不尽相同，建议采用手动创建梁的方式逐一完成。要参考的图纸为【一层结构平面图.dwg】，其中蓝色线表达的梁为悬空（包括阳台挑梁和室内悬空梁），尺寸由各所属的梁钢筋编号决定。绿色线表达的是下部有墙体的梁，统一尺寸为250×350mm。蓝色线为悬空梁（室内），统一尺寸为 250×500mm，阳台挑梁统一尺寸为250×350mm。

01 切换到二层结构平面视图，插入 CAD 图纸【一层结构平面图.dwg】。利用【结构】选项卡下【结构】面板中的【梁】工具，复制并命名 250×350 的矩形梁族类型，然后以柱中心点为参考绘制梁中心线，在图纸中的绿色线上放置 250×350mm 的矩形梁，如图10-52所示。

02 其余标记为 XL1 – 1 ~ XL1 – 15 的矩形梁，参考【乳山阳光海岸 A 型别墅总图】图纸中的梁钢筋详图，注意梁的标高及截面尺寸。绘制完成的悬空梁如图10-53所示。WL1 – 1 与 WL1 – 2 是坡度屋顶梁，随屋顶变化，在建筑设计时补充，故暂不放置。

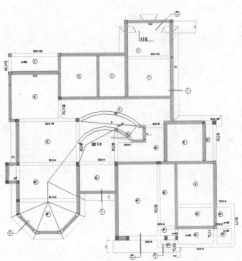

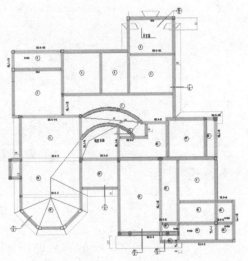

图 10-52　放置 250×350mm 的矩形梁　　　　图 10-53　放置悬空梁

03 最终完成的一层结构设计效果如图10-54所示。

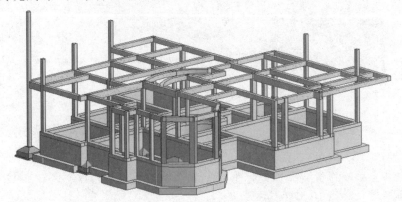

图 10-54　查看一层结构设计效果

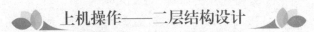

上机操作——二层结构设计

二层结构包括结构楼板、结构柱及结构梁，下面将对其设计过程进行介绍。

（1）二层结构柱与楼板设计

01 切换到二层结构平面视图，隐藏先前的一层结构平面图图纸。为了避免因创建楼板后遮挡结构柱，可以先将一层的结构柱（顶端在二层标高上）通过设置标高延伸到顶棚层标高上，参考图纸【乳山阳光海岸 A 型别墅总图.dwg】文件中的【二层及屋面结构平面图】，如图10-55所示。图中黑色填充的图块就是需要延伸到顶棚层标高的结构柱。

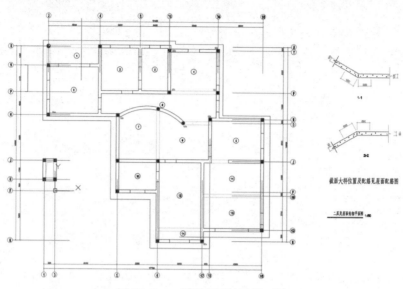

图 10-55　二层及屋面结构平面图

02　将现有高于二层标高的结构柱的顶部标高全部设置为【二层】，并取消顶部偏移量，如图 10-56 所示。

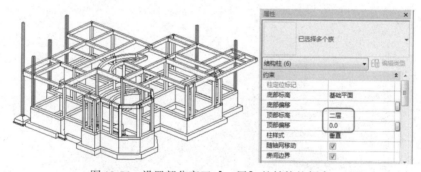

图 10-56　设置部分高于【二层】的结构柱标高

03　切换到二层结构平面图视图，根据参考图纸，选中要修改标高的结构柱（要延伸到顶棚层）如图 10-57 所示。

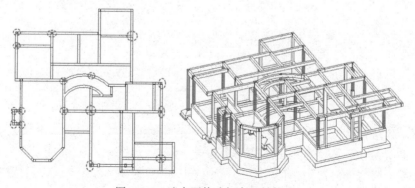

图 10-57　选中要修改标高的结构柱

04 在【属性】面板中设置【顶部标高】为【顶棚】，单击【应用】按钮完成修改，结果如图 10-58 所示。

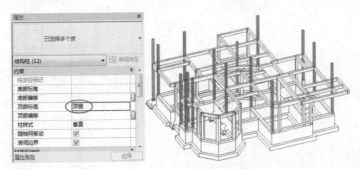

图 10-58　重设置顶部标高

05 根据【二层及屋面结构平面图】参考图看出，还有部分结构柱是从二层标高创建直到顶棚标高的。需要利用【柱】工具重新创建，新建结构柱尺寸为 240 × 240mm，如图 10-59 所示。

06 创建结构楼板，参考【一层结构平面】图纸。阳台楼板标高要比室内楼板标高低 20mm，厨房、卫生间和洗手间要比其他房间低 50mm。利用【结构：楼板】工具创建的楼板如图 10-60 所示。

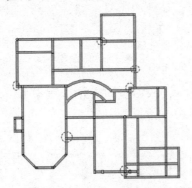
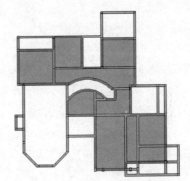

图 10-59　新建二层结构柱　　　　图 10-60　创建室内房间结构楼板

07 接着创建室内卫生间的结构楼板，如图 10-61 所示。最后创建阳台的结构楼板，如图 10-62 所示。

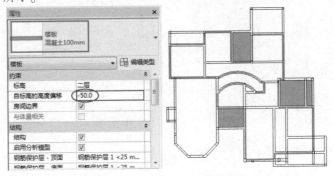

图 10-61　创建卫生间结构楼板

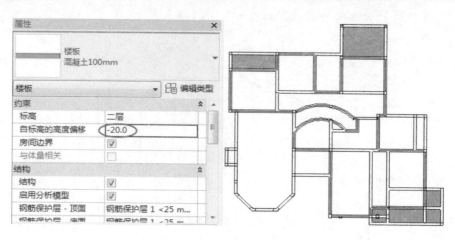

图 10-62　创建阳台结构楼板

> **温馨提示**　注意，用户可以根据需要对部分阳台挑梁的起点和终点偏移适当做出调整，以适应阳台楼板。

（2）二层顶梁设计

二层顶梁在图纸中用两种颜色，表达，浅蓝色表达的是悬空梁，深黑色表达的是墙顶梁。为了便于建模，统一将墙顶梁截面尺寸定义为 $240 \times 350mm$，悬空梁截面尺寸定义为 $240 \times 450mm$。

01 切换视图到【顶棚】结构平面视图，导入【二层及屋面结构平面图.dwg】图纸。

02 利用 Revit 中【梁】工具，先创建出墙顶梁（$240 \times 350mm$），如图 10-63 所示。

03 再创建出悬空梁（$240 \times 450mm$），如图 10-64 所示。

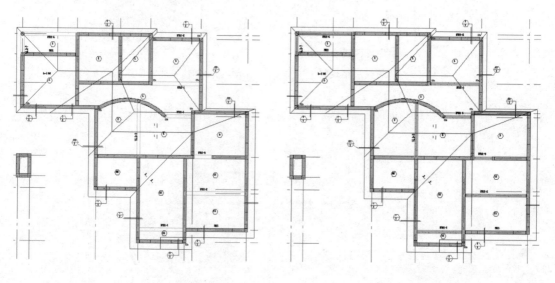

图 10-63　创建墙顶梁　　　　　　　　　　图 10-64　创建悬空梁

上机操作——顶棚层（包含屋顶）结构设计

屋顶为坡度屋顶，部分坡度屋顶有结构梁支撑，坡度屋顶分别在二层标高和顶棚层标高上创建。顶棚层标高上不再创建楼板，下面介绍屋顶结构的设计过程。

（1）设计二层标高位置的屋顶结构

01 首先切换至二层结构平面视图，创建坡度屋顶的封檐底板，在【建筑】选项卡下的【构件】面板中执行【屋顶】｜【屋檐：底板】操作，然后绘制封闭轮廓，创建出如图 10-65 所示的封檐底板。

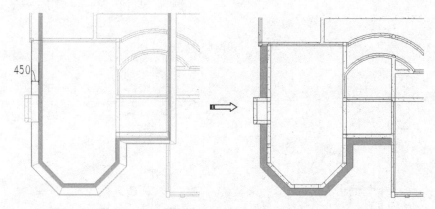

图 10-65　创建封檐底板

02 在【建筑】选项卡下的【构件】面板中执行【屋顶】｜【迹线屋顶】操作，然后绘制屋顶的封闭轮廓，设置屋顶的坡道为 22°，创建出如图 10-66 所示的迹线屋顶。

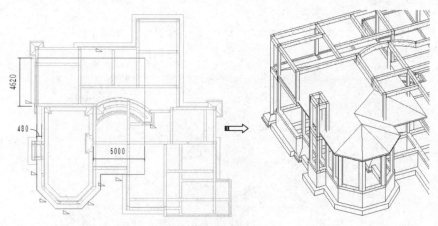

图 10-66　创建迹线屋顶

03 非设计所需的部分屋顶，需要剪切掉。单击【竖井】按钮 ▦ ，绘制出洞口轮廓，完成屋顶切剪，如图 10-67 所示。

04 在二层结构平面上创建 3 条 240×350mm 的结构梁，如图 10-68 所示。

05 选中较长的结构梁，修改起点和终点标高偏移，如图 10-69 所示。

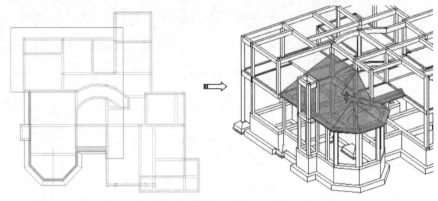

图 10-67　创建洞口剪切迹线屋顶

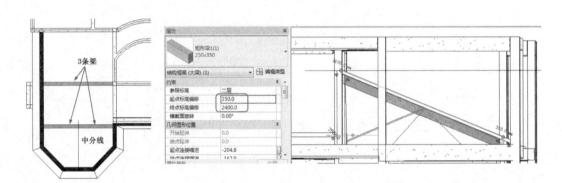

图 10-68　创建迹线
屋顶的 3 条结构梁

图 10-69　修改较长屋顶梁的起点和终点标高偏移

06 再修改较短迹线屋顶梁之一的起点和终点标高偏移，如图 10-70 所示。同样的方法修改另一条相同长度的迹线屋顶梁的起点和终点标高偏移（偏移值正好相反）。

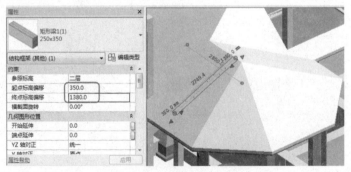

图 10-70　修改较短屋顶梁的起点和终点标高偏移

（2）设计顶棚层标高的迹线屋顶

别墅屋顶结构颇为复杂，需要分两次来创建，下面介绍具体操作方法。

01 导入【屋顶平面图.dwg】图纸文件，切换到【屋顶】楼层平面视图，激活【迹线屋顶】命令，先绘制出如图 10-71 所示的迹线。

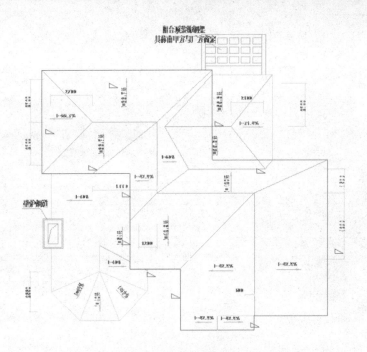

图 10-71 绘制屋顶迹线

02 逐一选择轨迹线段来设置属性，设置的迹线属性示意图如图 10-72 所示。

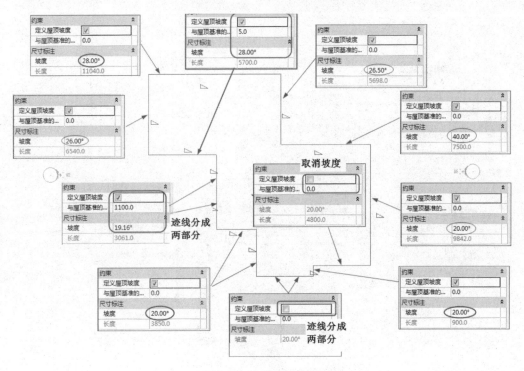

图 10-72 迹线属性定义图

03 单击【完成编辑模式】按钮✅，完成迹线屋顶的创建，如图10-73所示。此时可以看到，创建的迹线屋顶与图纸比较，还是有细微的误差。

04 选中迹线屋顶，切换到西立面视图。拖动造型控制柄，使迹线屋顶与屋顶标高对齐，如图10-74所示。

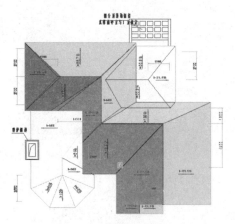

图 10-73 创建的迹线屋顶

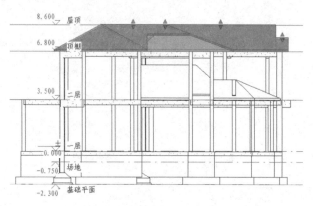

图 10-74 编辑屋顶标高

05 切换到【屋顶】楼层平面视图后，激活【迹线屋顶】命令，绘制迹线如图10-75所示。

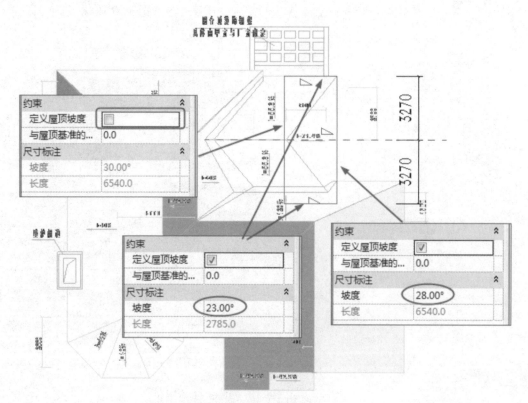

图 10-75 绘制迹线

06 单击【完成编辑模式】按钮✔️，完成迹线屋顶的创建，如图10-76所示。

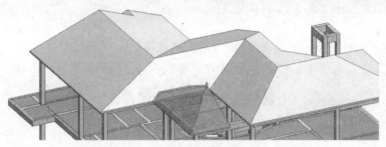

图10-76　创建完成的迹线屋顶效果

07 单击【修改】选项卡下的【连接/取消连接屋顶】按钮，然后将小屋顶连接到大屋顶上，如图10-77所示。

08 使用【建筑】选项卡下的【按面】洞口工具，对两两相互交叉且还没有剪切的屋顶进行修剪，最终完成屋顶的创建，结果如图10-78所示。

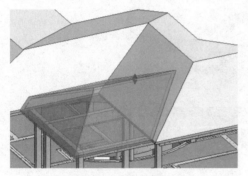

图10-77　连接屋顶

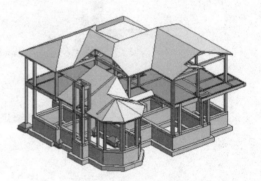

图10-78　完成屋顶的创建

09 最后对烤火炉烟囱的4条结构柱和4条结构梁的标高进行编辑，分别低于顶棚600mm，最终修改结果如图10-79所示。

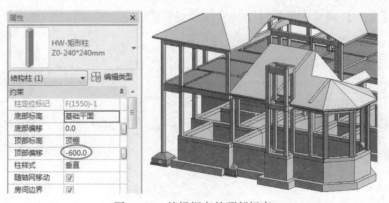

图10-79　编辑烟囱的顶部标高

10 最后选中所有二层中的结构柱，然后在【修改 | 结构柱】上下文选项卡中单击【附着顶部/底部】按钮，将结构柱附着到迹线屋顶上。

10.3 A 型别墅建筑设计

别墅的建筑设计内容包括建筑墙体/门窗、建筑楼板、楼梯及阳台等。本节仅介绍一层建筑楼板的创建，二层楼板、室内摆设等请读者参考前面相关章节介绍的方法自行完成。

🌰🌰 上机操作——建筑楼梯设计 🌰🌰

A 型别墅是弧形楼梯，设计难度不大。楼层标高、空间大小都是预设好的，只需输入相关楼梯参数即可。

01 切换一层楼层平面视图。如果看不见地圈梁，可以设置一层的视图范围，将底部和视图深度设为【基础平面】。

02 利用【模型线】工具绘制辅助线，如图 10-80 所示。

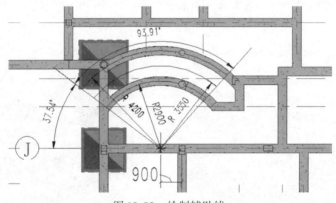

图 10-80　绘制辅助线

03 在【建筑】选项卡下的【楼梯坡道】面板中单击【楼梯】按钮🗘，在【修改 | 创建楼梯】上下文选项卡中单击【圆心，端点螺旋】按钮🗘，在选项栏中设置【实际梯段宽度】为 1300，然后根据辅助线创建螺旋楼梯，如图 10-81 所示。

04 在【属性】面板中选择【整体浇筑楼梯】类型，设置 22 个踢面（22 步），踏步深度为 290mm，如图 10-82 所示。

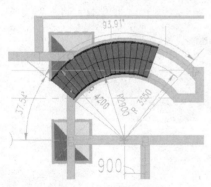

图 10-81　创建螺旋楼梯

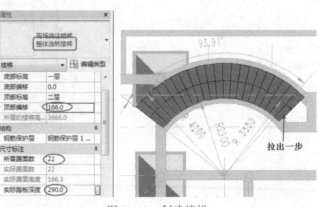

图 10-82　创建楼梯

技巧 点拨	原本22步踏步只需21的踢面，但上楼的最后一步有差一步高度，多拉出一步踏步，可以作为平台的一部分，这样与楼板的结合就很紧密了。

05 单击【完成编辑模式】按钮 ☑，完成螺旋楼梯的创建，如图10-83所示。

06 在二层楼层平面上创建结构楼板，作为楼梯平台，如图10-84所示。室外一层到地坪的台阶（楼梯的一种形式），在建筑墙体及门窗设计完成后再设置。

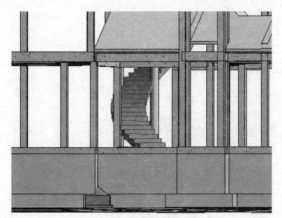

图 10-83 创建的楼梯

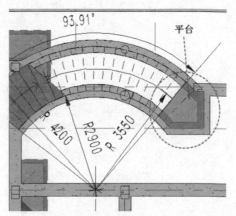

图 10-84 创建楼梯平台

上机操作——创建一层室内地板

创建一层室内地板时，厨房及卫生间要低于标高50mm，车库低于标高450mm。

01 利用【建筑】选项卡下【构建】面板中的【楼板"建筑"】工具，先创建出客厅、卧室、书房等地板，如图10-85所示。

02 接着创建厨房、卫生间、洗衣房等房间地板，如图10-86所示（在【属性】面板中设置【自标高的高度】为 −50）。

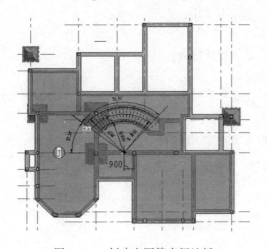

图 10-85 创建客厅等房间地板

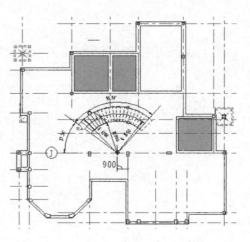

图 10-86 创建厨房等房间地板

03 最后创建车库的地板，如图 10-87 所示。

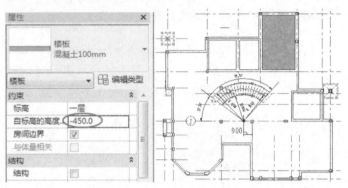

图 10-87 创建车库地板

04 车库门位置地圈梁的标高需要重新设置，如图 10-88 所示。

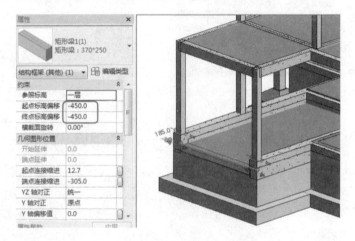

图 10-88 编辑车库门的地圈梁

🌸 上机操作——建筑墙体及门窗设计 🌸

用户可以使用建模大师（建筑）软件，快速创建墙体和门窗，下面介绍具体操作方法。

（1）一层墙体及门窗设计

01 切换到一层楼层平面视图，导入【一层建筑平面图.dwg】图纸文件。

02 单击【墙转化】按钮，弹出【墙识别】对话框，依次提取边线层、附属门窗层和预设墙宽，在【墙识别】对话框的【参照族类型】列表中选择【基本墙：面砖陶粒砖墙 250】族类型，设置【墙类型】为【建筑墙】，最后单击【开始识别】按钮，如图 10-89 所示。

03 完成识别后，单击【墙转化预览】对话框中的【生成构件】按钮，系统将自动生成一层所有墙体，如图 10-90 所示。

04 自动生成的墙体如图 10-91 所示。此时会发现外墙砖样式不太适合别墅，可以利用建模大师的【面装饰】工具进行修改。首先选择【常规－90mm 转】立面族类型，然后依次拾取外墙体，覆盖砖层，如图 10-92 所示。

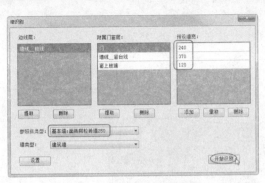

图 10-89 提取墙转化要素

图 10-90 识别并生成构件

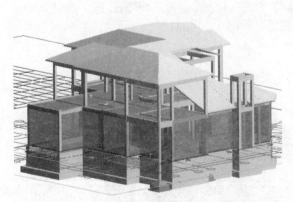

图 10-91 创建的墙体

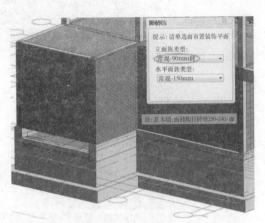

图 10-92 给外墙贴面砖

05 调整所有墙体底部偏移量为 –50，再单独调整车库门墙体底部偏移为 –450。接下来进行门窗转化操作，先通过族库大师将必要的门窗族载入到项目中，暂不放置。

06 先将视觉样式设为【线框】显示，则单击【门窗转化】按钮，弹出【门窗识别】对话框，分别提取门窗边线和门窗标记，单击【开始识别】按钮，开始识别图纸中的门窗，如图 10-93 所示。

07 识别完成后，单击【门窗转化预览】对话框的【生成构件】按钮，自动生成门窗构件，如图 10-94 所示。

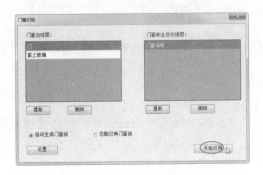

图 10-93 提取门窗边线及门窗标记

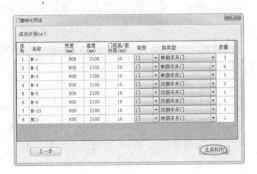

图 10-94 识别并生成构件

08 自动生成的门需要一一设置【属性】面板中相关参数，换成通过族库大师载入的门族，其中车库门和门联窗需要编辑尺寸，结果如图10-95所示。

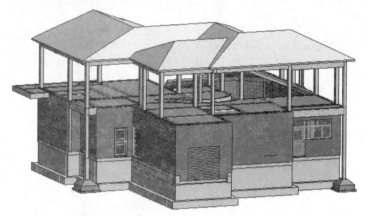

图 10-95 自动生成的门

09 由于图纸的原因，并没有提取出窗，所以还要手动放置窗族。参考图纸中的门窗表，第一层放置完成窗族的结果如图10-96所示。

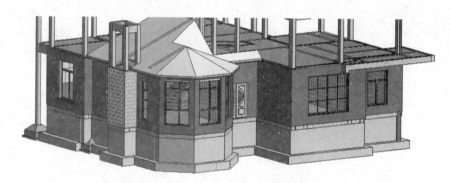

图 10-96 放置完成第一层的窗

（2）二层墙体及门窗设计

01 切换到【二层】楼层平面视图，导入【二层建筑平面图.dwg】图纸文件。

02 使用建模大师的【墙转化】工具，先将墙转化，操作方法与一层是完全相同的，转化的墙效果如图10-97所示。

03 选中二层中要附着到迹线屋顶的部分墙体，然后单击【修改丨墙】上下文选项卡中的【附着顶部/底部】按钮，再选中迹线屋顶，完成附着操作，如图10-98所示。

> **技巧点拨**　为了便于快速选取二层墙体，用户可以在二层楼层平面视图中，利用建模大师【通用】面板中的【本层三维】工具，创建一个二层的三维视图。在这个【二层－本层三维视图】中逐一拾取墙体（注意不要框选墙体），选中后再切换到三维视图继续操作。

图 10-97　转化二层墙体

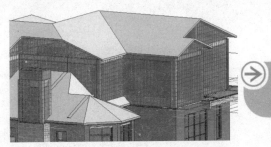

图 10-98　将全部二层墙体附着到屋顶

04 切换到顶棚楼层平面视图，手动创建一段墙体，如图 10-99 所示。然后将其附着到迹线屋顶。

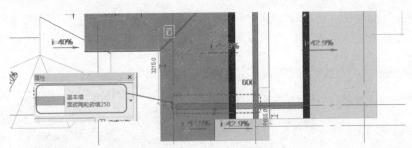

图 10-99　创建墙体

05 选中烟囱的墙体，拖动造型控制柄，直到烟囱顶梁底部，如图 10-100 所示。

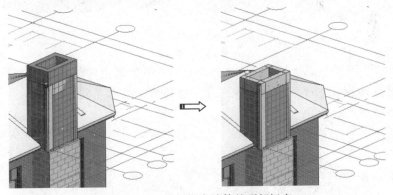

图 10-100　编辑烟囱墙体的顶部标高

06 使用建模大师的【面装饰】工具，将【常规－90mm 砖】立面族类型附着到墙体外层，如图 10-101 所示。烟囱部分外装饰可以设置【属性】面板的类型为【常规－90mm 砌体】，若没有该类型，就选择【常规－140mm 砌体】类型，然后执行复制、重命名及材质的颜色编辑等操作。

> **温馨提示**　如果部分面装饰没有到位或者形状错误，请通过编辑其墙体轮廓线完成最终的覆盖。

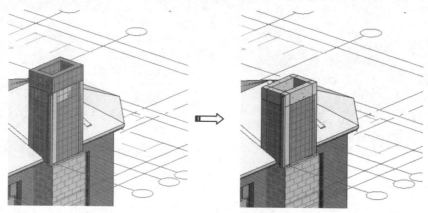

图 10-101　覆盖面装饰层

07 切换到二层楼层平面视图，参考门窗表，转化门窗。在【门窗识别】对话框中选中【自动生成门窗族】单选按钮。转化完成的二层门窗如图 10-102 所示。

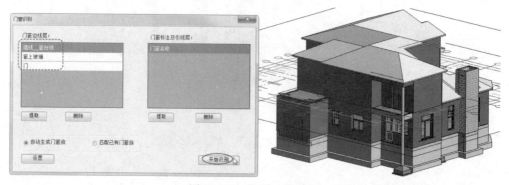

图 10-102　识别二层门窗

08 有些门窗并没有完全识别出来，还需要用户手动放置门窗并更改门窗类型，完成后的效果如图 10-103 所示。如果二层外墙门窗与一层是相同的，可以采用复制门窗的方法快速放置。

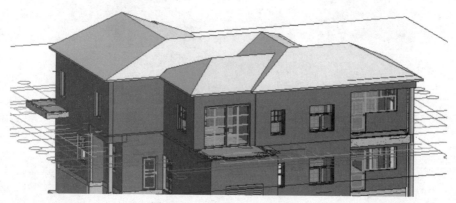

图 10-103　手动放置二层门窗

（3）为外墙和窗添加饰条

窗饰条底边尺寸为 60×180mm，其余三边尺寸为 60×120mm，墙饰条尺寸为 60×150mm。

01 为图 10-104 所示的 3 种墙饰条创建轮廓族，每创建一个轮廓族，须单击一次【载入到项目】按钮。

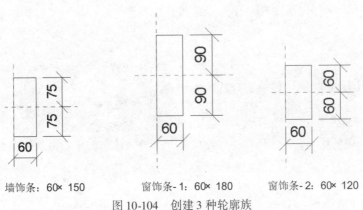

墙饰条：60×150　　　　窗饰条-1：60× 180　　　　窗饰条-2：60× 120

图 10-104　创建 3 种轮廓族

02 返回到别墅项目中，首先创建窗饰条。参考别墅总图中的立面图，在【建筑】选项卡中执行【墙】|【墙：饰条】操作，选择【属性】面板中的【墙饰条 – 矩形】类型（如果没有，请创建新类型），单击【编辑类型】按钮，复制并重命名新类型为【窗饰条：60 * 120】，设置轮廓为【窗饰条 – 2：60mm × 120mm】，材质为【涂层 – 白色】，如图 10-105 所示。

03 单击【确定】按钮后在一层、二层墙面的窗边框上放置墙饰条，如图 10-106 所示。放置时，请在【修改 | 放置墙饰条】上下文选项卡中切换【水平】或【垂直】操作，确保正确放置饰条。

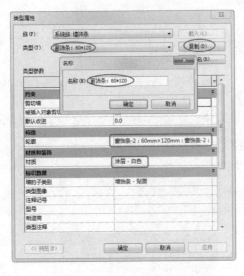

图 10-105　选择窗饰条轮廓族　　　　　　图 10-106　放置窗饰条

技巧
点拨
　　放置窗饰条后，可以执行对齐操作，如果不需要对齐，请单击【重新放置墙饰条】按钮继续放置饰条。对齐操作用于将饰条对齐到窗框边上。

04 同样的方法，复制并重命名新窗饰条类型，然后将 $60 \times 180mm$ 尺寸的窗饰条水平放置到每个窗底边，完成窗饰条的创建。使用【连接】工具将窗户上的窗饰条连接成整体，如图 10-107 所示。

图 10-107　创建完成的窗饰条

05 复制并重命名新墙饰条类型，然后将 $60 \times 150mm$ 尺寸的墙饰条水平放置到一层和二层墙体上，如图 10-108 所示。

图 10-108　创建墙饰条

上机操作——屋檐反口及阳台花架设计

　　用户可以利用【迹线屋顶】工具，创建二层标高位置外墙上的房檐反口（挑檐），具体操作步骤如下。

01 切换到二层楼层平面视图。先创建南侧的屋檐反口，利用【屋檐：底板】工具，绘制封闭轮廓后，设置底板标高低于二层标高 -350，创建的屋檐底板如图 10-109 所示。

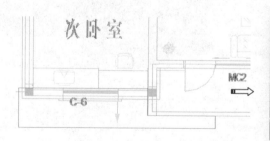

图 10-109　创建屋檐底板

02 利用【迹线屋顶】工具，绘制与底板相同的轮廓，设置外侧边的坡度为35度，取消其余边线坡度的定义，创建的反口如图10-110所示。

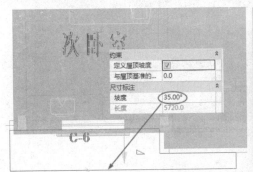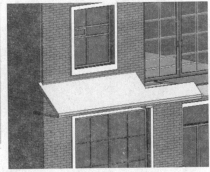

图10-110 创建反口

03 继续在二层楼层平面视图中的东北侧绘制屋檐底板的封闭轮廓，如图10-111所示。

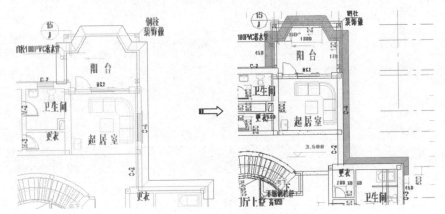

图10-111 创建东北侧的屋檐底板

04 最后再创建如图10-112所示的屋檐反口。设置外延的边线坡度为35度，其余轮廓线不需要设置。

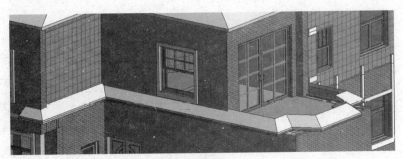

图10-112 创建反口

05 接下来在车库上方阳台上创建雨篷，首先在【建筑】选项卡下单击【构件】按钮，从本例源文件夹中载入【阳台花架.rfa】族，对其执行移动、对齐操作，放置到车库上方的阳台上，如图10-113所示。

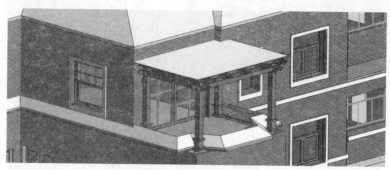

图 11 – 113 放置阳台花架构件族

上机操作——阳台栏杆坡道及台阶设计

（1）设计阳台栏杆

01 通过族库大师载入【建筑】|【板】|【楼板】族类型下的【楼地12-地砖面层】族，如图 10-114 所示。

图 10-114 载入地板族

02 切换到二层楼层平面视图，选择载入的地板族，单击【编辑类型】按钮，编辑地板结构的厚度，如图 10-115 所示。利用【楼板】工具，在 3 个阳台上创建建筑楼板，如图 10-116 所示。

图 10-115 编辑地板结构及厚度

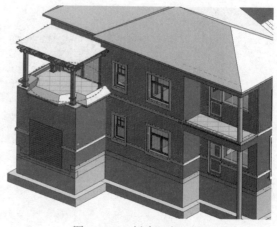

图 10-116 创建阳台地板

03 单击【栏杆扶手】按钮 ，在紧邻书房的阳台上绘制栏杆路径，然后在【属性】面板中选择【欧式石栏杆2】类型，如图10-117所示。

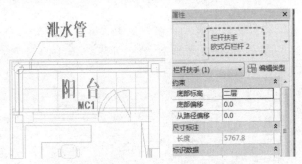

图10-117 绘制栏杆路径并选择栏杆类型

04 单击【属性】面板中的【编辑类型】按钮，在【类型属性】对话框中单击【栏杆位置】右侧的【编辑】按钮，然后在【编辑栏杆位置】对话框中将起点立柱和终点立柱设置为【无】，并单击【确定】按钮，如图10-118所示。

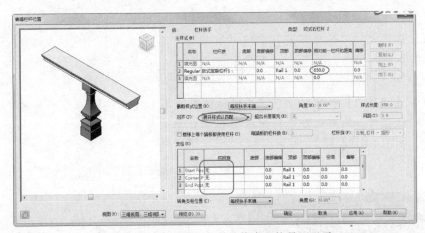

图10-118 设置栏杆起点和终点立柱是否显示

05 创建完成的阳台栏杆如图10-119所示。同样的方法，在另一阳台上创建【欧式石栏杆3】类型的栏杆，如图10-120所示。

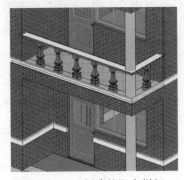

图10-119 创建的阳台栏杆

图10-120 创建另一阳台的栏杆

（2）设计台阶和坡道

别墅共有3个大门，一层到场地的标高是750mm，能做标准楼梯150mm（踏步深度）×300mm（一踏步高）×5（步）。

01 首先在车库一侧的门联窗位置创建台阶。此门位置需要补上楼梯平台，包括结构梁和结构楼板。切换一层结构平面视图，创建如图10-121所示的结构梁（370×250），再创建如图10-122所示的结构楼板。

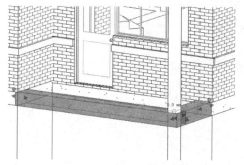 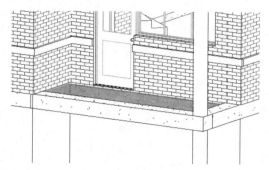

图10-121 创建结构梁   图10-122 创建结构楼板

02 通过族库大师，将【建筑】|【楼梯坡道】|【坡道】子类型下的【三面台阶】族载入到项目中，并单击【布置】按钮，将台阶任意放置在视图中，如图10-123所示。

03 单击【编辑族】按钮，在族编辑器模式下单击【属性】面板中的【族类型】按钮，在打开的对话框中将默认的6步台阶删除一步，变成5步，再设置其他参数，如图10-124所示。

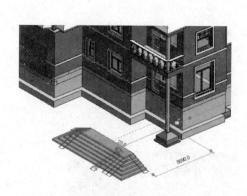 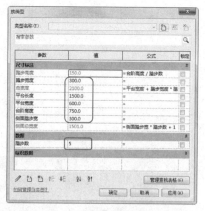

图10-123 放置三面台阶到视图中   图10-124 设置台阶族类型参数

04 通过旋转、移动及对齐操作，将台阶放置到与平台对齐的位置，如图10-125所示。

05 接下来在洗衣房门口放置二面台阶，放置过程同上，即先放置三面台阶，然后在【属性】面板中单击【编辑类型】按钮，复制并重命名为【二面台阶】，并设置类型属性参数，如图10-126所示。

06 进入族编辑器模式，将三面台阶编辑成二面台阶即可，如图10-127所示。

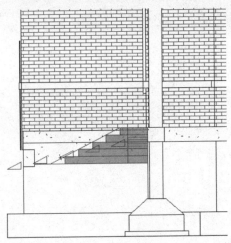

图 10-125 编辑台阶

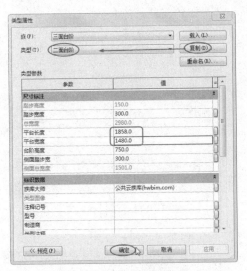

图 10-126 新建台阶类型

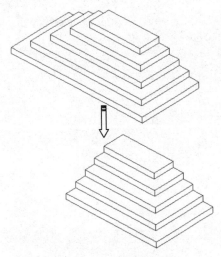

图 10-127 编辑台阶族

> **温馨提示**　如果没有新建的台阶类型，在编辑工程中会将已经创建的同类台阶一起更新。

07　然后通过移动、旋转和对齐操作，将二面台阶对齐到洗衣房门口位置，如图 10-128 所示。

08　最后在南侧正大门位置创建台阶。此处须先创建建筑地坪（平台），然后放置台阶。创建厚度为 150mm 的楼板（用【建筑楼板】工具），如图 10-129 所示。

09　通过族库大师将【一面台阶 – 带挡墙】族载入并放置到视图中，如图 10-130 所示。默认的台阶族尺寸较大，需要进入族编辑器模式编辑族类型参数，如图 10-131 所示。

10　最后将台阶对齐，效果如图 10-132 所示。

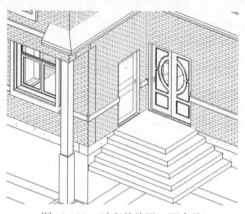

图 10-128　对齐并放置二面台阶

图 10-129　创建建筑楼板

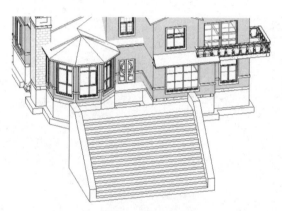

图 10-130　放置一面台阶

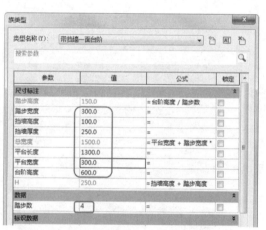

图 10-131　编辑台阶族类型参数

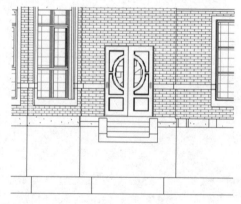

图 10-132　对齐台阶

11 通过族库大师将【平台坡道4】载入到项目中并进行放置。设置其类型属性参数，如图 10-133 所示。然后将其对齐到车库门，效果如图 10-134 所示。

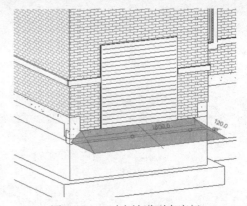

图 10-133　编辑平台坡道类型属性参数　　　　图 10-134　对齐坡道到车库门

12 至此，阳光海岸花园别墅全部完成设计，最终的效果如图 10-135 所示。

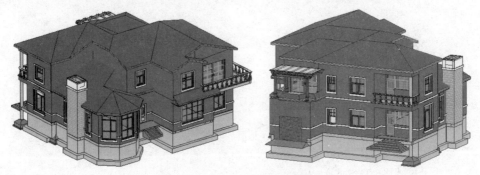

图 10-135　A 型别墅完整效果图

本书对 Revit 2018 的造型功能与应用进行了全面详细的讲解，由浅入深、循序渐进地介绍了该软件的基本操作及命令的使用，并配合大量的制作实例，使用户能更好地巩固所学知识。

全书穿插讲解了大量的技术要点，以便帮助读者快速掌握建筑模型设计和建筑结构设计技巧。同时，向读者提供了超过 10 小的设计案例的演示视频、海量素材文件、结果文件及其他学习资料，协助读者顺利完成全书案例的操作。

本书知识内容由国内一流建筑设计工程师、国内名牌大学教育专家和建筑软件开发公司提供了相关技术支持，为广大软件爱好者、学生、建筑设计人员提供了强大的软件技术和职业技能知识。

本书不仅可以作为高校、职业技术院校建筑和土木等专业的初中级培训教程，而且还可以作为广大从事 Revit 工作的工程技术人员的参考手册。

图书在版编目（CIP）数据

中文版 Revit 2018 建筑设计从入门到精通/罗玮，邱灿盛编著. —北京：机械工业出版社，2017.12（2018.9重印）
　ISBN 978-7-111-58532-9

Ⅰ. ①中… Ⅱ. ①罗…②邱… Ⅲ. ①建筑设计 – 计算机辅助设计 – 应用软件 Ⅳ. ①TU201.4

中国版本图书馆 CIP 数据核字（2017）第 285370 号

机械工业出版社（北京市百万庄大街 22 号　邮政编码 100037）
策划编辑：丁　伦　责任编辑：丁　伦
责任校对：丁　伦　责任印制：张　博
三河市国英印务有限公司印刷
2018 年 9 月第 1 版第 2 次印刷
185mm×260mm · 32 印张 · 780 千字
3001—4900 册
标准书号：ISBN 978-7-111-58532-9
定价：108.00 元（附赠海量资源及技术支持）

凡购本书，如有缺页、倒页、脱页，由本社发行部调换
电话服务　　　　　　　　　　网络服务
服务咨询热线：010-88361066　机工官网：www.cmpbook.com
读者购书热线：010-68326294　机工官博：weibo.com/cmp1952
　　　　　　　010-88379203　金 书 网：www.golden-book.com
封面无防伪标均为盗版　教育服务网：www.cmpedu.com